"十二五"普通高等教育本科国家级规划教材

机械原理习题集及学习指导

第2版

主　编　王继荣　师忠秀
副主编　张继忠　张艳萍
参　编　戴作强　李　军
主　审　杨家军

机械工业出版社

本书是与师忠秀教授主编的《机械原理》相配套的教学参考书。本书每章均由五部分组成，即教学基本要求、本章重点和难点内容、典型例题解析、习题和综合测试题。书后附有习题和综合测试题参考答案以及部分院校硕士生入学考试试题。本书的“教学基本要求”可以使学生对各章的学习要求有清晰的认识；“本章重点和难点内容”能够帮助学生复习、归纳本章的基本概念、基本原理和基本公式；“典型例题解析”与教材配合，按教材内容由浅入深，不仅给出解题思路和解题过程，而且还指出了学习中容易出现的问题和错误。习题部分则增编了一定数量的与教材内容同步的习题，习题的选择难度适宜，覆盖各章的主要内容；综合测试题可供教师上习题课或学生自测使用。

本书旨在最大限度地帮助读者更好地理解和掌握教材的内容，具有极强的复习性。

本书既可作为学生学习机械原理的辅助教材及教师教学的参考书，也可作为读者自学机械原理的辅助参考读物和考研复习资料。

图书在版编目（CIP）数据

机械原理习题集及学习指导/王继荣，师忠秀主编. —2版. —北京：机械工业出版社，2012.5（2023.1重印）

ISBN 978-7-111-37773-3

Ⅰ. ①机…　Ⅱ. ①王…　②师…　Ⅲ. ①机构学—高等学校—教学参考资料　Ⅳ. ①TH111

中国版本图书馆CIP数据核字（2012）第048515号

机械工业出版社（北京市百万庄大街22号　邮政编码100037）
策划编辑：刘小慧　责任编辑：刘小慧　赵亚敏　韩旭东　邓海平
版式设计：刘　岚　责任校对：纪　敬
封面设计：张　静　责任印制：单爱军
北京虎彩文化传播有限公司印刷
2023年1月第2版第6次印刷
184mm×260mm · 9.25印张 · 223千字
标准书号：ISBN 978-7-111-37773-3
定价：19.00元

电话服务	网络服务
客服电话：010-88361066	机　工　官　网：www.cmpbook.com
010-88379833	机　工　官　博：weibo.com/cmp1952
010-68326294	金　　书　　网：www.golden-book.com
封底无防伪标均为盗版	机工教育服务网：www.cmpedu.com

前　　言

机械原理课程是机械类各专业中研究机械共性的一门主干技术基础课程，在机械设计课程体系中占有重要地位。学好机械原理课程，一方面能够培养学生的机械系统创新设计能力，另一方面也为学好后续课程打下坚实基础。根据教育部机械基础课程教学指导分委员会2009年发布的“机械原理课程教学基本要求”和“机械原理课程教学改革建议”的精神，为了配合机械原理课程体系的改革，我们在总结二十多年来的教学经验的基础上，吸取了近几年教学改革的成功经验和同行专家及广大读者的意见，根据新的教材体系，编写了这本《机械原理习题集及学习指导》。

本书共12章，每章均包括教学基本要求、本章重点和难点内容、典型例题解析、习题和综合测试题五个部分，书末附有习题和综合测试题参考答案。本书的“教学基本要求”可以使学生对本章的要求有一个清晰的了解；“重点和难点内容”对学生应掌握的基本概念、基本公式、基本理论及方法进行了总结，对各章的重点和难点进行了全面的分析说明；“典型例题解析”注重解题思路、解题方法和解题技巧的讲解，提供了解题规范，对解题中的常见错误进行了分析，能够起到举一反三的作用；习题主要从机械原理教材、习题集以及国内各高校研究生入学考试试题中精选而来，类型多，覆盖面广，难度适宜；每章后的综合测试题可供教师上习题课或学生自测使用。

本书的主要特点是在编排上独树一帜，既有典型例题的精讲，也有精选、精编试题。在组织各章例题时，优选一些能突出教材难点及重点的例题，开阔学生思路，激发学生的思想火花，提高学生的学习主动性和积极性。通过必要的习题，有助于学生对所学知识基本理论的复习、巩固和提高；有助于把理论和实际运用有机、紧密地结合起来，提高分析问题和解决问题的能力。

本书注重培养学生思维的深度与广度，符合学分制改革和缩减机械原理课程辅助教材的要求，可作为教学参考书和考研者学习参考用书。

本书由王继荣和师忠秀担任主编，并编写第1、3、4、5、9、12章，由张继忠和张艳萍担任副主编，并编写第2、7章，由张艳萍、戴作强、李军编写第6、8、10、11章。全书由华中科技大学杨家军教授审阅并提供了宝贵的修改意见，这里深表谢意。在本书编写和出版过程中，得到了机械工业出版社的热情关注和大力支持，此外还要对所有关心和支持本书编写和出版的老师和学生表示诚挚的谢意。

欢迎并恳请各位同行及读者对本书予以批评和指正。

编　者

于山东青岛

目　　录

第1章 绪　　论

1.1 教学基本要求

1）了解机械原理课程的研究对象和内容以及地位、任务和作用。

2）掌握机器、机构和机械的概念，了解机器和机构的用途、共性和区别。

1.2 本章重点和难点内容

本章的重点和难点是机器、机构和机械的概念，机器和机构的用途、共性和区别。

1. 机械

机械是机器与机构的总称。

2. 机器

虽然机器的种类繁多，各种机器的构造、用途和性能各不相同，但从其组成、各部分间的运动关系及功能关系来看，都具有以下几个共同的特征：

1）它们都是一种人为的实物（机件）的组合体。

2）组成它们的各部分之间都具有确定的相对运动。

3）能够用来转换机械能或完成有益的机械功以减轻甚至代替人们的劳动。

凡同时具备上述三个特征的实物组合体就称为机器。

3. 机构

将能实现预期机械运动的机件的基本组合体称为机构。机构具有机器的前两个特征：

1）它们都是人为的实物（机件）的组合体。

2）组成机构的各运动实体之间具有确定的相对运动。

4. 机器和机构的用途、共性和区别

机构是能够用来传递运动和力或实现运动形式转换的多件实物（机件）的组合体，而机器则是由各种机构按一定规律巧妙组合而成的能实现预期机械运动并完成有用机械功或转换机械能的机构系统。二者研究问题的着重点不同，前者主要以组成原理、运动的分析和设计原理为研究内容，而后者主要强调减轻或代替人们劳动的功能作用，但就结构和运动的观点来看，两者之间并无区别。因此，人们常将二者统称为“机械”。

值得指出的是，随着近代科学技术的发展，机器和机构的概念也有了相应的扩展。例如，组成机构的构件在某些情况下已不能再简单地视为刚体，有些时候气体和液体也参与了实现预期的机械运动，特别是很多机器都包含了使其内部各机构正常动作的控制系统、信息处理与传递系统等。

现代机器通常是由动力部分、传动部分、执行机构系统和信息处理、传递与控制系统四部分组成的。现代机器是通过其内部的控制与信息处理装置使其实现预期的机械运动，用以变换和传递能量、运送物料及处理信息，从而减轻或代替人们劳动的机电一体化综合系统。

1.3 习题

1-1 说明机构和机器的相同点及不同点。

1-2 电子手表和石英手表的差别在何处，哪种属于机械范畴？

1-3 机械式手表属于机构还是机器，为什么？

1-4 脚踏自行车和电动自行车相比，哪种属于机器范畴，它们都是机械吗？

1-5 脚踏缝纫机和电动缝纫机相比，哪种属于机器范畴，它们都是机械吗？

1-6 构件和零件的相同点和不同点是什么？

1-7 机械原理研究的对象是什么？

第 2 章　机构的组成与结构分析

2.1　教学基本要求

1）掌握构件、运动副及运动链的定义，特别是掌握机构运动简图的绘制方法，能够将实际机构或机构的结构视图绘成机构运动简图，并学会在工程设计中运用机构运动简图。

2）熟练掌握机构自由度的计算方法。能准确计算机构自由度，尤其是平面机构自由度。正确识别平面机构中存在的特殊情况，如复合铰链、局部自由度和虚约束，并做出正确计算。

3）掌握运动链成为机构的条件。

4）掌握机构的组成原理和结构分析的方法。了解高副低代的方法；能判定基本杆组、杆组的级别和机构的级别；学会根据机构的组成原理，用基本杆组、原动件和机架组成一个构思新颖的新机构的方法；学会把Ⅱ级、Ⅲ级机构分解为机架、原动件和若干基本杆组的方法。

2.2　本章重点和难点内容

本章的重点和难点是机构运动简图的绘制、机构自由度的计算、机构具有确定运动的条件以及机构的组成原理。

1. 基本概念

（1）构件　一个独立影响机械功能并能独立运动的单元体。它既可以是一个零件，也可以由几个零件刚性联接而成。

（2）运动副　凡两构件直接接触而又能作一定相对运动的可动联接。运动副按接触形式分为高副（即点或线接触的运动副）和低副（即面接触的运动副）；又可按所能产生的运动形式分为回转副、移动副、螺旋副及球面副等；此外还可以按运动副引入的约束数来分类，引入一个约束的运动副称为 1 级副、引入两个约束的运动副称为 2 级副，依此类推，还有 3 级副、4 级副、5 级副。

（3）运动链　两个或两个以上的构件通过运动副联接而成的相对可动的系统。如果组成运动链的各构件构成首尾封闭的系统，则构成闭链；如果组成运动链的各构件未构成首尾封闭的系统，则构成开链。

（4）机构　将运动链中的一个构件加以固定，当它的另一个或几个构件按给定运动规律相对于固定件运动时，其余各构件即随之作确定的相对运动，则此运动链便称为机构。机构中的固定件称为机架，按给定的已知运动规律运动的构件称为原动件，其余活动构件称为从动件。

（5）运动链的自由度　确定运动链中各构件相对于其中某一构件的位置所需的独立参变量的数目称为运动链的自由度。运动链成为机构的条件是：取运动链中的一个构件使之相对固定作为机架，则运动链相对于机架的自由度必须大于零，且原动件的数目等于运动链的自由度数。

2. 机构运动简图及其绘制

1）从原理方案设计的角度看，机构能否实现预定的运动和功能，是由原动件的运动规律及各运动副的类型和机构的运动学尺寸来决定的，与连接各构件的运动副的具体结构、外形（高副机构的轮廓形状除外）、断面尺寸、组成构件的零件数目及固联方式等无关。因此，根据机构的运动尺寸，按一定的比例尺定出各运动副的位置，再用国家标准规定的简单符号和线条代表运动副和构件，将机构的运动情况表示出来，这种简单的图形称为机构运动简图。

2）机构运动简图的绘制方法和步骤如下：

a. 分析机械的动作原理、组成情况和运动情况，确定其组成的各构件，何为原动件、机架、执行部分和传动部分。

b. 沿着运动传递路线，逐一分析每两个构件间相对运动的性质，以确定运动副的类型和数目。

c. 合理选择投影面，选择时应以简单清楚地把机构的运动情况表示出来为原则，一般选机构中多数构件的运动平面为投影面。

d. 选择适当的比例尺，根据机构的运动尺寸，先确定出各运动副的位置，并画上相应的运动符号，然后用简单的线条或几何图形连接起来绘出机构运动简图，在机架上加上阴影线，在原动件上标上箭头，按传动路线给各构件依次标上件号 1、2、3…将各运动副标上字母 A、B、C…

3. 机构自由度的计算

（1）平面机构自由度计算　平面机构自由度的计算公式为

$$F=3n-2P_{L}-P_{H}$$

式中　n——机构活动构件的数目；

P_{L}——低副的数目；

P_{H}——高副的数目。

在利用上式计算机构自由度时，应注意处理好以下三种情况：

1）复合铰链。是指两个以上构件在同一处以转动副相连时组成的运动副。准确识别复合铰链的关键是要分辨哪几个构件在同一处形成了转动副。

复合铰链的正确处理方法是：若有 k 个构件在同一处形成复合铰链，则其转动副的数目应为（$k-1$）个。

2）局部自由度。是机构中某些构件所具有的自由度，它仅仅局限于该构件本身，而并不影响其他构件的运动。局部自由度常发生在为减少高副磨损而将滑动摩擦变成滚动摩擦所增加的滚子处。在计算机构自由度时，可将产生局部运动的构件与其相连的构件视为焊接在一起，以达到去除构件中局部自由度的目的。

3）虚约束。是机构中不产生实际约束效果的重复约束。在计算机构自由度时，可将引入虚约束的构件及其运动副除去不计，然后用自由度公式进行计算。

要正确判断机构中存在的虚约束，应注意以下几点：

第一，搞清虚约束的概念。在机构中，两构件构成运动副所引入的约束是用来限制某些相对运动的。但在机构中，某些运动链所带入的约束可能与机构所受的其他约束相重复，即对相对运动的限制产生了重复，因而对机构运动实际上起不到约束作用，这种约束就是虚约束。

第二，了解机构在什么情况下存在虚约束。

虚约束常发生在以下场合：

a. 两构件间构成多个运动副，但其轴线互相重合；两构件组成若干个移动副，但其导路互相平行或重合；两构件组成若干个平面高副，但各接触点之间的距离为常数。在这些情况下，各只有一个运动副起约束作用，其余运动副所提供的约束均为虚约束。

b. 两构件上某两点间的距离在运动过程中始终保持不变，如用双转动副杆将此两点相联，则引入了一个虚约束。

c. 机构中对运动不起作用的对称部分。

综上所述，机构中的虚约束都是在一些特定的几何条件下出现的。要特别强调的是如果这些几何条件不满足，则所引入的约束就不再是虚约束，而变成了有效约束，此时机构也就不能运动了。

（2）空间机构自由度计算　空间机构自由度的计算公式为

$$F=6n-5P_5-4P_4-3P_3-2P_2-P_1$$

式中　n——空间机构中活动构件的数目；

P_i——空间机构中所含有第 i 级运动副的数目，且 $i=1$、2、3、4、5。

机构中每个构件都受到由于运动副的特殊配置带来的约束称为公共约束。若机构存在 q 个公共约束，则自由度计算应使用下式

$$F=(6-q)n-\sum_{k=q+1}^{5}(k-q)P_k$$

式中　k——运动副的级别，其取值范围为（$q+1$）~5；

q——公共约束数，其可取之值为0、1、2、3、4。

4. 高副低代

为了研究机构的结构分类，以便于进行机构的运动分析和力分析，将平面机构中的高副用低副所组成的运动链来代替。要求代替前后机构的自由度和机构的瞬时运动相同。代替高副的最简单的低副链应为一个具有两个低副的构件。

5. 机构组成原理及结构分析

（1）基本杆组　杆组是指自由度为零且不能够再分的构件组。最常见的基本杆组是Ⅱ级组（又称双杆组）和Ⅲ级组。

（2）机构的级别　机构的级别是以机构中所含杆组的最高级别来定义的。同一机构，当取不同构件为原动件时，机构的级别有可能会发生变化。

（3）结构分析方法　机构结构分析的过程又称为拆杆组，它是本章的难点之一。为了正确地拆除杆组，应遵循下述原则：

1）由离原动件最远的部分开始试拆。

2）每拆除一个杆组后，机构的剩余部分仍应是一个完整机构。

3）试拆杆组时，最好先按Ⅱ级组来试拆；如果无法拆除（指拆除之后剩余部分不能构成一个完整机构），意味着拆除有误，再试拆高一级杆组。

4）拆杆组结束的标志是只剩下原动件和机架所组成的Ⅰ级机构。

这里所谓离原动件“最远”，主要不是指在空间距离上离原动件最远，而是指在传动关系和传动路线上离原动件最远。此外，每拆除一个杆组，剩余的部分应该仍为一个完整的机构，这是判别拆除过程是否正确的准则，必须严格遵守。

2.3 典型例题解析

例 2-1 指出图2-1所示机构中的复合铰链、局部自由度和虚约束，计算机构的自由度。

解 在该机构中，E 处有复合铰链，G 处有局部自由度，K 处有虚约束。此外，凸轮与大齿轮相固联，得活动构件数目 $n=9$，$P_L=10+2=12$（其中有 10 个转动副，2 个移动副），$P_H=2$。机构自由度为

$$F=3n-2P_L-P_H=3\times9-2\times12-2=1$$

例 2-2 在图2-2所示机构中，AB、EF、CD 三杆相互平行且长度相等。试计算其自由度。

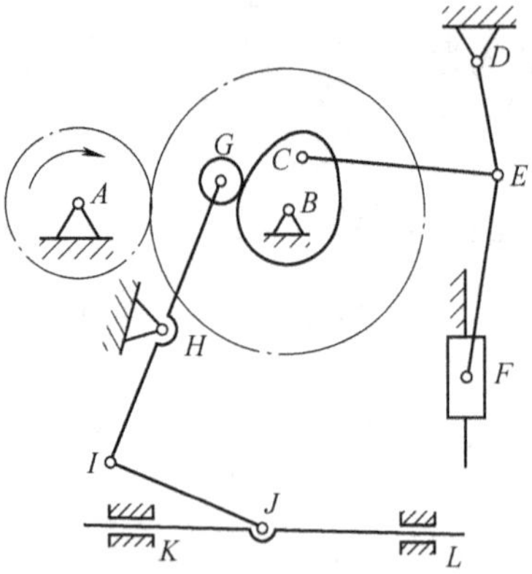

图 2-1

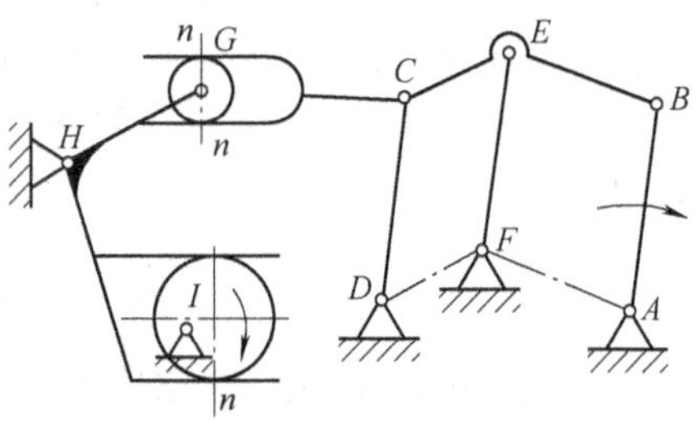

图 2-2

解 由题意知，此平面机构 $ABECDF$ 具有特定的几何条件，故为平行四边形机构。由构件 EF 及转动副 E、F 引入一个虚约束；G 处的滚子转动为局部自由度；C 处为复合铰链；G 及 I 为两构件在两接触处的高副，因过两接触线的公法线重合，故 G、I 处只能算一个高副。去掉机构中虚约束和局部自由度，则 $n=6$，$P_L=7$，$P_H=2$。机构自由度为 $F=3n-2P_L-P_H=3\times6-2\times7-2=2$。

例 2-3 图2-3所示为一飞机水平尾翼操纵机构简图。其中，构件 1 为机架，操纵杆 2 为原动件，有时还可以从襟翼输入（即构件 12 摆动）或从稳定增效器输入（即构件 7 相对构件 14 移动），构件 8 为输出杆。试求各种输入方式下机构的自由度。

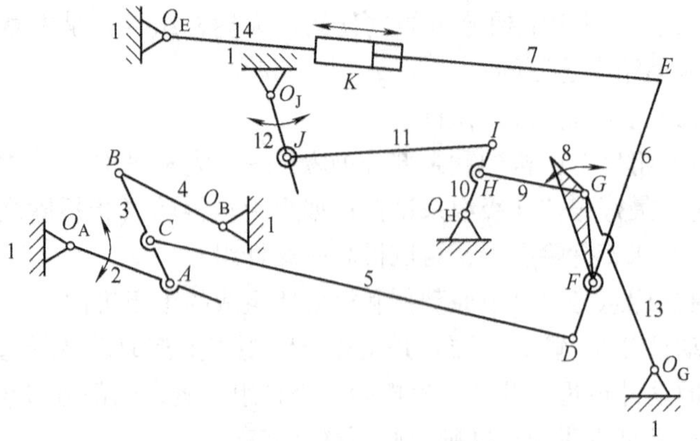

图 2-3

解　该机构有四种输入方式：

（1）仅从操纵杆输入　当襟翼不输入运动时，杆 9、10、11、12 和 13 均不运动，G 为固定铰链；当稳定增效器不输入运动时，杆 7 与杆 14 为一定长杆，可视为一个构件。此时 $n=7$，$P_L=10$，$P_H=0$。机构自由度为

$$F=3n-2P_L-P_H=3\times7-2\times10-0=1$$

（2）由操纵杆和襟翼同时输入　此时 $n=12$，$P_L=17$（其中 G 为复合铰链），$P_H=0$。机构自由度为

$$F=3n-2P_L-P_H=3\times12-2\times17-0=2$$

（3）由操纵杆和稳定增效器输入　此时杆 7 和杆 14 为两个活动构件，$n=8$，$P_L=11$（其中有 10 个转动副，1 个移动副），$P_H=0$。机构自由度为

$$F=3n-2P_L-P_H=3\times8-2\times11-0=2$$

（4）由操纵杆、襟翼、稳定增效器同时输入　此时 $n=13$，$P_L=18$（其中有 17 个转动副，1 个移动副），$P_H=0$。机构自由度为

$$F=3n-2P_L-P_H=3\times13-2\times18-0=3$$

例 2-4　绘制图2-4a 所示活塞泵的机构运动简图。

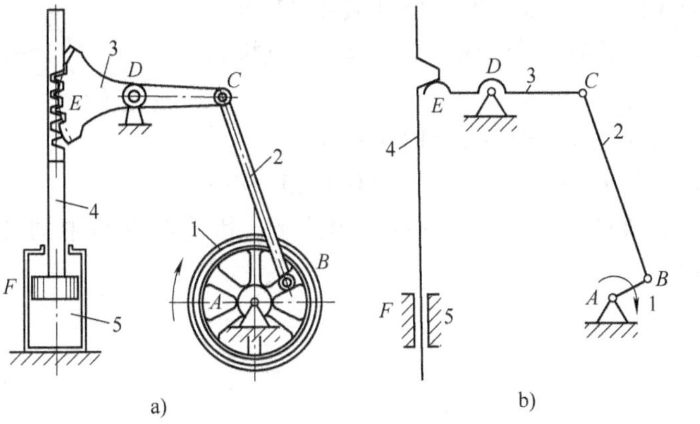

图　2-4

解　活塞泵由曲柄 1、连杆 2、扇形齿轮 3、齿条活塞 4 和机架 5 共 5 个构件所组成。曲柄 1 是原动件，构件 2、3、4 为从动件。当原动件 1 回转时，活塞在气缸中作往复运动。

各构件之间的联接如下：构件 1 和构件 5、构件 2 和构件 1、构件 3 和构件 5 之间有相对转动，分别构成转动副 A、B、C、D。构件 3 的轮齿与构件 4 的齿构成平面高副 E。构件 4 与构件 5 之间为相对移动，构成移动副 F。

选取适当的比例，按图 2-4a 尺寸，用构件和运动副的规定符号画出机构运动简图，如图 2-4b 所示。

例 2-5　确定图2-5a所示机构的自由度，并将其中的高副换成低副，确定机构所含的杆组和机构的级别（凸轮为原动件）。

解　（1）计算机构的自由度　B 处有局部自由度，G 处为复合铰链，$n=7$，$P_L=9$，$P_H=2$。机构自由度为

$$F=3n-2P_L-P_H=3\times7-2\times9-2=1$$

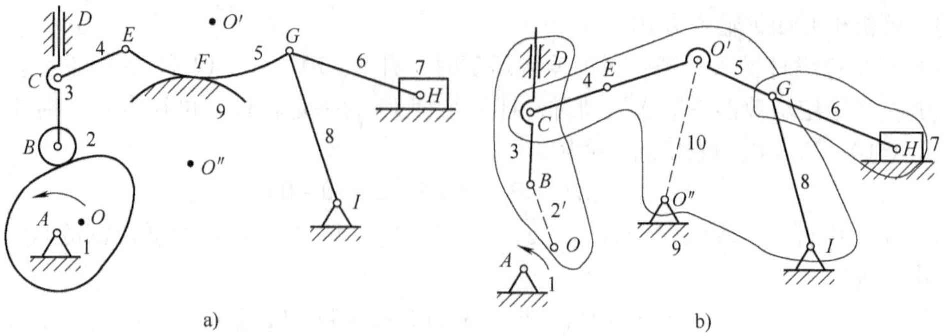

图 2-5

（2）高副低代 如图 2-5b 所示。

（3）确定机构的杆组及机构的级别 该机构是由原动件 1、机架 9、两个Ⅱ级杆组（2′—3 和6—7）和一个Ⅲ级杆组（4—5—10—8）组成的，故该机构为Ⅲ级机构。

例 2-6 计算图2-6所示机构的自由度，并确定机构所含杆组的数目和级别以及机构的级别（图中原动件用箭头表示）。

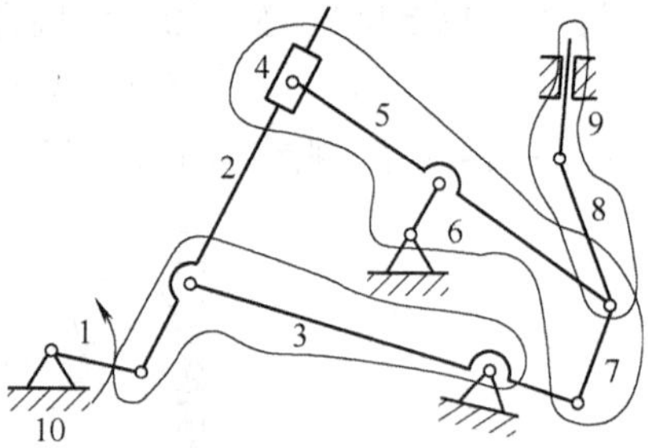

图 2-6

解 在图示机构中，$n=9$，$P_L=13$（其中 11 个回转副，2 个移动副，一处有复合铰链），$P_H=0$。机构自由度为

$$F=3n-2P_L-P_H=3\times9-2\times13-0=1$$

该机构是由原动件 1、机架 10、两个Ⅱ级杆组（8—9 和 2—3）和一个Ⅲ级杆组（4—5—6—7）组成的，因为各杆组中的最高级别为Ⅲ级，故该机构为Ⅲ级机构。

2.4 习题

2-1 绘出图 2-7 所示唧筒机构的机构运动简图。

2-2 绘出图 2-8 所示回转柱塞泵的机构运动简图。

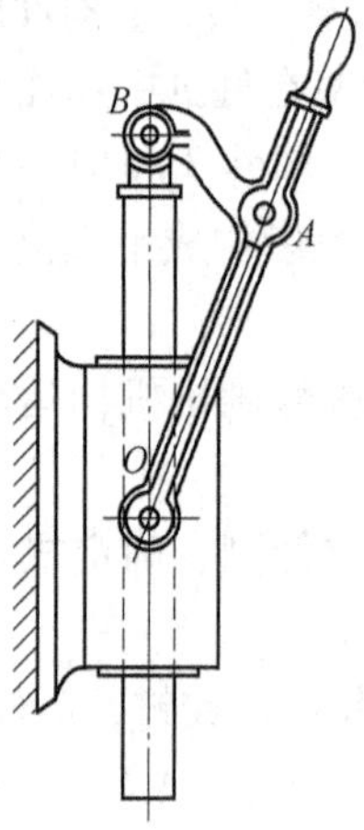

图 2-7

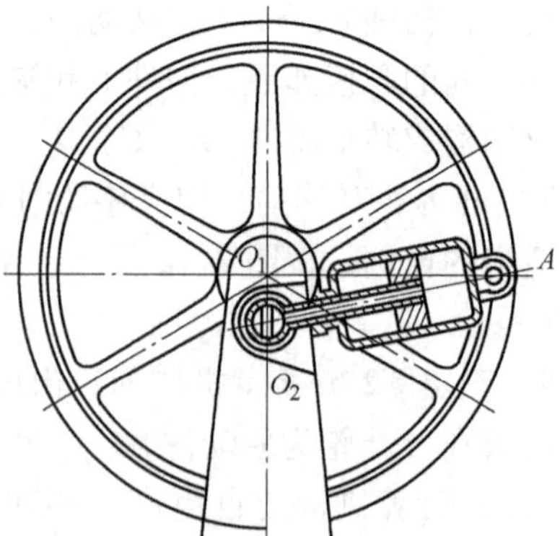

图 2-8

2-3　绘出图 2-9 所示压力机刀架机构的机构运动简图。

2-4　试判断图 2-10 所示运动链能否成为机构，并说明理由。若不能成为机构，请提出修改办法。

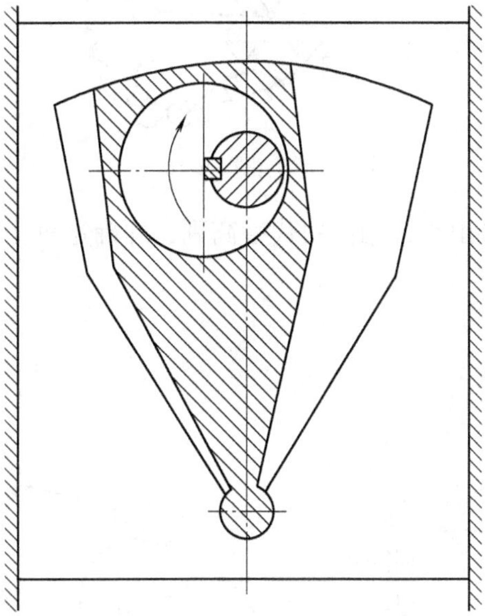

图　2-9

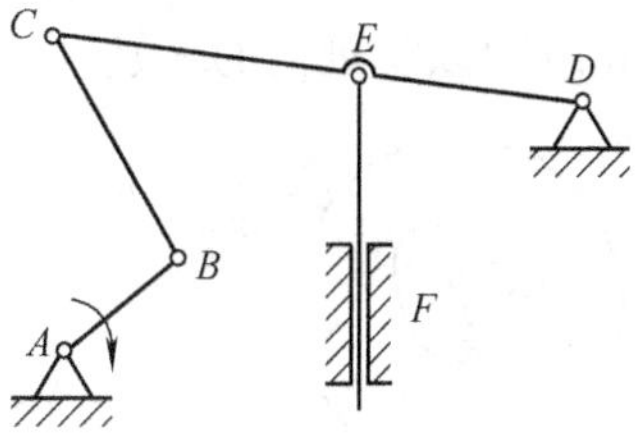

图　2-10

2-5　计算图 2-11 ~ 图 2-16 所示各机构的自由度，并指出其中是否含有复合铰链、局部自由度或虚约束，说明计算自由度时应做何处理。

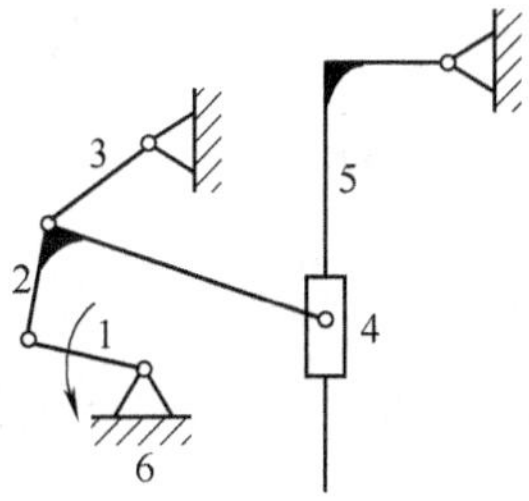

图　2-11

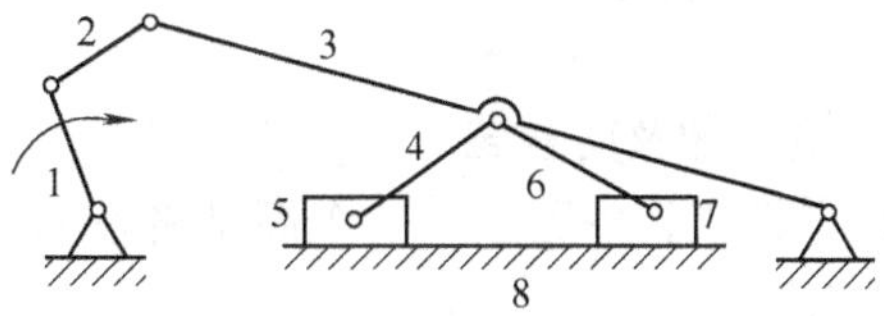

图　2-12

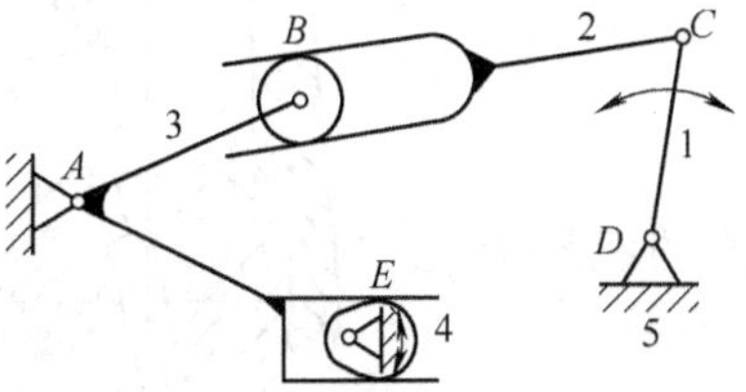

图　2-13

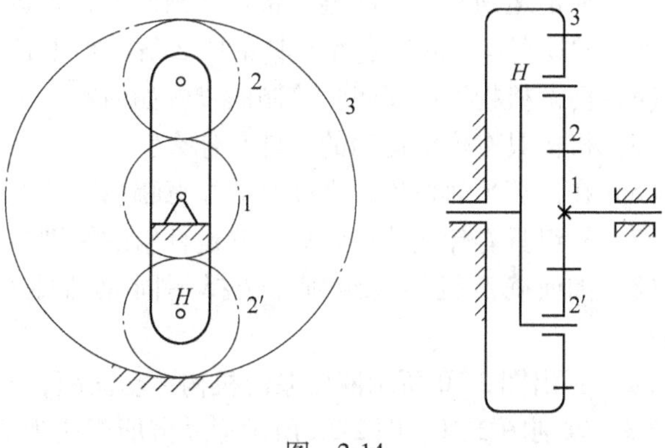

图　2-14

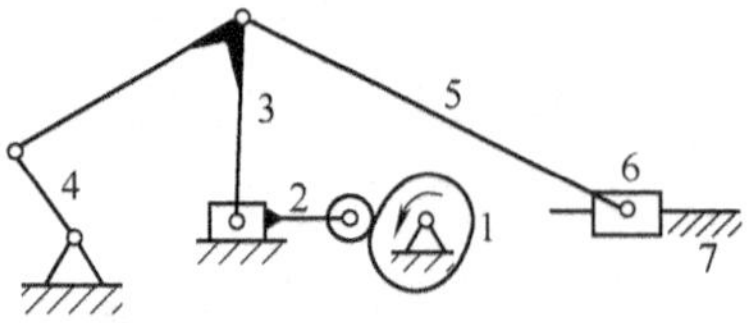

图 2-15

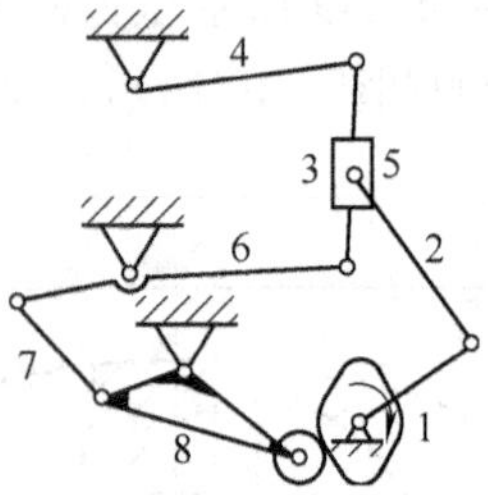

图 2-16

2-6 计算图 2-17 ~ 图 2-19 所示各机构的自由度，用低副代替高副，并确定机构所含杆组的数目和级别以及机构的级别。

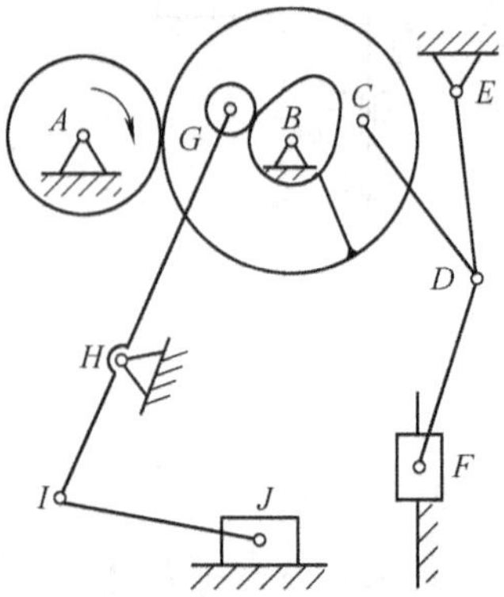

图 2-17

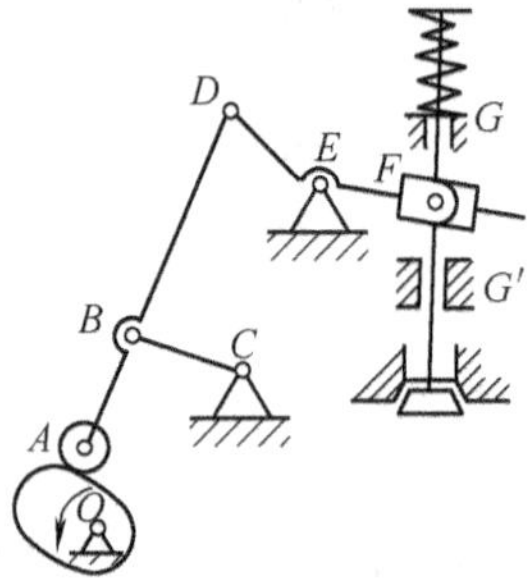

图 2-18

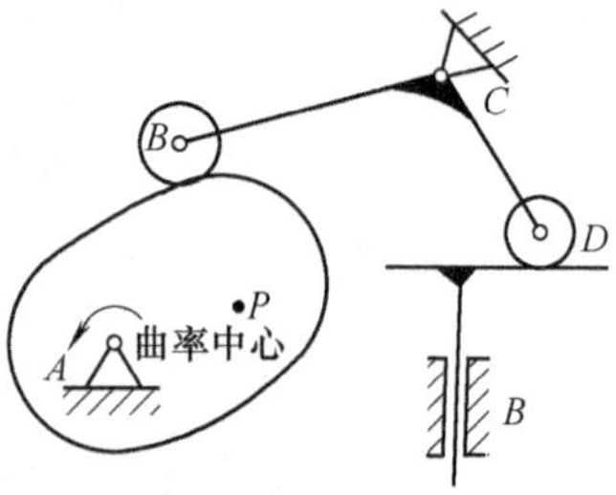

图 2-19

2.5 综合测试题

2-1 填空题及简答题。

（1）平面机构中若引入一个高副将带入________个约束，而引入一个低副将带入________个约束。

（2）高副低代必须满足的条件是________________，________________。

（3）何谓运动链？运动链具备什么条件才具有运动的可能性？具备什么条件才具有运动的确定性？具备什么条件才能成为机构？

（4）何谓机构运动简图？绘制的步骤如何？

（5）机构具有确定运动的条件是什么？

（6）在计算平面机构自由度时应注意哪些事项？

（7）杆组具有什么特点？如何确定杆组的级别？

（8）如何确定机构的级别？选择不同原动件对机构的级别有无影响？

2-2 画出图 2-20 所示液压泵的机构运动简图，并计算其自由度。

2-3 判别图 2-21、图 2-22 所示运动链能否成为机构，并说明理由。如果有复合铰链、局部自由度或虚约束，需一一指出。

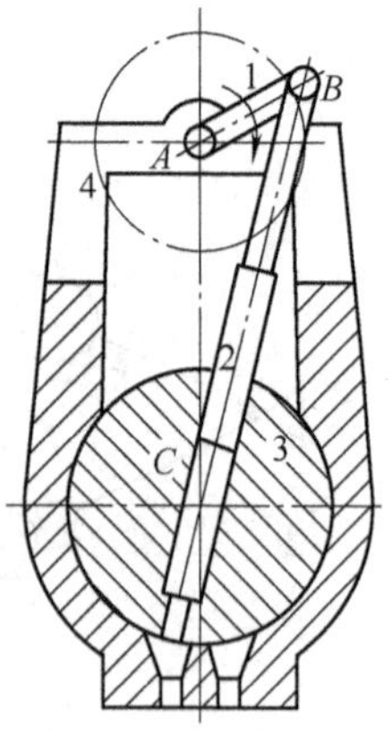

图 2-20

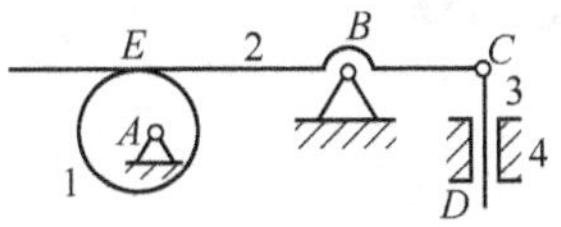

图　2-21

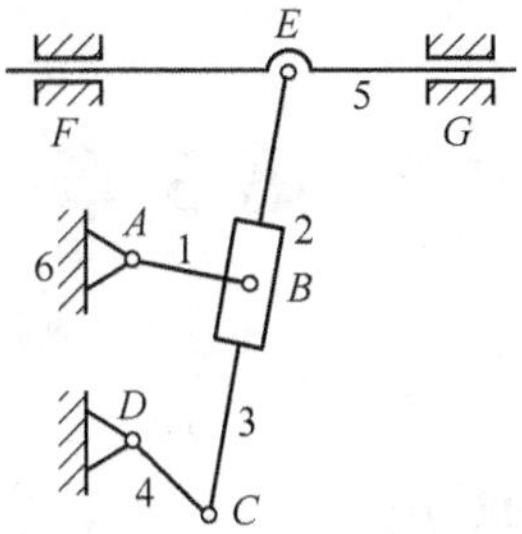

图　2-22

2-4　试用低副代替图 2-23 所示机构中的高副，并说明高副低代的一般方法。

2-5　图 2-24 所示为一机构的初拟设计方案，试从机构自由度的概念分析其设计是否合理，若不合理请提出修改措施。又问，在此初拟设计方案中，是否存在复合铰链、局部自由度和虚约束？若存在，请指出。

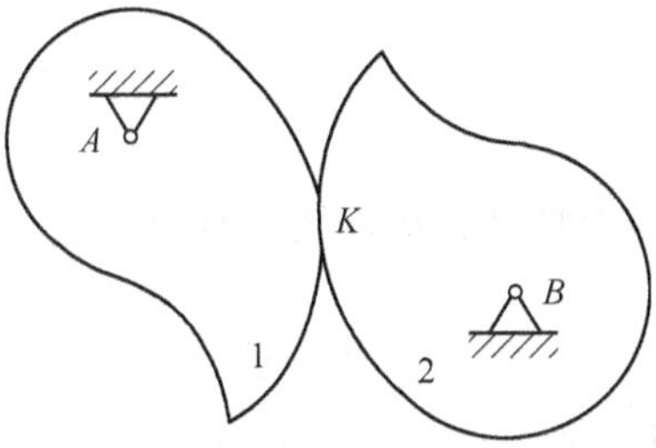

图　2-23

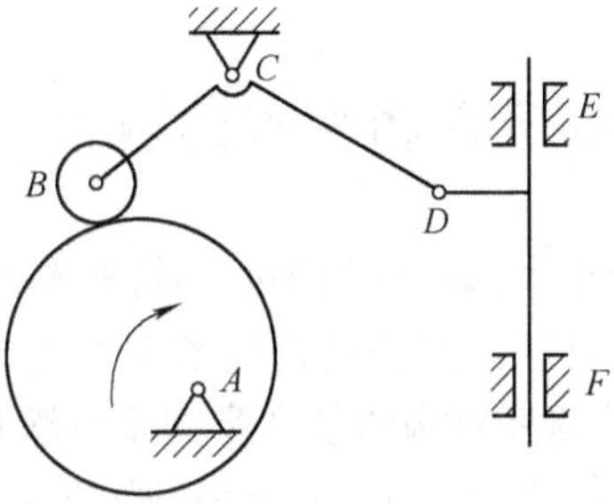

图　2-24

2-6　计算图 2-25 所示机构的自由度，并在高副低代后，确定机构所含杆组的数目和级别并判断机构的级别。

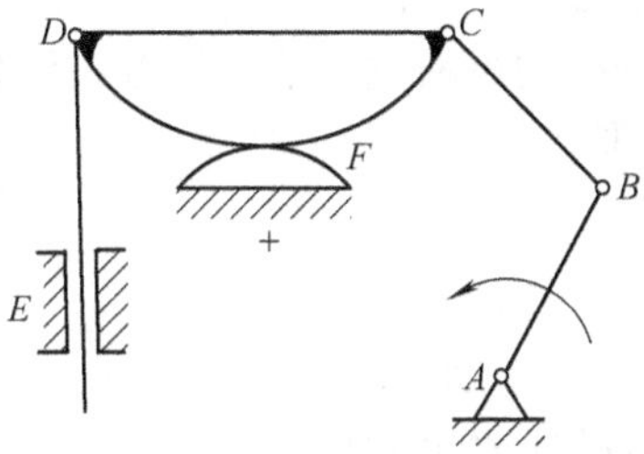

图　2-25

第3章　连杆机构

3.1　教学基本要求

1）了解平面连杆机构的基本类型，掌握其演化方法。

2）了解平面连杆机构的结构特点、功能和应用。

3）掌握平面四杆机构的运动特性和传力特性。

4）掌握按连杆位置、连架杆对应位置、急回特性、连杆曲线等要求设计平面四杆机构的基本方法。

3.2　本章重点和难点内容

本章的重点和难点是平面四杆机构的运动特性和传力特性，按连架杆对应位置、急回特性等要求设计平面四杆机构的基本方法。

1. 平面四杆机构的基本类型及其演化

（1）基本型式　平面四杆机构的基本型式为平面铰链四杆机构。在此机构中，与机架相连的构件称为连架杆，能作整周旋转的连架杆称为曲柄，而只能在小于180°角度范围内作摇摆运动的连架杆称为摇杆。按连架杆的运动形式平面铰链四杆机构分为曲柄摇杆机构、双曲柄机构和双摇杆机构。在铰链四杆机构中，需掌握连架杆、连杆、整转副、摆转副、曲柄、摇杆以及低副运动可逆性等的基本概念。

（2）机构的演化　铰链四杆机构可通过以下四种方式演化出其他形式的四杆机构。

1）通过转动副转化成移动副。

2）选取不同构件为机架。

3）移动副元素的置换。

4）扩大转动副的尺寸。

这些演化方法也是机构创新设计的常用方法。

2. 平面四杆机构的运动特性

（1）曲柄存在的条件　铰链四杆机构曲柄存在的充分条件为：

1）最短杆与最长杆的长度之和必小于或等于其余两杆长度之和。

2）最短杆为机架或连架杆。

由于曲柄滑块机构和导杆机构均是由铰链四杆机构演化而来的，故按照同样的思路和方法，可得出这两种机构的曲柄存在条件。

（2）往复运动输出件的急回特性　当曲柄以匀速转动时，摇杆往复摆动的平均速度是不同的，一慢一快。为了提高机械的生产率，应使机械慢速运动的行程为工作行程，快速运动的行程为空回行程。将输出件这种快速返回的运动特性称为急回特性。通常引入行程速比

系数 K 来表征这种急回运动的相对程度。

$$K=\frac{v_2}{v_1}=\frac{C_2C_1/t_2}{C_1C_2/t_1}=\frac{t_1}{t_2}=\frac{\varphi_1}{\varphi_2}=\frac{180^\circ+\theta}{180^\circ-\theta} \tag{3-1}$$

由式（3-1）可知，机构的行程速比系数 K 与极位夹角 θ 有关。当 $\theta \neq 0$ 时，$K>1$，且值 θ 愈大，K 值愈大，表明机构急回特性愈显著。当极位夹角 $\theta=0$ 时，$K=1$，该机构无急回特性。

（3）运动的连续性　机构运动的连续性，是指机构在运动过程中能够连续实现预定的各个位置。

3. 平面四杆机构的传力特性

（1）压力角和传动角　在不计构件的惯性力（矩）、运动副中的摩擦力和机构质量的情况下，机构中从动件的受力方向和受力点的速度方向间所夹的锐角称为压力角 α。传动角 γ 为压力角 α 的余角。

在机构运行中，γ 是变化的。为了保证机构正常运行，一般机械常取 $\gamma_{min} \geqslant 40^\circ$。在以曲柄为原动件的曲柄摇杆机构中，$\gamma_{min}$ 必定在曲柄转至与机架两次共线的位置之一时出现。

（2）死点位置　$\gamma=0^\circ$ 的位置称为机构的死点位置。此时主动件通过连杆作用于从动件上的力正好通过从动件的回转中心，从动件受到的有效分力为零，使从动件不能运动。连杆机构的死点总是出现在从动件与连杆共线的位置。

特别要区分“死点”、“自锁”与机构自由度的区别。自由度 $F \leqslant 0$，表明该运动链不是机构，而是一个各构件间根本无相对运动的桁架。“死点”是在不计摩擦的情况下机构所处的特殊位置，利用惯性和其他办法，机构可以通过死点位置正常运动。而“自锁”是指机构在考虑摩擦的情况下，当驱动力的作用方向满足一定的几何条件时，虽然机构自由度大于零，但机构却无法运动的现象。“死点”、“自锁”是从力的角度分析机构的运动情况，而自由度是从机构组成的角度分析机构的运动情况。

（3）机械增益　它表征了一个机构的增力特性。它是在忽略重力和惯性力，不计运动副中摩擦发热等引起的能量损失的情况下，机构的输出力（力矩）与输入力（力矩）之间的比值。机械增益随机械的位置变化而变化。尤其是在夹紧机构中，机构具有此特性。

4. 平面连杆机构的运动设计

（1）平面连杆机构运动设计的基本问题　平面连杆机构运动设计的任务，就是要根据机构所要实现的功能和给定的设计条件（如运动要求、传力要求、几何要求等）确定机构的尺度参数（一般又称为尺度综合）。根据连杆机构的功能，其运动设计可以归纳为下述三大类基本问题：

1）刚体导引机构的设计，即要求机构能引导它的一个构件（刚体）顺序通过一系列给定的位置，该构件一般是连杆。

2）实现预定运动规律的机构设计，即要求机构主动件和从动件间的运动关系能实现某种给定的函数关系，故也称为函数生成机构的设计。

3）实现预定轨迹的机构设计，即要求机构连杆上某点能在机架平面上顺序精确地通过若干个指定点或近似地描绘出给定的曲线轨迹。

（2）平面连杆机构运动设计的方法　平面连杆机构运动设计的方法有图解法、解析法和试验法。图解法应用运动几何学原理求解，概念明确、直观易懂、简单易行，对于某些简单的机构设计求解速度快，往往比解析法有效。但设计精度低，只适用于问题简单且要求不高的场合，对于较为复杂的问题就很难解决。试验法用作图试凑或利用图谱或模型试验的方法求解，此方法直观简单，但精度不高，适用于精度要求不高的设计或机构的初步设计。解析法通过建立机构各构件尺度参数间的函数关系用数学解析法求解。此法求解精度高，能解决较复杂的问题，但计算工作量大。随着计算机技术和数值计算方法的讯速发展，解析法已得到广泛应用。三种设计方法各有特点，设计时选用那种方法，应视具体情况而定。

用图解法设计四杆机构是根据设计要求，通过作图确定未知铰链位置来求各杆长度，而铰链的位置是根据四杆机构各铰链之间相对运动的几何关系来确定的。由此可知，四杆机构的四个铰链位置的确定可归结为以下两类问题：

1）求固定铰链中心位置。① 按行程速比系数 K 设计四杆机构。已知曲柄摇杆机构摇杆的长度、摆角及行程速比系数，设计四杆机构；② 按两连架杆对应位置设计四杆机构。作活动铰链中心各位置点连线的中垂线，其交点即为固定铰链中心。

2）求活动铰链中心位置。根据相对运动原理，把某一运动构件作为转化机架，而与其对应的另一构件（包含有固定铰链）即变为连杆，从而可得原固定铰链的几个对应位置，其圆心即为该位置处所求的活动铰链中心。这种方法称为反转法或机构转化法。

用反转法作图时，为了不改变反转前后机构的相对运动，必须将原机构每一位置各构件之间的相对位置视为刚化，并用作全等四边形或全等三角形的方法，求出转化后机构各构件的相对位置。

3.3 典型例题解析

例 3-1 图 3-1所示为铰链四杆机构 $ABCD$，已知杆长 $l_{AB}=100\text{mm}$，$l_{BC}=250\text{mm}$，$l_{AD}=300\text{mm}$。试求此机构为双摇杆机构时，摇杆 CD 的长度变化范围。

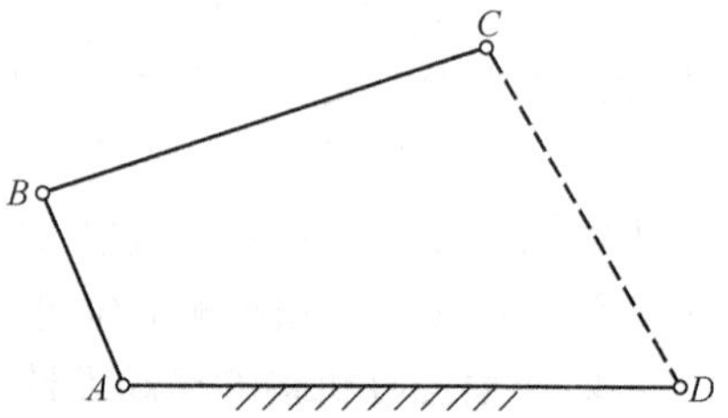

图 3-1

解 此机构为双摇杆机构，根据平面四杆机构有曲柄的条件有两种可能。

（1）满足杆长条件 连杆 BC 为最短杆，显然此条件不满足。

（2）不满足杆长条件

CD 为最短杆，此时 $l_{CD}+l_{AD}>l_{AB}+l_{BC}$，得 $l_{CD}>50\text{mm}$

CD 为最长杆，此时 $l_{CD}+l_{AB}>l_{AD}+l_{BC}$，得 $l_{CD}>450\text{mm}$，且 $l_{CD}<l_{AB}+l_{BC}+l_{AD}=650\text{mm}$

CD 为中间长，此时 $l_{AD}+l_{AB}>l_{CD}+l_{BC}$，得 $l_{CD}<150\text{mm}$

综上所述，摇杆 CD 的变化范围为

$$50\text{mm}<l_{CD}<150\text{mm} \text{ 或 } 450\text{mm}<l_{CD}<650\text{mm}$$

例 3-2 试给出图3-2所示平面四杆机构的名称，并回答：

1）该机构有曲柄的条件。

2）该机构有无急回运动。

3）该机构有无止点，在什么条件下出现止点。

4）构件 AB 主动时，在什么位置有最小传动角。

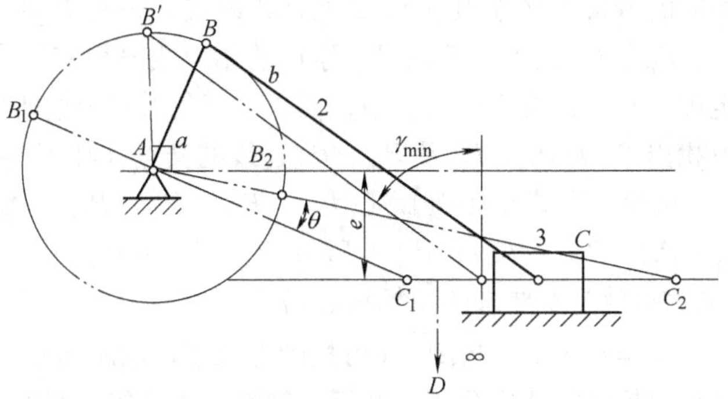

图 3-2

解 该四杆机构为偏置曲柄滑块机构。

1）若该机构有曲柄，可依据铰链四杆机构有曲柄的条件进行分析。偏置曲柄滑块机构可看作是固定铰链中心 D 在垂直导路无穷处的铰链四杆机构。设 CD 长为 l_{CD}，则机架长 $l_{AD}=l_{CD}+e>l_{CD}$。利用杆长条件 $l_{AD}+l_{AB}\leqslant l_{CD}+l_{BC}$ 得 $a+e\leqslant b$，它自然满足 AB 杆最短的条件，此时 AB 即为曲柄。

2）因为有极位夹角存在，所以有急回运动。

3）当滑块 C 为原动件时，在滑块的两个极限位置 C_1、C_2 处，传动角 $\gamma=0°$，该机构存在止点。

4）构件 AB 主动时，当曲柄 AB 垂直滑块导路时有最小传动角（如图 3-2 中 γ_{min}所示）。

例 3-3 机构尺寸如图3-3a所示，已知构件 1 的角速度为 ω_1。试用瞬心法求滑块 5 在图示位置的速度 v_5。

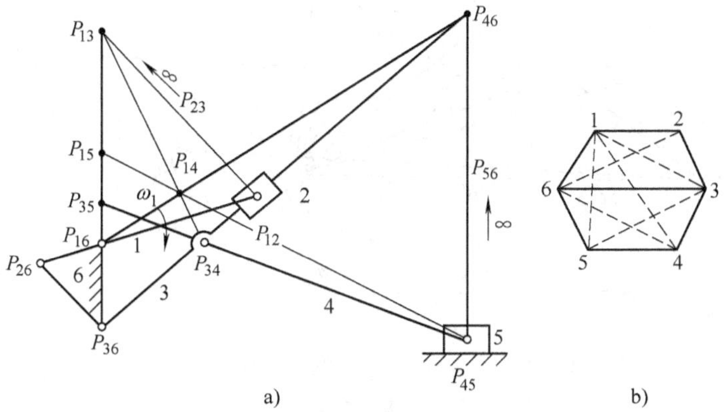

a) b)

图 3-3

解 本题为多杆机构，可以用瞬心法和相对运动图解法求解。按题目要求采用瞬心法求解。欲求滑块 5 的速度，关键要找出已知速度的构件 1 与所求构件 5 的相对瞬心 P_{15}，同时确定构件 1 及构件 5 的绝对瞬心 P_{16}及 P_{56}，根据瞬心 P_{15}为构件 1 及构件 5 的等速重合点求出 $v_{P_{15}}$即 v_5。先把可直接确定的瞬心标出。因 P_{15}不能一下确定，所以可借助瞬心多边形依次确定。该构件的瞬心多边形如图 3-3b 所示。下面介绍此方法。

瞬心多边形中各顶点的数字代表机构中各构件的代号，构件 6 为机架，用圆圈标出，各顶点间的连线代表相应的各瞬心（如顶点 1、2 的连线即代表瞬心 P_{12}）。瞬心多边形中，已知瞬心（如 P_{12}、P_{23}、P_{16}、P_{34}、P_{36}、P_{45}、P_{56}等）的相应线段用实线表示，待求的瞬心用虚线表示。由三心定理可知，在瞬心多边形中，任一个三角形三个边所代表的三个瞬心应位于一条直线上，故可找出 P_{13}为 P_{12}、P_{23}及 P_{16}、P_{36}连线的交点（在图 3-3b 上表示即为△123 与△136 的公共边）。同理，可找出下列瞬心 P_{26}（$P_{12}-P_{16}$；$P_{23}-P_{36}$）；P_{35}（$P_{34}-P_{45}$；$P_{36}-P_{56}$）；P_{46}（$P_{45}-P_{56}$；$P_{34}-P_{36}$）；P_{14}（$P_{13}-P_{34}$；$P_{16}-P_{46}$）；P_{15}（$P_{16}-P_{56}$；$P_{14}-P_{45}$）。（相同的角标消去后就是所要求的角标瞬心。）

则 $$v_{P_{15}}=v_5=\omega_1\cdot\overline{P_{15}P_{16}}$$（可按图上长度量取距离）

可以看出，对多杆机构进行速度分析，利用速度瞬心法是较方便的。当瞬心较多时可借助瞬心多边形法或角标消去法，依次找出所需瞬心的位置。因瞬心法也属于图解法，所以应按比例准确画出所求机构位置的机构运动简图，所需尺寸可直接从图中量取折算。

例 3-4 如图 3-4 所示为一铰链四杆机构 $ABCD$ 的固定铰链 AD，已知主动件 AB 的三个位置和连杆上点 K 所对应的三个点。试求：

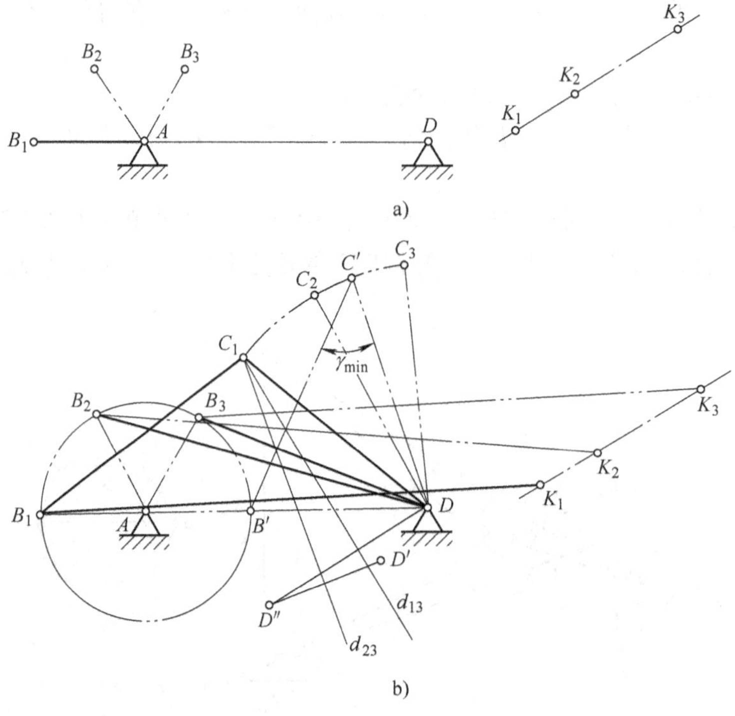

图 3-4

1）确定连杆上铰链 C 的位置和连架杆 CD 的长度。

2）验算其主动件是否为曲柄。

3）指出最小传动角 γ_{min}的位置并确定其数值。

解 此题是已知连杆的三个位置 B_1K_1、B_2K_2、B_3K_3 以及固定铰链 A、D 的位置，只需设计出活动铰链点 C 的位置即可。所以可采用机构转化法。作图步骤如下：

1）选 B_1K_1 为转化机架。先取 $\mu_l=1\text{mm/mm}$ 作原图，如图 3-4b 所示，分别连线 B_1K_1、B_2K_2、B_3K_3。

2）视 B_1K_1 为机架，AD 为连杆，分别作 $\triangle B_1K_1D' \approx \triangle B_2K_2D$ 和 $\triangle B_1K_1D'' \approx \triangle B_3K_3D$，求得 D'、D''点，分别作 DD''、$D'D''$的中垂线 d_{13}、d_{23}，其交点即为点 C_1。连接 B_1C_1 及 C_1D 即得所设计铰链四杆机构 $ABCD$ 在位置 1 时的机构运动简图。由图 3-4b 可知，$l_{CD}=42\text{mm}$。

3）由图 3-4b 可知，$l_{AB}+l_{AD}=68.5\text{mm}<l_{BC}+l_{CD}=86.5\text{mm}$，且杆 AB 为最短杆，故 AB 为曲柄。

4）作 AB_1C_1D 和 $AB'C'D$ 两位置，并经比较，机构在 $AB'C'D$ 位置时其传动角为最小。由图 3-4b 可知，$\gamma_{min}=\angle B'C'D=44°$。

本题为满足连杆预定轨迹点位置要求的四杆机构设计问题。因给定了三个位置，故仅有唯一解。

例 3-5 如图 3-5a 所示六杆机构，已知输出杆 DE 的长度 l_{DE}及三个位置 D_1E、D_2E、D_3E 与曲柄 AB 上的一标线 AF 相对应的三个位置 F_1A、F_2A、F_3A，试用图解法确定连杆 l_{BC}及曲柄 l_{AB}的长度（已知 $\mu_l=0.0013\text{m/mm}$，l_{CD}、l_{AE}已知）。

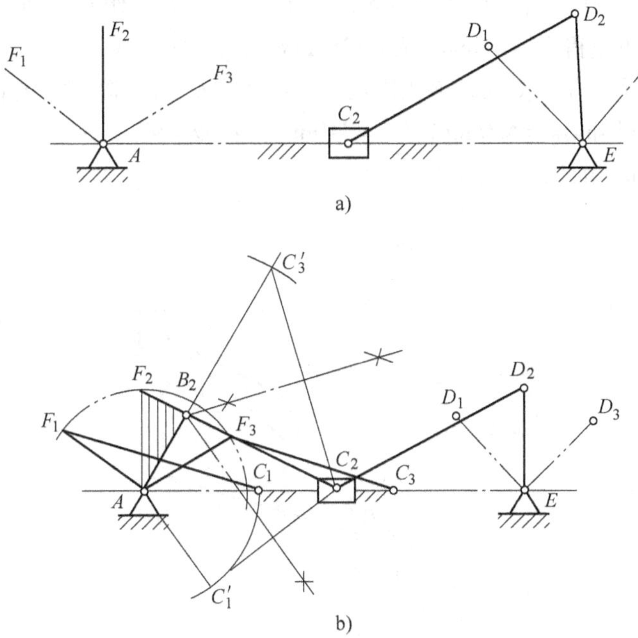

图 3-5

解 此题为一六杆机构的设计问题，但由于已知 l_{DE}、l_{CD}，即曲柄滑块机构 CDE 是已知的，故可作出点 C 的另两个位置，此题即转化为已知曲柄 AF 的三个位置及对应滑块 C 的三个位置，设计曲柄滑块机构 ABC，可采用机构转化法。作图步骤如下：

1）作出对应于 D_1、D_3 的点 C 的位置，得点 C_1、C_3，如图 3-5b 所示。

2）连接 F_1C_1、F_3C_3。分别作 $\triangle AF_1C_1 \approx \triangle AF_2C_1'$，$\triangle AF_3C_3 \approx \triangle AF_2C_3'$求得点 C_1'、C_3'。作 $C_1'C_2$、$C_3'C_2$ 的垂直平分线，其交点即为待求的活动铰链 B 在第二位置处的点位，连接 AB_2、B_2C_2 即设计出六杆机构 $ABCDE$。从图 3-5b 中求得 $l_{AB}=22\text{mm}$，$l_{BC}=43\text{mm}$。

此题为已知两连架杆对应位置设计四杆机构的问题，采用机构转化法，即得其解。

例 3-6 已知破碎机的行程速比系数 $K=1.4$，动鄂板长度 $l_{CD}=300\text{mm}$，摆角 $\varphi=35°$，鄂板

在极限位置 DC_1 时铰链 C_1 与 A 之间的距离 $l_{AC_1}=225\text{mm}$，求曲柄 l_{AB}、连杆 l_{BC} 和机架 l_{AD} 的长度。

解 此题是已知行程速比系数设计四杆机构，因此可先作出固定铰链 A 所处的圆，再根据 l_{AC_1} 值即可确定 A 的位置。具体步骤如下：

1）求极位夹角 θ，$\theta=\dfrac{K-1}{K+1}\times180^\circ=30^\circ$。

2）任取机架铰链中心 D，选长度比例尺 $\mu_l=0.005\text{m/mm}$，作出摇杆的两极限位置 C_1D、C_2D，如图 3-6 所示。

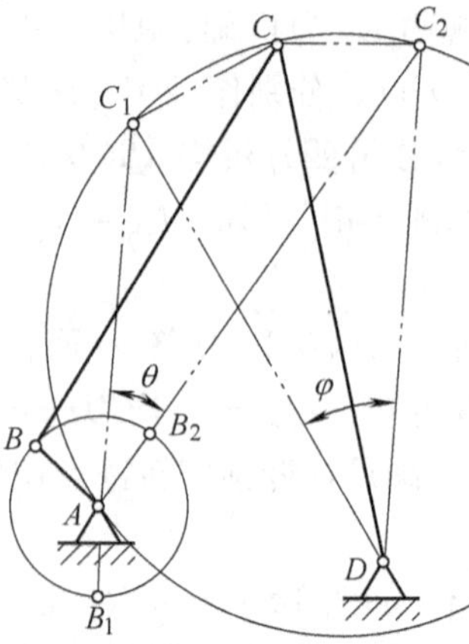

图 3-6

3）以 C_1C_2 为弦，作圆周角 $\theta=30^\circ$ 的圆。

4）以 C_1 为中心，以 $AC_1=l_{AC_1}/\mu_l=45\text{mm}$ 为半径作圆弧交圆于 A。再以 A 为圆心，以 $AB=(AC_2-AC_1)/2$ 为半径作圆，即可设计出四杆机构 AB_1C_1D。由图 3-6 中可量得 $l_{AB}=55\text{mm}$，$l_{BC}=280\text{mm}$，$l_{AD}=185\text{mm}$。

例 3-7 图 3-7 所示为一飞机起落架机构。实线 CD_1E_1 表示降落时的位置，虚线 CD_2E_2 表示飞行时的位置。已知 $l_{FC}=520\text{mm}$，$l_{FE}=340\text{mm}$，且 $\alpha=90^\circ$，$\beta=60^\circ$，$\theta=10^\circ$。试用图解法求出构件 CD 和 DE 的长度 l_{CD} 和 l_{DE}。

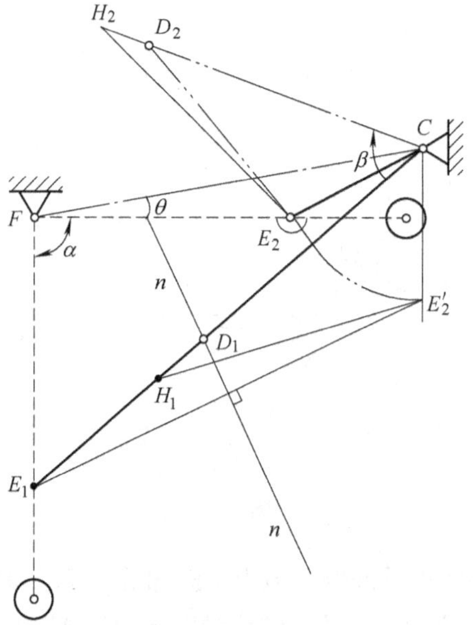

图 3-7

解 1）取 $\mu_l=10\text{mm/mm}$，作出固定转轴中心 F，并作出 FE_1、FE_2 及其对应的 CH_1、CH_2 两个位置。

2）任意选取 CH_2 的长度，并使 $CH_2=CH_1$，连接 H_2E_2、E_2C，得 $\triangle CH_2E_2$，将 $\triangle CH_2E_2$ 沿反方向转过 β 角，得 E_2' 点。连接 E_1E_2'，并作其垂直平分线 nn，交 CE_1 于点 D_1，则 CD_1、D_1E_1 便为所要求的杆长。于是

$$l_{CD}=\mu_l l_{CD_1}=10\text{mm/mm}\times28.5\text{mm}=285\text{mm}$$

$$l_{DE}=\mu_l l_{D_1E_1}=10\text{mm/mm}\times38.5\text{mm}=385\text{mm}$$

例 3-8 设计如图 3-8 所示的六杆机构。已知 AB 为曲柄，且为原动件。摇杆 DC 的行程速比系数 $K=1$，滑块行程 $l_{F_1F_2}=300$mm，$e=100$mm，$x=400$mm，摇杆两极限位置为 DE_1 和 DE_2，$\varphi_1=45°$，$\varphi_2=90°$，$l_{EC}=l_{CD}$，且 A、D 在平行于滑道的一条水平线上，如图 3-8a 所示，试求出各杆尺寸。

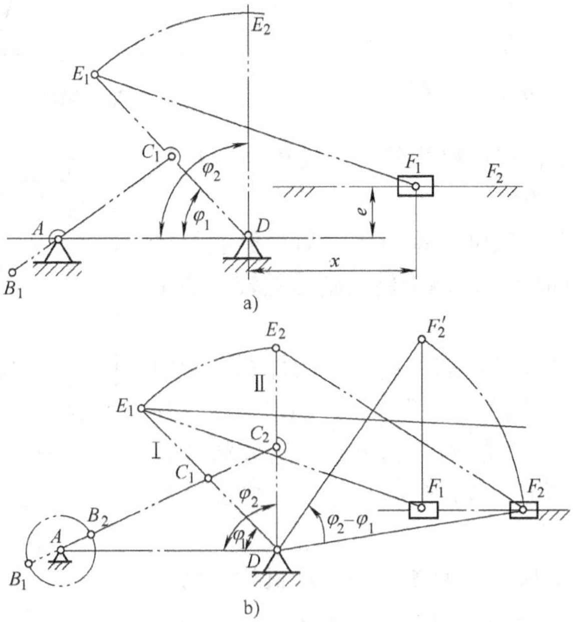

图 3-8

解 取长度比例尺 $\mu_l=10$mm/mm，作图步骤如下：

1）作出机架 AD 的水平线及 D、F_1、F_2 三点及连架杆 DE_1、DE_2 的标线Ⅰ、Ⅱ。

2）连 DF_2 并反转 $\varphi_2-\varphi_1=45°$，得 F_2'。

3）连 F_1F_2' 作垂直平分线交标线Ⅰ上得点 E_1。

4）DE_1F_1 为曲柄滑块机构的第一位置，由此可得 DC_1 和 DC_2。

5）连 C_1C_2 交机架线于 A，则 $l_{AB}=\frac{1}{2}l_{C_1C_2}=100$mm，$l_{BC}=580$mm。

3.4 习题

3-1 图 3-9 所示四铰链运动链中，已知各构件长度 $l_{AB}=55$mm，$l_{BC}=40$mm，$l_{CD}=50$mm，$l_{AD}=25$mm。试问：

1）该运动链中是否具有双整转副构件？

2）如果具有双整转副构件，则固定哪个构件可获得曲柄摇杆机构？

3）固定哪个构件可获得双曲柄机构？

4）固定哪个构件可获得双摇杆机构？

3-2 在图 3-10 所示的铰链四杆机构中，各杆件长度分别为 $l_{AB}=28$mm，$l_{BC}=52$mm，$l_{CD}=50$mm，$l_{AD}=72$mm。

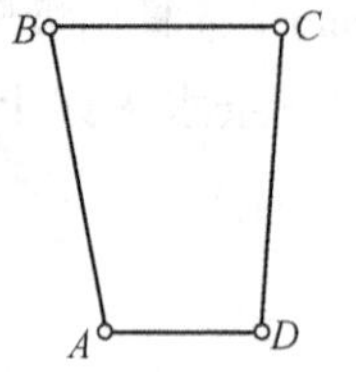

图 3-9

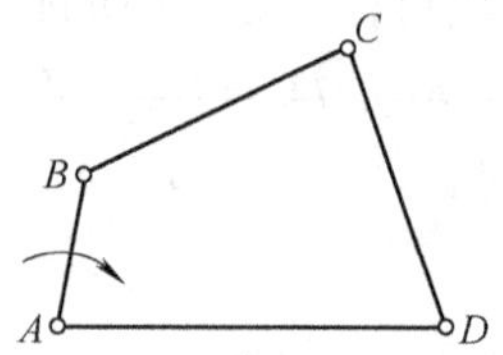

图 3-10

1）若取 AD 为机架，求该机构的极位夹角 θ，杆 CD 的最大摆角 Ψ 和最小传动角 γ_{min}。

2）若取 AB 为机架，该机构将演化为何种类型的机构？为什么？请说明这时 C、D 两个转动副是整转副还是摆动副？

3-3　图 3-11 所示为用铰链四杆机构作为加热炉炉门的启闭机构。炉门上两铰链的中心距为 50mm，炉门打开后成水平位置时，要求炉门的外边朝上，固定铰链装在 yy 轴线上，其相互位置尺寸如图 3-11 所示。试设计此机构。

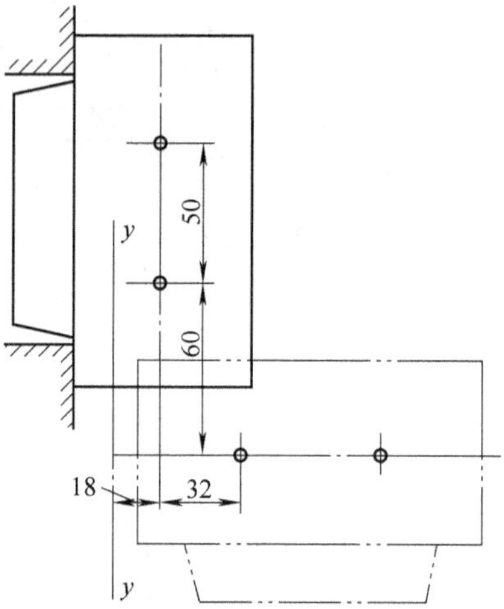

图 3-11

3-4　设计如图 3-12 所示的偏置曲柄滑块机构。已知滑块的行程速比系数 $K = 1.5$，滑块的冲程 $l_{C_1C_2} = 50\text{mm}$，导程的偏距 $e = 20\text{mm}$。求曲柄长度 l_{AB}和连杆长度 l_{BC}。

3-5　如图 3-13 所示一曲柄摇杆机构，已知 $l_{AD} = 600\text{mm}$，$l_{CD} = 500\text{mm}$，摇杆摆角 $\phi = 60°$，摇杆左极限与 AD 夹角 $\phi_1 = 60°$。试确定曲柄和连杆的长度。

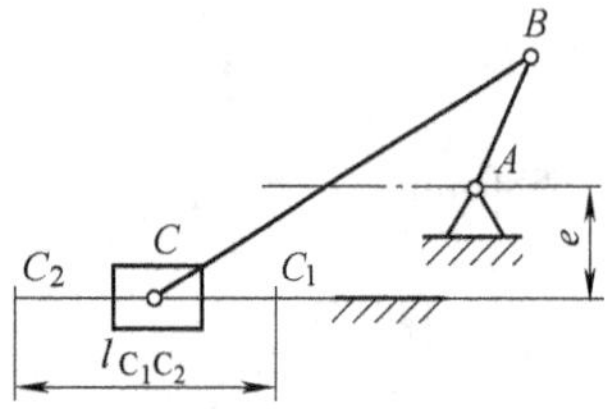

图 3-12

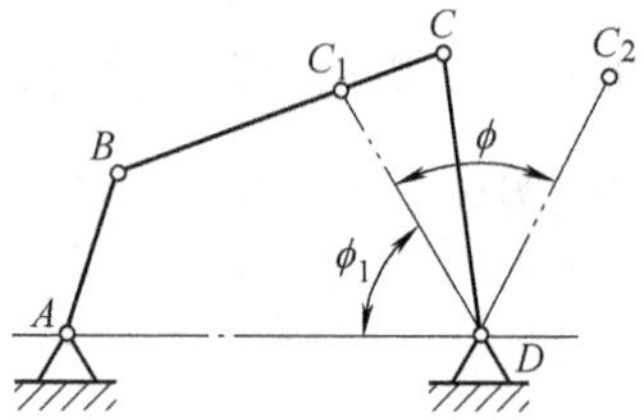

图 3-13

3-6　图 3-14 所示摇杆滑块机构中，已知 $l_{AE} = 35\text{mm}$，偏距 $e = 10\text{mm}$，摇杆 AE 与滑块 C 的对应转角及位置如图所示。试用图解法设计此机构。（要求保留作图线）

3-7　已知铰链四杆机构中，机架长为 $l_{AD} = 100\text{mm}$，曲柄的起始位置 $\varphi_0 = 150°$，摇杆的起始位置 $\phi_0 = 120°$。试用解析法设计此机构，使得曲柄自起始位置顺时针转至 105°和 60°位置时，摇杆顺时针转至 90°和 60°的位置。

3-8　如图 3-15 所示，已知滑块和摇杆的对应位置为$s_1 = 40\text{mm}$，$\varphi_1 = 60°$；$s_2 = 30\text{mm}$，$\varphi_2 = 90°$；$s_3 = 20\text{mm}$，$\varphi_3 = 120°$。试用解析法确定各构件的长度及偏心距 e。

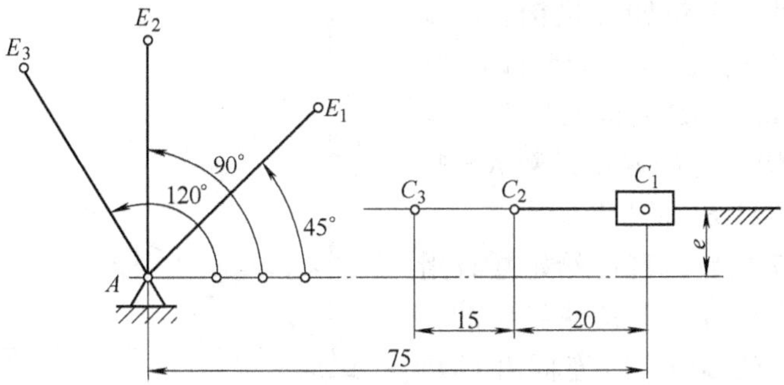

图 3-14

3.5 综合测试题

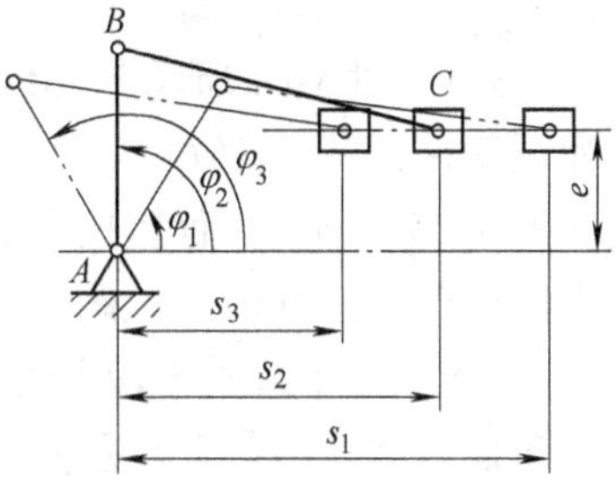

图 3-15

3-1 填空题

（1）机构中传动角 γ 和压力角 α 之和等于________。

（2）在铰链四杆机构中，当最短构件和最长构件的长度之和大于其他两构件长度之和时，只能获得________机构。

（3）在摆动导杆机构中，导杆摆角 $\psi=30°$，其行程速比系数 K 的值为____________。

（4）在四杆机构中 $l_{AB}=40mm$，$l_{BC}=40mm$，$l_{CD}=60mm$，AD 为机架，该机构是________________。

（5）对心曲柄滑块机构曲柄长为 a，连杆长为 b，则最小传动角 γ_{min} 等于________，它出现在________位置。

（6）在四连杆机构中，能实现急回运动的机构有________、________和________。

（7）当铰链四杆机构各杆长为 $a=50mm$，$b=60mm$，$c=70mm$，$d=200mm$，则四杆机构就____________。

（8）当四杆机构的压力角 $\alpha=90°$ 时，传动角等于____________，该机构处于____________位置。

（9）通常压力角 α 是指________间所夹锐角。

（10）铰链四杆机构曲柄、连杆、机架能同时共线的条件是____________。

（11）一对心式曲柄滑块机构，若以滑块为机架，则将演化成____________机构。

（12）铰链四杆机构变换机架（倒置）以后，各杆间的相对运动不变，原因是____________。

（13）铰链四杆机构连杆点轨迹的形状和位置取决于________个机构参数，用铰链四杆机构能精确再现________个给定的连杆平面位置。

（14）铰链四杆机构演化成其他型式的四杆机构有________，________和________三种方法。

（15）曲柄滑块机构是改变曲柄摇杆机构中的________而形成的。在曲柄滑块机构中改变________而形成偏心轮机构。在曲柄滑块机构中以____________而得到回转导杆机构。

3-2　现需设计一铰链四杆机构。已知图3-16所示摇杆 CD 的长度 $l_{CD}=150mm$，摇杆的两极限位置与机架 AD 所成的角度 $\varphi_1=30°$，$\varphi_2=90°$，机构的行程速比系数 $K=1$。试确定曲柄 AB 和连杆 BC 的长度。

3-3　如图3-17所示，现已给定摇杆滑块机构 ABC 中固定铰链 A 及滑块导路的位置，要求当滑块由 C_1 到 C_2 时连杆由 C_1P_1 到 C_2P_2。试设计此机构，确定摇杆和连杆的长 l_{AB}、l_{BC}(保留作图线)。

3-4　图3-18所示为一六杆机构，杆 BC 为原动件，其长度 $l_{BC}=40mm$，滑块 E 的行程为 $h=50mm$，行程速比系数 $K=2$，要求最小传动角 $\gamma_{min}=60°$。试确定各构件的长度。

3-5　设计如图3-19所示铰链四杆机构。已知摇杆的行程速比系数 $K=1$，机架长 $l_{AD}=120mm$，曲柄长 $l_{AB}=20mm$，且当曲柄 AB 运动到与连杆拉直共线时，曲柄位置 AB_2 与机架的夹角 $\varphi_1=45°$。试确定摇杆及连杆的长度 l_{CD} 和 l_{BC}。

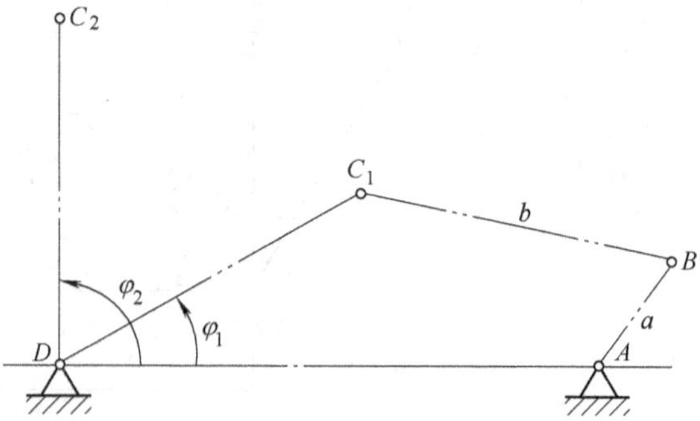

图　3-16

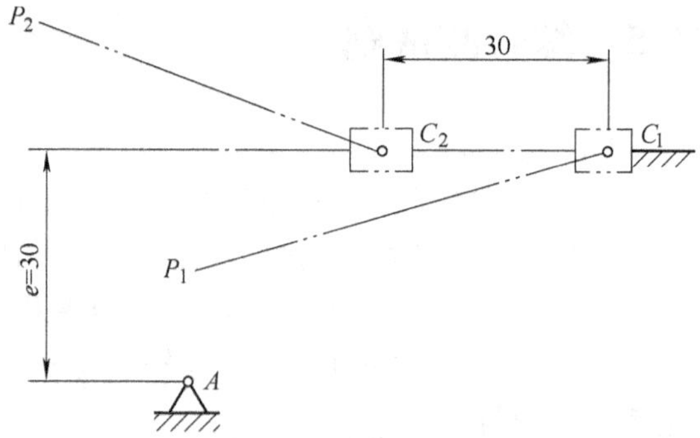

图　3-17

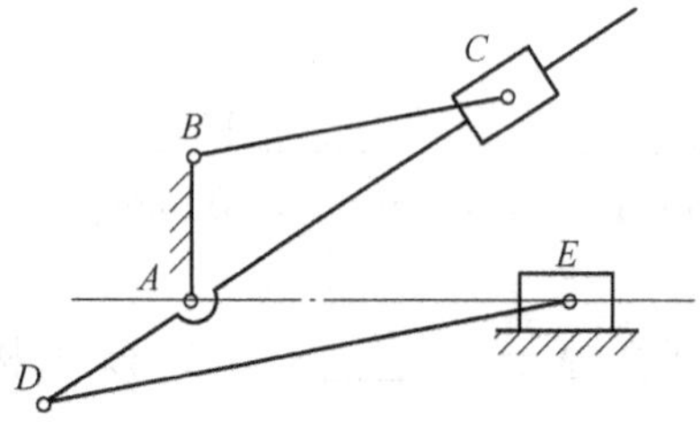

图　3-18

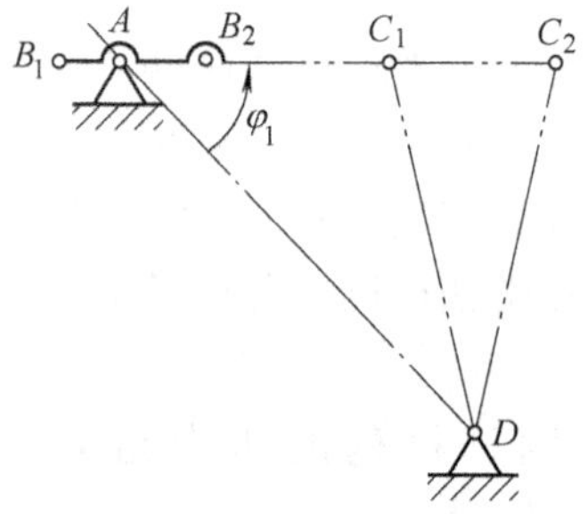

图　3-19

第4章　平面连杆机构的运动分析

4.1　教学基本要求

1）了解平面连杆机构运动分析的目的和不同方法。

2）掌握Ⅱ级机构运动分析速度的瞬心法。

3）了解相对运动分析的图解法。

4）掌握Ⅱ级机构运动分析速度的解析法。

4.2　本章重点和难点内容

本章的重点和难点是Ⅱ级机构运动分析速度的瞬心法和解析法。

1. 速度瞬心法

速度瞬心法是一种适用于某些构件数目较少的低副和高副机构作速度分析时的简便方法，其关键在于确定所求瞬心的位置。

（1）瞬心的定义　瞬心是作相对运动的两构件上瞬时相对速度为零的重合点。若该点的绝对速度为零，则称为绝对瞬心；若不为零，则称为相对瞬心。

所有瞬心总数为

$$K = C_n^2 = \frac{n(n-1)}{2}$$

（2）瞬心位置的确定　一种是根据瞬心的定义来确定，另一种是利用三心定理来确定。当确定构件数目较多的机构的瞬心时，可借助瞬心多边形法或角标消去法。瞬心多边形法的内容为：瞬心多边形的边数为机构的构件数，在多边形的各顶点处标出构件号。可以确定的瞬心用实线连接其构件号。同一直线上的三个瞬心在瞬心多边形中组成了一个三角形。

2. 相对运动图解法

相对运动图解法是依据理论力学中的刚体相对运动原理，建立机构构件的相对运动矢量方程，然后按矢量运算的图解方法进行求解，所以也称矢量方程图解法。

（1）相对运动图解法的两类问题　一类是同一构件上两点间的速度和加速度关系；另一类是两构件上的重合点间的速度和加速度的关系。在计算时，首先要搞清属于哪一类问题，再列出相应的速度、加速度矢量方程式，标出各矢量的大小和方向。当一矢量方程式中有两个未知量时，用作图法求解。

（2）速度影像、加速度影像　当已知同一构件上两点的速度和加速度时，可利用“速度影像”和“加速度影像”很方便地求得该构件上其他任一点的速度和加速度。利用影像法求解时须注意以下两点：第一，每个构件都与其速度图、加速度图存在影像关系，但不同构件上的点之间不存在影像关系；第二，同一构件上速度图及加速度图上各点的角标字母顺序必须与构件上对应的角标字母的顺序一致。

3. 用解析法设计四杆机构

这种方法以机构参数来表达各构件的函数关系，以便按给定条件求未知数。用解析法作平面机构运动设计的关键是建立机构位置矢量封闭方程式。常用的解析法有矢量法、复数矢量法及矩阵法等。解析法求解精度高，能解决较复杂的问题。本章主要介绍矩阵解析法和杆组法。

杆组法是对常见的基本杆组进行运动分析并建立相应的子程序库，在进行机构运动分析时，根据机构组成情况，编制一个依次调用组成该机构的各基本杆组子程序的主程序，即可实现对整个机构的运动分析。考虑到工程实际中大多数机构是Ⅱ级机构，因此本章主要介绍同一构件上两点间的运动分析和最常见的 RRR 型、RRP 型及 RPR 型Ⅱ级杆组的运动分析。

杆组法是常用的一种解析方法。其思路为将一个复杂的机构按机构的组成分解为单杆构件和各个基本杆组。由于单杆构件和各种常见杆组运动分析的子程序已有成熟的软件，因此在编写主程序时可直接调用所需的各个子程序，即可精确地计算出各个点的位置、速度和加速度。用杆组法对机构进行分析时，位置分析是关键，位置分析确定后，再对时间求一阶、二阶导数，就可得到速度和加速度。

矩阵法是根据机构的封闭矢量关系式，写出它们的投影方程式，即得到机构位置方程式，再将它们对时间求一次和二次导数，即得到机构的速度和加速度方程式，并将其写成矩阵形式。

4.3 典型例题解析

例 4-1 图 4-1 所示为摆动从动件盘形凸轮机构，凸轮为一偏心圆盘，其半径 $r=30\text{mm}$，偏距 $e=10\text{mm}$，$l_{AB}=90\text{mm}$，$l_{BC}=30\text{mm}$，$\omega_1=20\text{rad/s}$。要求：

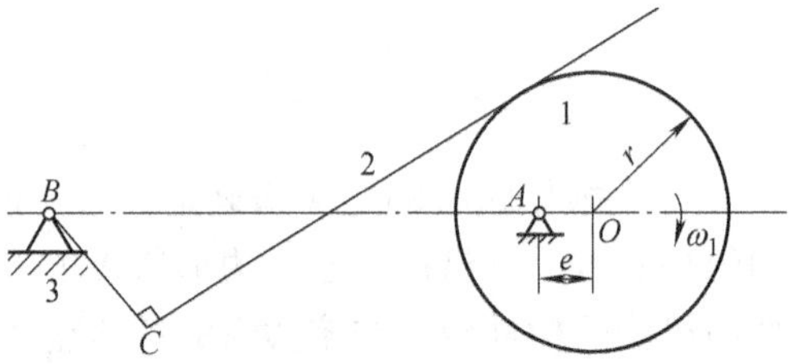

图 4-1

1）找出机构所有瞬心。

2）用瞬心图解法求 v_C。

3）用相对运动图解法求 v_C、a_C。

解 （1）瞬心 P_{12}、P_{13}、P_{23}的位置 如图 4-2a 所示。

（2）瞬心法 P_{12}为构件 1、2 的瞬时等速点，为相对瞬心。于是

$$v_{P_{12}}=\omega_1 e=\omega_2 l_{BO}$$

$$\omega_2=\omega_1 e/l_{BO}=20\times0.1\text{rad/s}=2\text{rad/s}$$

$$v_C=\omega_2 l_{BC}=2\times0.03\text{m/s}=0.06\text{m/s}$$

（3）相对运动图解法 本题为高副机构，用高副低代法得瞬时代替机构，如图 4-2b 所示。

1）速度分析。将构件 2 扩大点 O 如图 4-2b 所示，于是

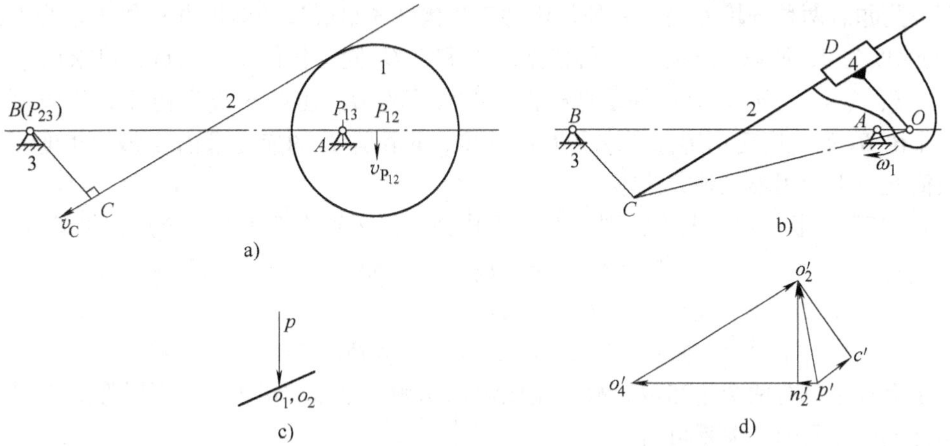

图　4-2

$$\boldsymbol{v}_{O_2} \quad = \quad \boldsymbol{v}_{O_4} \quad + \quad \boldsymbol{v}_{O_2O_4}$$

方向：　$\perp AB$　　$\perp AB$　　$/\!/ DC$

大小：　？　　$\omega_1 l_{OA}$　　？

$$v_{O_4} = v_{O_1} = \omega_1 l_{OA} = 20 \times 0.01 \mathrm{m/s} = 0.2 \mathrm{m/s}$$

作速度图如图 4-2c 所示，可知

$$v_{O_2} = v_{O_4} = 0.2 \mathrm{m/s}$$

$$\omega_2 = v_{O_2}/l_{BO} = 0.2/0.1 \mathrm{rad/s} = 2 \mathrm{rad/s}，顺时针方向$$

$$v_C = \omega_2 l_{BC} = 2 \times 0.03 \mathrm{m/s} = 0.06 \mathrm{m/s}$$

2）加速度分析

$$\boldsymbol{a}_{O_2}^{n} \quad + \quad \boldsymbol{a}_{O_2}^{t} \quad = \quad \boldsymbol{a}_{O_4}^{n} \quad + \quad \boldsymbol{a}_{O_2O_4}^{k} \quad + \quad \boldsymbol{a}_{O_2O_4}^{r}$$

方向：$O \to B$　　$\perp OB$　　$O \to A$　　$\perp DC$　　$/\!/ DC$

大小：已知　　？　　已知　　已知　　？

式中，$a_{O_2}^{n} = \omega_2^2 l_{OB} = 0.4 \mathrm{m/s^2}$，$a_{O_4}^{n} = \omega_1^2 l_{OA} = 4 \mathrm{m/s^2}$，$a_{O_2O_4}^{k} = 2\omega_2 v_{O_2O_4} = 0$。

作加速度图如图 4-2d 所示。用加速度影像法作$\triangle P'O'_2C \backsim \triangle BOC$，得 C'，则有

$$a_C = \overline{p'c'}\mu_a = 0.81 \mathrm{m/s^2}$$

例 4-2　在图4-3所示机构中，已知各杆长度和 ω_1（为常数），$l_{BC} = 2l_{CD}$。试用相对图解法求解构件 2 和构件 5 在图示位置的 ω_2、ε_2、v_5、a_5。

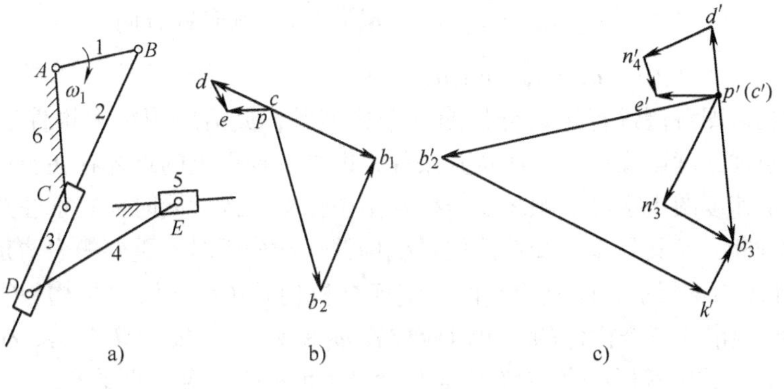

图　4-3

解 此题有两种分析方法。一种是构件 2 和构件 3 组成移动副把点 C 作为重合点，由于点 C_2 的速度为 0，所以$v_{C_2}=v_{C_2C_3}$。再根据点 B 和点 C_2 同为构件 2 上的点，可求出v_{C_2}，然后求出v_{D_2}、v_{D_3}（v_{D_4}）、v_{E_5}。另一种是把构件 3 扩大至点 B，使点 B 成为构件 2 和构件 3 的重合点。求出 B_3 的速度后用影像法求点 D 的速度，再由点 D 的速度求出点 E 的速度。第二种方法较简便。下面用第二种方法求解。

（1）速度分析　扩大杆 3，则点 B 可看作为构件 2 和构件 3 的重合点，于是有

	v_{B_3}	=	v_{B_2}	+	$v_{B_3B_2}$
大小：	?		$\omega_1 l_{AB}$		?
方向：	$\perp BC$		$\perp AB$		$/\!/ BC$

由于上式中只有两个未知数，故可用图解法求解。选 μ_v 作图，v_D 用影像法求得。又由同一构件上两点间速度关系可得

	v_E	=	v_D	+	v_{ED}
大小：	?		已知		?
方向：	水平		$\perp DC$		$\perp DE$

作出速度图如图 4-3b 所示。

$$\omega_2=\omega_3=v_{B_3}/l_{BC}=\overline{pb_3}\mu_v/l_{BC}\text{，顺时针方向}$$

$$\omega_4=v_{ED}/l_{ED}=\overline{de}\mu_v/l_{ED}\text{，顺时针方向}$$

$$v_5=v_E=\overline{pe}\mu_v$$

（2）加速度分析　根据重合点间的加速度关系，可得

	$\boldsymbol{a}_{B_3}^{n}$	+	$\boldsymbol{a}_{B_3}^{t}$	=	$\boldsymbol{a}_{B_2}$	+	$\boldsymbol{a}_{B_3B_2}^{k}$	+	$\boldsymbol{a}_{B_3B_2}^{t}$
大小：	已知		?		已知		已知		?
方向：	$B\rightarrow C$		$\perp BC$		$B\rightarrow A$		$\perp BC$		$/\!/ BC$

选 μ_v 作图。其中，$a_{B_2}=\omega_1^2 l_{AB}$；哥氏加速度 $a_{B_3}^{n}=\omega_3^2 l_{BC}$；$a_{B_3B_2}^{k}=2\omega_3 v_{B_3B_2}$，其方向为由 $v_{B_3B_2}$的矢量沿 ω_3 的方向转过 90°。

由加速度影像法求出点 D 的加速度 a_D，即$\overline{p'd'}\mu_a$。根据同一构件上加速度关系有

	$\boldsymbol{a}_E$	=	$\boldsymbol{a}_D$	+	$\boldsymbol{a}_{ED}^{n}$	+	$\boldsymbol{a}_{ED}^{t}$
大小：	?		已知		$\omega_4^2 l_{BD}$		?
方向：	水平		已知		$E\rightarrow D$		$\perp ED$

图 4-3c 所示为加速度图。

$$\varepsilon_2=\varepsilon_3=a_{B_3}^{t}/l_{BC}=\overline{n_3'b_3'}/l_{BC}\text{，顺时针方向}$$

$$a_5=a_E=\overline{p'e'}\mu_a$$

此题是用相对图解法进行运动分析的一个典型题，灵活应用扩大构件法可简化解题过程。应用速度及加速度影像法时要注意其条件，即同一构件上的点才存在影像关系，并注意其在速度图及加速度图中字母的顺序要与机构图中保持一致。同时应特别注意加速度分析中加速度方向的判断，尤其是作一些特殊位置机构的运动分析时，更要概念清楚。

例 4-3　如图 4-4 所示六杆机构是由铰链四杆机构 $ABCD$ 与滑块机构 DCE 串联而成的。若已知 AB、BC 及滑块三个构件的三组对应位置 $\phi_1-\psi_1-s_1$、$\phi_2-\psi_2-s_2$、$\phi_3-\psi_3-s_3$ 以及偏距 e，机架 l_{AD}。试用解析法（位移矩阵法）设计此六杆机构，即要求：

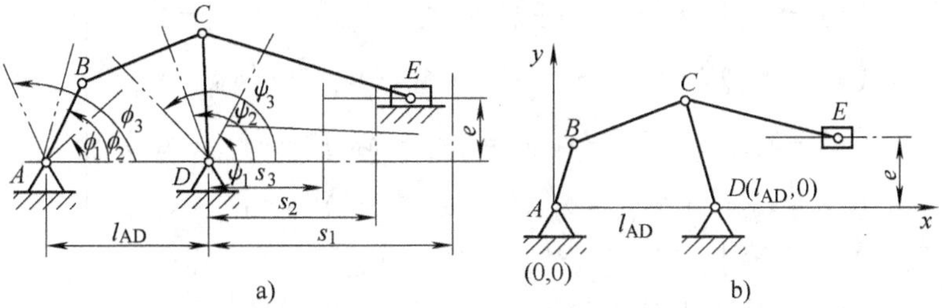

图　4-4

1）选定坐标系。

2）求出有关刚体位移矩阵或平面相对位移矩阵。

3）列出设计方程组。

4）简述方程组求解步骤。

5）讨论解的存在性及解的组数。

解

刚体位移矩阵公式为 $D_{1i}=\begin{pmatrix}\cos\theta_{1i} & -\sin\theta_{1i} & x_{pi}-x_{p1}\cos\theta_{1i}+y_{p1}\sin\theta_{1i}\\ \sin\theta_{1i} & \cos\theta_{1i} & y_{pi}-x_{p1}\sin\theta_{1i}+y_{p1}\cos\theta_{1i}\\ 0 & 0 & 1\end{pmatrix}$

平面相对位移矩阵公式为 $D_{r1i}=\begin{pmatrix}\cos(\theta_{1i}-\psi_{1i}) & -\sin(\theta_{1i}-\psi_{1i}) & l_{AB}(1-\cos\psi_{1i})\\ \sin(\theta_{1i}-\psi_{1i}) & \cos(\theta_{1i}-\psi_{1i}) & l_{AB}(1-\sin\psi_{1i})\\ 0 & 0 & 1\end{pmatrix}$

1）设坐标系如图 4-4b 所示。

2）

$$(D_{A'B'})_{12}=\begin{pmatrix}\cos(\phi_2-\phi_1-\psi_2+\psi_1) & -\sin(\phi_2-\phi_1-\psi_2+\psi_1) & l_{AD}(1-\cos(\psi_2-\psi_1))\\ \sin(\phi_2-\phi_1-\psi_2+\psi_1) & \cos(\phi_2-\phi_1-\psi_2+\psi_1) & l_{AD}\sin(\psi_2-\psi_1)\\ 0 & 0 & 1\end{pmatrix} \quad (a)$$

$$(D_{A'B'})_{13}=\begin{pmatrix}\cos(\phi_3-\phi_1-\psi_3+\psi_1) & -\sin(\phi_3-\phi_1-\psi_3+\psi_1) & l_{AD}(1-\cos(\psi_3-\psi_1))\\ \sin(\phi_3-\phi_1-\psi_3+\psi_1) & \cos(\phi_3-\phi_1-\psi_3+\psi_1) & l_{AD}\sin(\psi_3-\psi_1)\\ 0 & 0 & 1\end{pmatrix} \quad (b)$$

$$(D_{DC})_{12}=\begin{pmatrix}\cos(\psi_2-\psi_1) & -\sin(\psi_2-\psi_1) & l_{AD}\\ \sin(\psi_2-\psi_1) & \cos(\psi_2-\psi_1) & 0\\ 0 & 0 & 1\end{pmatrix} \quad (c)$$

$$(D_{DC})_{13}=\begin{pmatrix}\cos(\psi_3-\psi_1) & -\sin(\psi_3-\psi_1) & l_{AD}\\ \sin(\psi_3-\psi_1) & \cos(\psi_3-\psi_1) & 0\\ 0 & 0 & 1\end{pmatrix} \quad (d)$$

3）由定长条件可得其设计方程组

$$\left.\begin{aligned}(x'_{B_2}-x_{C_1})^2+(y'_{B_2}-y_{C_1})^2=(x_{B_1}-x_{C_1})^2+(y_{B_1}-y_{C_1})^2\\(x'_{B_3}-x_{C_1})^2+(y'_{B_3}-y_{C_1})^2=(x_{B_1}-x_{C_1})^2+(y_{B_1}-y_{C_1})^2\\(x_{C_2}-x_{E_2})^2+(y_{C_2}-y_{E_2})^2=(x_{C_1}-x_{E_1})^2+(y_{C_1}-y_{E_1})^2\\(x_{C_3}-x_{E_3})^2+(y_{C_3}-y_{E_3})^2=(x_{C_1}-x_{E_1})^2+(y_{C_1}-y_{E_1})^2\end{aligned}\right\}\qquad(e)$$

4）由以下各式，可分别求出(x'_{B_2},y'_{B_2})、(x'_{B_3},y'_{B_3})、(x_{C_2},y_{C_2})、(x_{C_3},y_{C_3})和(x_{E_1},y_{E_1})、(x_{E_2},y_{E_2})，(x_{E_3},y_{E_3})，再代入设计方程组(e)，即可求解。

$$\begin{pmatrix}x'_{B_2}\\y'_{B_2}\\1\end{pmatrix}=(D_{A'B'})_{12}\begin{pmatrix}x_{B_1}\\y_{B_1}\\1\end{pmatrix}\qquad\begin{pmatrix}x'_{B_3}\\y'_{B_3}\\1\end{pmatrix}=(D_{A'B'})_{13}\begin{pmatrix}x_{B_1}\\y_{B_1}\\1\end{pmatrix}$$

$$\begin{pmatrix}x_{C_2}\\y_{C_2}\\1\end{pmatrix}=(D_{DC})_{12}\begin{pmatrix}x_{C_1}\\y_{C_1}\\1\end{pmatrix}\qquad\begin{pmatrix}x_{C_3}\\y_{C_3}\\1\end{pmatrix}=(D_{DC})_{13}\begin{pmatrix}x_{C_1}\\y_{C_1}\\1\end{pmatrix}$$

由以上四式，即可求出(x'_{B_2},y'_{B_2})、(x'_{B_3},y'_{B_3})、(x_{C_2},y_{C_2})、(x_{C_3},y_{C_3})关于x_{B_1}、y_{B_1}、x_{C_1}、y_{C_1}的表达式

$$\begin{cases}x_{E_1}=l_{AD}+s_1\\y_{E_1}=e\end{cases}\begin{cases}x_{E_2}=l_{AD}+s_2\\y_{E_2}=e\end{cases}\begin{cases}x_{E_3}=l_{AD}+s_3\\y_{E_3}=e\end{cases}$$

5）由于所求的未知数x_{B_1}、y_{B_1}、x_{C_1}、y_{C_1}共四个，而设计方程有四个，因此只存在唯一一组解，即此六杆机构只存在一组方案满足设计条件。

4.4 习题

4-1 求出图4-5所示机构中所有的速度瞬心。

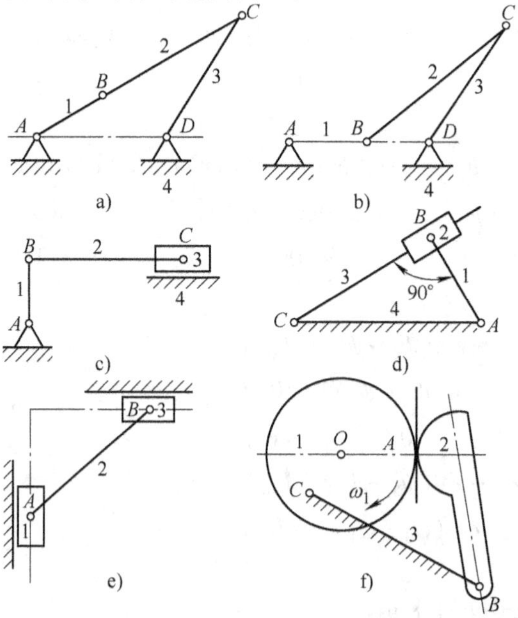

图 4-5

4-2　在图 4-6 所示的凸轮机构中，已知 $r=50\text{mm}$，$l_{OA}=22\text{mm}$，$l_{AC}=80\text{mm}$，$\varphi_1=90°$，凸轮 1 的角速度 $\omega_1=10\text{rad/s}$，逆时针方向转动。试用瞬心法求从动件 2 的角速度 ω_2。

4-3　在图 4-7 所示机构中，已知 $l_{AB}=100\text{mm}$，$l_{BC}=l_{CD}=400\text{mm}$，$l_{EF}=200\text{mm}$，$\angle BCD=90°$，$\angle CFE=30°$，$\omega_1=100\text{rad/s}$。试求角速度 ω_5、速度 v_{E_4}、角加速度 ε_5 和加速度 a_{E_4}。

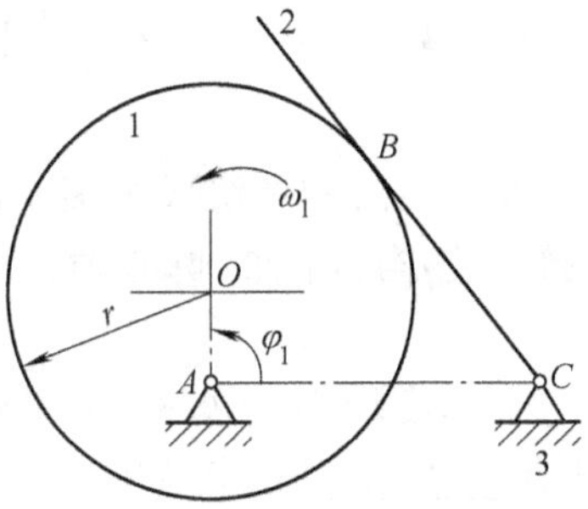

图　4-6

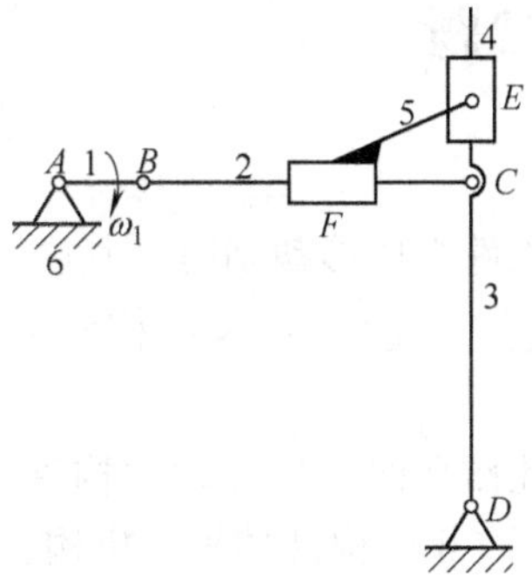

图　4-7

4-4　在图 4-8 所示的摆动导杆机构中，$\angle BAC=90°$，$l_{AB}=60\text{mm}$，$l_{AC}=120\text{mm}$，曲柄 AB 的等角速度 $\omega_1=30\text{rad/s}$。求构件 3 的角速度 ω_3 和角加速度 ε_3。

4-5　在图 4-9 所示的曲柄摇块机构中，已知 $l_{AB}=30\text{mm}$，$l_{AC}=100\text{mm}$，$l_{BD}=50\text{mm}$，$l_{DE}=40\text{mm}$，$\varphi_1=45°$，等角速度 $\omega_1=10\text{rad/s}$。求点 E、D 的速度和加速度，构件 3 的角速度 ω_3 和角加速度 ε_3。

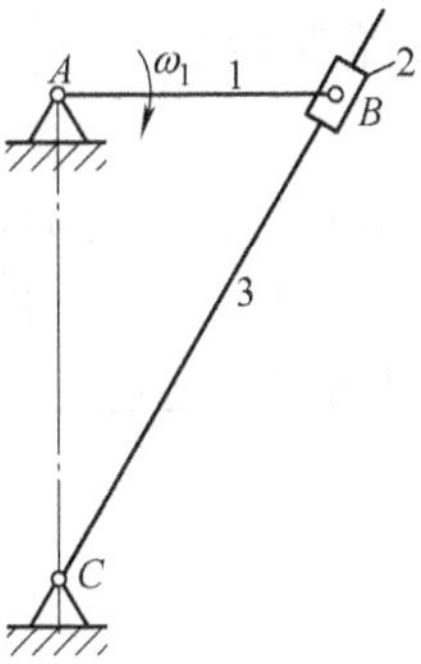

图　4-8

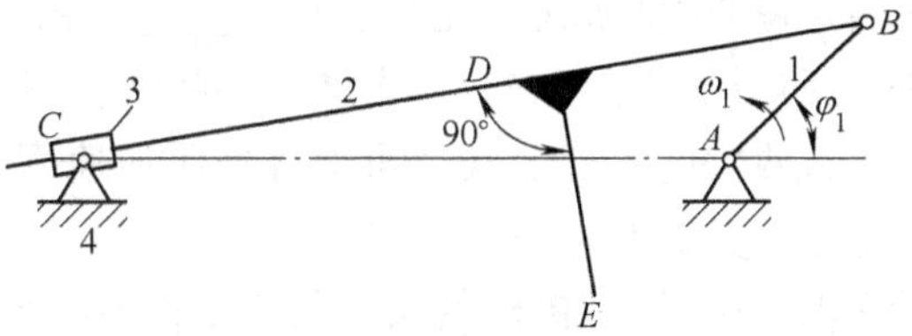

图　4-9

4-6　在图 4-10 所示的机构中，已知 $\varphi_1=45°$，$\omega_1=100\text{rad/s}$，方向为逆时针方向，$l_{AB}=4\text{m}$，$\gamma=60°$。求构件 2 的角速度 ω_2 和构件 3 的速度 v_3。

4-7　图 4-11 所示的亚麻收割机传动机构是由曲柄摇杆机构和四个齿轮所组成的，齿轮 1 和曲柄 AB 刚性相连，齿轮 2、3、4 活套在 E、C、D 三根轴上，DC 是摇杆，齿轮 4 作摆

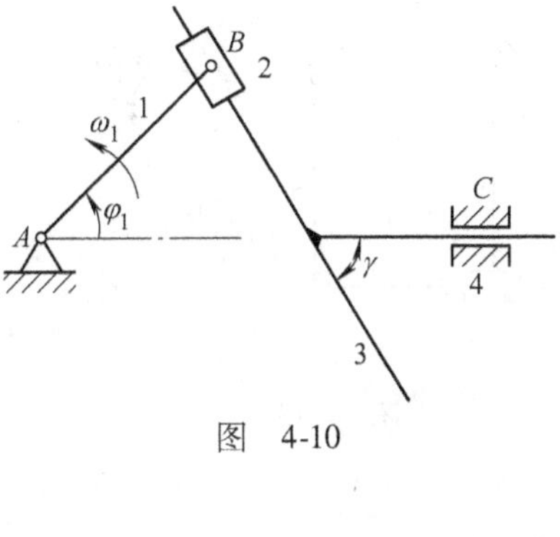

图　4-10

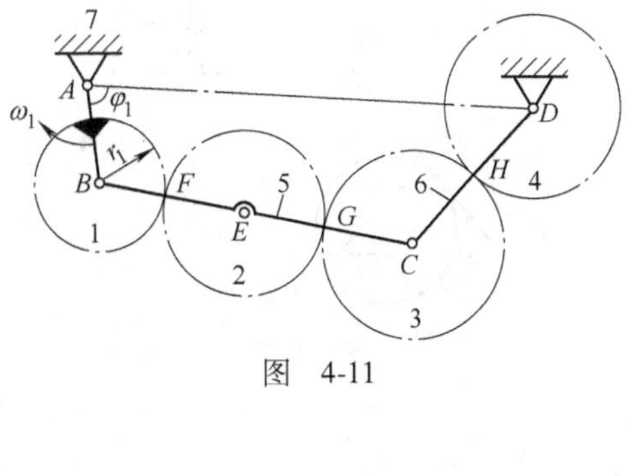

图　4-11

动，它正向摆动的角度比反向摆动的角度大些，由此传递运动。已知 $l_{AB}=200\text{mm}$，$l_{BC}=658\text{mm}$，$l_{BE}=299\text{mm}$，$l_{CD}=380\text{mm}$，$l_{AD}=930\text{mm}$，$r_1=130\text{mm}$，$\varphi_1=80°$，等角速度 $\omega_1=10\text{rad/s}$，求 ω_4 和 ω_6（F、G、H 分别为各齿轮上两轮节圆的切点）。

4.5 综合测试题

4-1 填空题

（1）当两个构件组成移动副时，其瞬心位于________处。当两构件组成纯滚动的高副时，其瞬心就在________。当求机构的不互相直接连接的各构件间的瞬心时，可应用________来求。

（2）三个彼此作平面平行运动的构件间共有________个速度瞬心，这三个瞬心必定位于________上。含有6个构件的平面机构，其速度瞬心共有________个，其中有________个是绝对瞬心，有________个是相对瞬心。

（3）相对瞬心与绝对瞬心的相同点是____________，不同点是____________。

（4）机构瞬心的数目 K 与机构的构件数 n 的关系是____________。

（5）当两构件组成转动副时，其速度瞬心在________处；组成移动副时，其速度瞬心在________处；组成兼有相对滚动和滑动的平面高副时，其速度瞬心在__________上。

（6）速度瞬心是两刚体上____________为零的重合点。

（7）铰链四杆机构共有________个速度瞬心，其中________个是绝对瞬心，________个是相对瞬心。

（8）速度影像的相似原理只能应用于________各点，而不能应用于机构的________的各点。

（9）在摆动导杆机构中，当导杆和滑块的相对运动为________动，牵连运动为________动时，两构件的重合点之间将有哥氏加速度。哥氏加速度的大小为____________，方向与____________的方向一致。

4-2 已知图4-12所示机构的尺寸及原动件1的解速度 ω_1。

要求：1）标出所有瞬心位置。

2）用瞬心法确定点 M 的速度 v_M。

4-3 在图4-13所示机构中，已知 $\omega_1=10\text{rad/s}$，$\alpha_1=0°$，$l_{AB}=l_{BC}=l_{BD}=0.1\text{m}$。求 v_D，a_D（用图解法或解析法均可）。

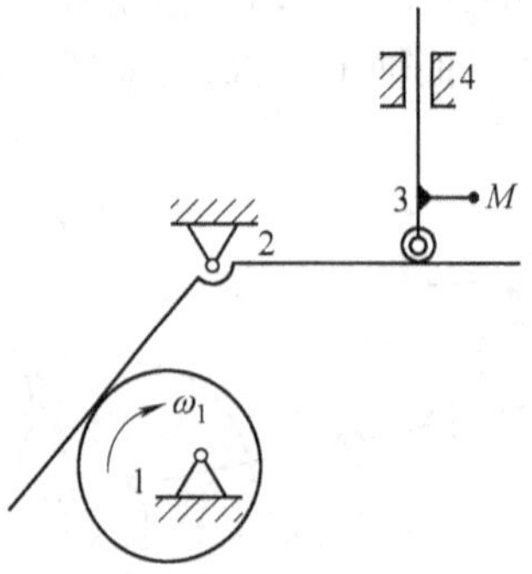

图 4-12

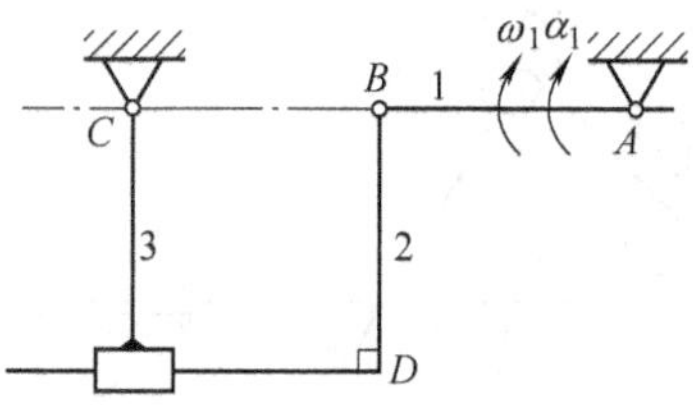

图 4-13

第5章　平面机构的力分析和机械效率

5.1　教学基本要求

1）了解平面机构力分析的目的和不同方法。

2）掌握Ⅱ级机构力分析的方法。

3）了解机械中的摩擦、自锁和效率的概念，掌握机械效率的计算方法。

5.2　本章重点和难点内容

本章的重点和难点是平面机构的力分析，机械中的摩擦、自锁和效率。

1. 作用于机构中力的分类

作用力分为驱动力、阻力（包括有效阻力和有害力）、运动副反力、重力和惯性力。以上诸力中，对整个机构而言，运动副的反力是内力，但对于一个构件而言则是外力；其余各力均是外力。

机构力分析的主要任务是根据作用在机构上的已知外力，求解实现机构运动所需的驱动力（力矩）或能够输出的力（力矩），二者统称为平衡力或平衡力矩。

2. 平面机构的动态静力分析

1）基本思路。首先要求出各构件的惯性力，并把它们视为外力加于产生这些惯性力的构件上，然后再根据静定条件将机构分作为若干个构件组和平衡力作用的构件，开始力分析。

2）动态静力分析的步骤。首先对平面连杆机构进行运动分析，求出有关构件的速度、加速度及角速度等参数，再将机构按主动杆和杆组进行分解；从远离主动件的杆组开始，逐个对杆组进行动态静力分析，求出各运动副的反力；对主动件进行动态静力分析，求出应作用在主动件上的平衡力（或力矩）及有关的约束反力。

3. 运动副中的摩擦

1）移动副中的摩擦。移动副中的摩擦力大小为

$$F_{21}=f_v N_{21}$$

式中　f_v——当量摩擦因数，它是为了计算简便，把运动副元素的几何形状对摩擦力的影响因素代入摩擦因数中，这样，当运动副元素的几何形状不同时，只需引入不同的当量摩擦因数即可。

为使机构受力分析方便，将正压力 $\boldsymbol{N}_{21}$ 与摩擦力 $\boldsymbol{F}_{21}$ 作为一个合力（图5-1）来考虑，该合力称为总反力，用 $\boldsymbol{R}_{21}$ 表示。即

$$\boldsymbol{R}_{21}=\boldsymbol{N}_{21}+\boldsymbol{F}_{21}$$

2）转动副中的摩擦。如图5-2所示，轴承2对轴颈1的总摩擦力为

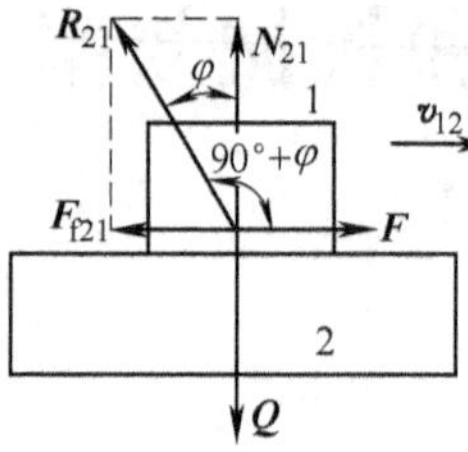

图 5-1

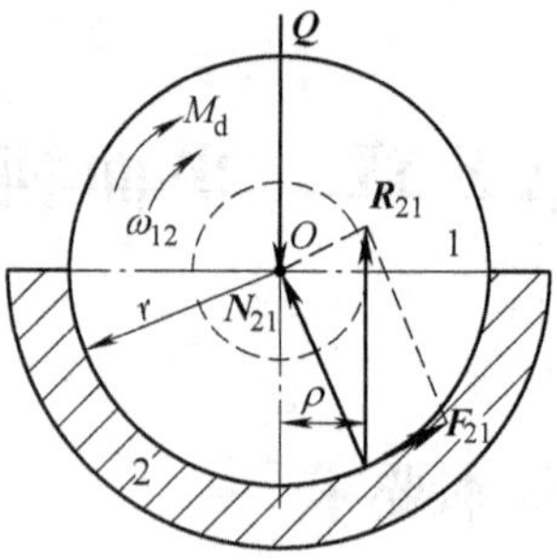

图 5-2

$$F_{21} = fN'_{21} = f_v Q$$

其对轴颈所产生的摩擦力矩为

$$M_f = F_{21} r = f_v Q r = R_{21} \rho$$

$$\rho = f_v r$$

式中 f_v——当量摩擦因数；

r——轴颈半径；

Q——外载荷。

4. 机械效率

机械的输出功 W_r 与输入功 W_d 的比值称为机械效率。机械效率有以下三种表达形式：

1）功形式。$\eta = W_r/W_d = 1 - W_f/W_d$。

2）功率形式。$\eta = N_r/N_d = 1 - N_f/N_d$。

3）力（或力矩）形式。η = 理想驱动力（力矩）/实际驱动力（力矩）。即

$$\eta = P_0/P = M_0/M$$

由常用机构或运动副组成的机械系统，常用机构的效率通过实验积累的资料可预先估定，其系统的总效率则依串（并）联不同情况计算求出。

串联时的系统（图 5-3），其总效率为

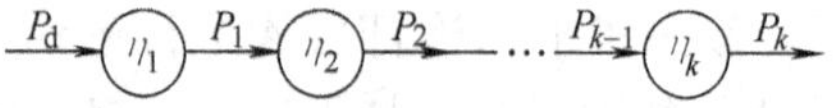

图 5-3

$$\eta = N_r/N_k = \eta_1 \eta_2 \eta_3 \cdots \eta_k$$

并联时的系统（图 5-4），其总效率为

$$\eta = \frac{\sum N_r}{\sum N_d} = \frac{N_1\eta_1 + N_2\eta_2 + \cdots + N_k\eta_k}{N_1 + N_2 + \cdots + N_k}$$

混联时的系统（图 5-5），应先搞清传动路线，再根据串（并）联不同情况分别列出方程式计算。

5. 自锁现象及自锁条件

无论驱动力如何增大，机械都无法运动的现象称为机械的自锁。其实质是由于机械中存在摩擦力，且驱动力作用于某一范围内。

机械能否自锁，可通过求解自锁条件来判断。自锁时，一定要说清楚是对哪个力，在哪个方向上自锁。自锁条件可用以下三种方法求解：

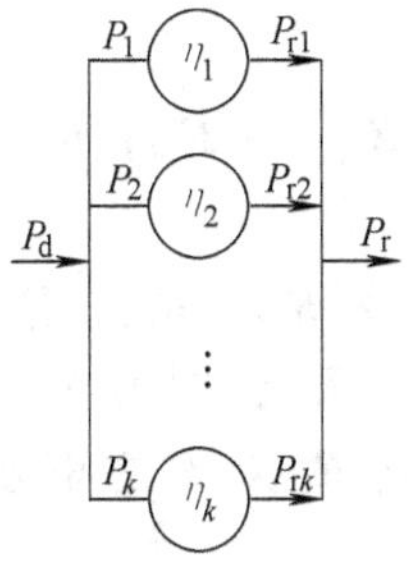

图　5-4

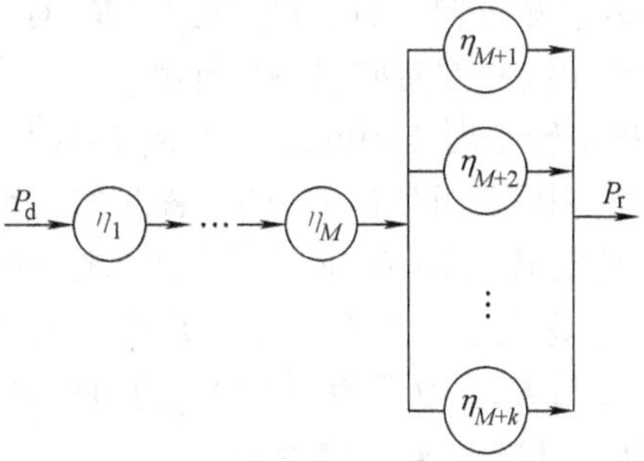

图　5-5

1）对移动副，驱动力位于摩擦角之内；对转动副，驱动力位于摩擦圆之内。这种方法适用于只有一个驱动力，且几何关系较简单的情况。

2）令工作阻力小于或等于零来求解。对于受力状态或几何关系较复杂的机构，可先假定该机构不自锁，用图解法或解析法求出工作阻力与主动力之间的表达式，然后再令工作阻力小于或等于零，解此不等式，求出机构的自锁条件。这种方法使用最广泛，因此要求能熟练掌握。

3）根据机械效率小于或等于零来确定，即 $\eta \leqslant 0$。此时，由于机械自锁时根本不能做功，η 没有一般效率的意义，而只表明机械自锁的程度。当 $\eta = 0$ 时，$W_d = W_f$，即全部输入功都用来克服损耗功，若机械原来在运动，则维持其等速运动状态，但没有输出功，此运动称为空转；若机械原来静止不动，则处于自锁状态。当 $\eta < 0$ 时，$W_d < W_f$，此时不论机械的原来运动状态如何，最终将趋于静止而自锁。

机械通常都有正、反两个行程，机械的正行程是指机械按照驱动力矩或驱动力作用方向运动，并克服生产阻力而输出有用功的行程；反之，则称为机械的反行程。机械正、反两个行程的效率一般并不相同。

5.3　典型例题解析

例 5-1　如图5-6所示的铰链四杆机构，已知各铰链处的摩擦圆如图中虚线所示，驱动力矩为 M_d，阻抗力为 $\boldsymbol{Q}$，试画出图示位置时各转动副中总反力的作用线和方向。

解　（1）分析各构件的受力情况　构件 1 受 $\boldsymbol{R}_{41}$、$\boldsymbol{R}_{21}$ 及驱动力矩 M_d 作用，$\boldsymbol{R}_{41}$ 和 $\boldsymbol{R}_{21}$ 应大小相等，方向相反，且互相平行，它们形成的力偶与 M_d 相平衡；构件 2 受 $\boldsymbol{R}_{12}$、$\boldsymbol{R}_{32}$ 作用，它们大小相等，方向相反，且处于同一直线上；构件 3 受 $\boldsymbol{R}_{23}$、$\boldsymbol{R}_{43}$、$\boldsymbol{Q}$ 三力作用，三者应汇交于同一点。

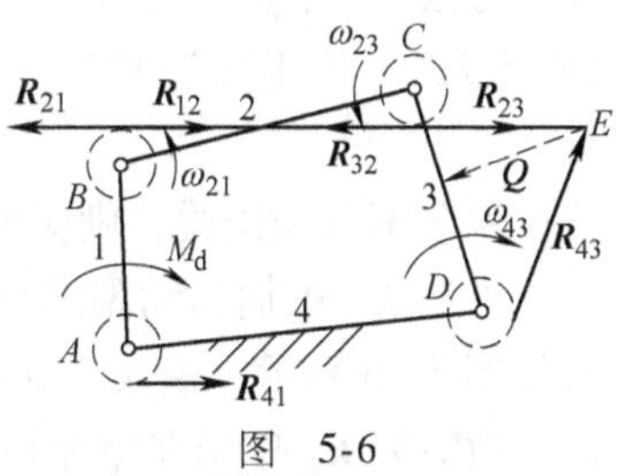

图　5-6

（2）分析机构的运动情况　在驱动力矩 M_d 作用下，构件 1 相对于机架 4 顺时针转动；而构件 2 相对于构件 1、构件 3 的方向为逆时针（图 5-6 中 ω_{21}、ω_{23} 方向）；构件 3 相对于机架 4 顺时针转动。

（3）判定构件 2 上两转动副 B、C 中总反力 $\boldsymbol{R}_{12}$、$\boldsymbol{R}_{32}$ 的方向　先考虑无摩擦情况下总反力的粗略方向，此时构件 2 受压，即可粗略定出 $\boldsymbol{R}_{12}$、$\boldsymbol{R}_{32}$ 的方向。又 $\boldsymbol{R}_{12}$、$\boldsymbol{R}_{32}$ 分别切于摩擦

圆，$\boldsymbol{R}_{12}$对 B 之矩方向与 ω_{21}方向相反，$\boldsymbol{R}_{32}$对 C 之矩方向与 ω_{23}方向相反，所以可确定出 $\boldsymbol{R}_{12}$、$\boldsymbol{R}_{32}$的实际作用线和方向如图 5-6 所示。

（4）确定转动副 A 中的总反力 R_{41}的作用线　$\boldsymbol{R}_{21}=-\boldsymbol{R}_{12}$，$\boldsymbol{R}_{41}=-\boldsymbol{R}_{14}$，$\boldsymbol{R}_{41}$对 A 之矩方向与 ω_{14}方向相反，可作出 $\boldsymbol{R}_{41}$的位置线如图 5-6 所示。

（5）确定转动副 D 中的总反力 $\boldsymbol{R}_{43}$的作用线　构件 3 受 $\boldsymbol{R}_{23}$、$\boldsymbol{R}_{43}$、$\boldsymbol{Q}$ 三力作用，$\boldsymbol{R}_{23}=-\boldsymbol{R}_{32}$与 $\boldsymbol{Q}$ 交于一点 E，可过 E 作 D 处摩擦圆的切线（有两条），即为 $\boldsymbol{R}_{43}$的可能作用线。又 $\boldsymbol{R}_{43}$要与 $\boldsymbol{R}_{23}$、$\boldsymbol{Q}$ 平衡，则 $\boldsymbol{R}_{43}$的粗略方向应为 $D\rightarrow E$，加之 $\boldsymbol{R}_{43}$对 D 之矩方向与 ω_{34}方向相反，从而可判定 $\boldsymbol{R}_{43}$的作用线。

例 5-2　如图5-7所示为一焊接用楔形夹具，利用这个夹具把要焊接的工件 1 和 1′预先夹妥，以便焊接。图中 2 为夹具，3 为楔块。若已知各接触面间的摩擦因数均为 f，试确定此夹具的自锁条件。

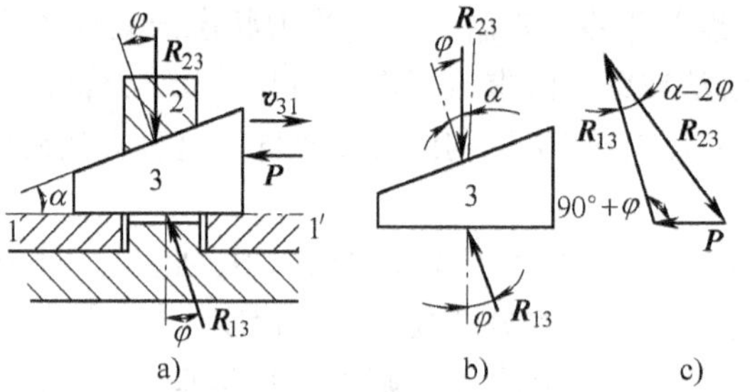

图　5-7

解　方法 1：根据反行程时 $\eta'\leqslant 0$ 的条件来确定。反行程时（楔块 3 退出）取楔块 3 为分离体，其受工件 1（及 1′）和夹具 2 作用的总反力 $\boldsymbol{R}_{13}$和 $\boldsymbol{R}_{23}$以及支持力 $\boldsymbol{P}$。各力方向如图 5-7b 所示。根据楔块 3 的平衡条件，作力封闭三角形如图 5-7c 所示。由正弦定理可得 $R_{23}=P\cos\varphi/\sin(\alpha-2\varphi)$。

当 $\varphi=0$ 时，$R_{23_0}=P/\sin\alpha$

得此机构反行程的机械效率为　$$\eta'=\frac{R_{23_0}}{R_{23}}=\frac{\sin(\alpha-2\varphi)}{\cos\varphi\sin\alpha}$$

令 $\eta'\leqslant 0$，可得自锁条件为　$\alpha\leqslant 2\varphi$

方法 2：根据反行程时工作阻力小于或等于零的条件来确定。根据楔块 3 的力三角形（图 5-7c），由正弦定理有

$$P=R_{23}\sin(\alpha-2\varphi)/\cos\varphi$$

若楔块 3 不自动松脱，则应使 $P\leqslant 0$，即得自锁条件为 $\alpha\leqslant 2\varphi$。

方法 3：根据运动副的自锁条件确定。由于工件被夹紧后力 $\boldsymbol{P}$ 就被撤销，故楔块 3 的受力如图 5-7b 所示，楔块 3 就如同一个受到 $\boldsymbol{R}_{23}$（此时为驱动力）作用而沿水平面移动的滑块。

故只要 $\boldsymbol{R}_{23}$作用在摩擦角 φ 之内，楔块 3 即发生自锁。即

$$\alpha-\varphi\leqslant\varphi\qquad 得\ \alpha\leqslant 2\varphi$$

例 5-3　图5-8a所示为曲柄滑块机构。曲柄 1 上作用着驱动力矩 M_d，已知机构的尺寸、摩擦角 φ 及转动副 A、B、C 处虚线所示的摩擦圆。若不计各构件的重力和惯性力，试求机构处于图示位置时，滑块能克服的工作阻力 $\boldsymbol{Q}$。

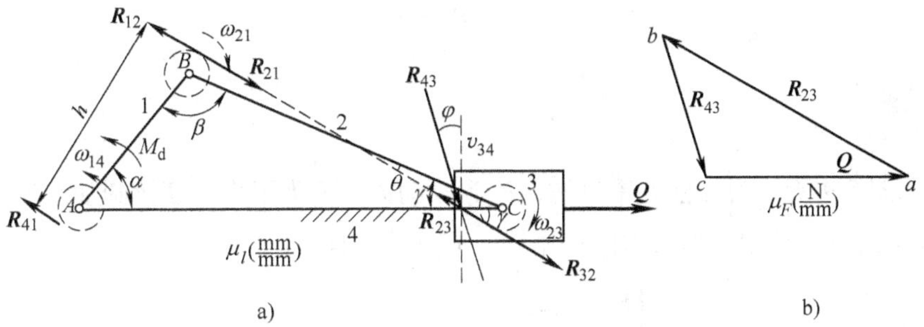

图　5-8

解　(1) 根据已知驱动力矩 M_d 的方向，分析在图5-8所示位置时机构中各构件的运动情况　曲柄1在驱动力矩 M_d 的作用下逆时针转动，$\omega_1=\omega_{14}$，夹角 α 将逐渐增大；曲柄1与连杆2的夹角 β 将减小；而连杆2与机架4的夹角 γ 将增大；滑块3向左运动。

(2) 分析连杆2的受力情况　连杆2为二力杆，只受力 $\boldsymbol{R}_{12}$ 与 $\boldsymbol{R}_{32}$ 作用，为受力杆。若不考虑转动副摩擦，这两个力应在 BC 中心的连线上。若考虑转动副摩擦时，$\boldsymbol{R}_{12}$ 与 $\boldsymbol{R}_{32}$ 应分别与转动副 B、C 处的摩擦圆相切，且两个力在同一条直线上。由于 $\boldsymbol{R}_{12}$ 与 $\boldsymbol{R}_{32}$ 切于摩擦圆后产生的摩擦力矩是阻止连杆2相对曲柄1和滑块3的运动，即 $\boldsymbol{R}_{12}$ 与 $\boldsymbol{R}_{32}$ 产生的摩擦力矩方向应分别与 ω_{21}、ω_{23} 的方向相反，故需首先确定 ω_{21}、ω_{23} 的运动趋势。

1) 确定 $\boldsymbol{R}_{12}$ 在转动副 B 处的方向。由于连杆2与曲柄1的夹角 β 逐渐减小，故连杆2相对曲柄1的角速度 ω_{21} 应为顺时针方向；$\boldsymbol{R}_{12}$ 为拉力，且切于摩擦圆后产生的摩擦力矩阻止 ω_{21} 的运动，故 $\boldsymbol{R}_{12}$ 的大致方向应向左上方且切于转动副 B 处摩擦圆的上方。

2) 确定 $\boldsymbol{R}_{32}$ 在转动副 C 处的方向。在 M_d 驱动下，连杆2与滑块3及其导路的夹角 γ 逐渐增大，故连杆2相对于滑块3的角速度 ω_{23} 应为顺时针方向；$\boldsymbol{R}_{32}$ 为拉力，它切于摩擦圆并且由此产生的摩擦力矩阻止 ω_{23} 的运动，故 $\boldsymbol{R}_{32}$ 的大致方向应向右下方且切于转动副 C 处摩擦圆的下方。又由于 $\boldsymbol{R}_{12}$、$\boldsymbol{R}_{32}$ 为一对大小相等，方向相反，作用于同一直线的两个力，因此，它们的作用线是转动副 B、C 处摩擦圆的一条内公切线。这样，就准确地确定了 $\boldsymbol{R}_{12}$、$\boldsymbol{R}_{32}$ 的作用方向。

(3) 分析曲柄1受力情况，由驱动力矩 M_d 可得 $\boldsymbol{R}_{12}$ 的大小　由 $\boldsymbol{R}_{12}$ 可得 $\boldsymbol{R}_{21}$ 的方向。因曲柄1与机架4之间的夹角 α 在 M_d 的作用下逐步增加，故曲柄1相对机架4的角速度 ω_{14} 为逆时针方向，机架4对曲柄1的作用力 $\boldsymbol{R}_{41}$ 应切于转动副点 A 的摩擦圆，并且由此产生的摩擦力矩阻止 ω_{41} 的变化。$\boldsymbol{R}_{41}$ 和 $\boldsymbol{R}_{21}$ 的大小相等，方向相反，二力相互平行，所形成力偶的大小正好等于驱动力矩的大小，但方向相反。

由于力臂 $H=\mu_l h$，可得 $HR_{21}=M_d$，故 $R_{21}=M_d/H$。

(4) 分析滑块3的受力情况，求出工作阻力 $\boldsymbol{Q}$ 的大小　滑块3受三个力，三力应汇交于一点，其合力为零，矢量方程式为

$$\boldsymbol{R}_{23}+\boldsymbol{R}_{43}+\boldsymbol{Q}=0$$

$\boldsymbol{R}_{23}$ 的大小及方向，可由 $\boldsymbol{R}_{12}=-\boldsymbol{R}_{21}$，$\boldsymbol{R}_{12}=-\boldsymbol{R}_{32}$，$\boldsymbol{R}_{23}=-\boldsymbol{R}_{32}$ 得到。滑块3相对于机架4向左运动，$\boldsymbol{R}_{43}$ 将阻止 v_{34} 的运动，与相对速度 v_{34} 形成 $(90°+\varphi)$ 的钝角，且方向向右下方。三个力形成封闭的矢量三角形，如图5-9b所示。由此可得滑块3上的工作阻力

$$Q=\mu_F\ \overline{ca}$$

5.4 习题

5-1 题图5-9所示为杠杆夹紧机构，F_d为驱动力，F_r为阻力。摩擦圆如图所示，摩擦角为20°。试作出各运动副中总反力的作用线，并标明方向。

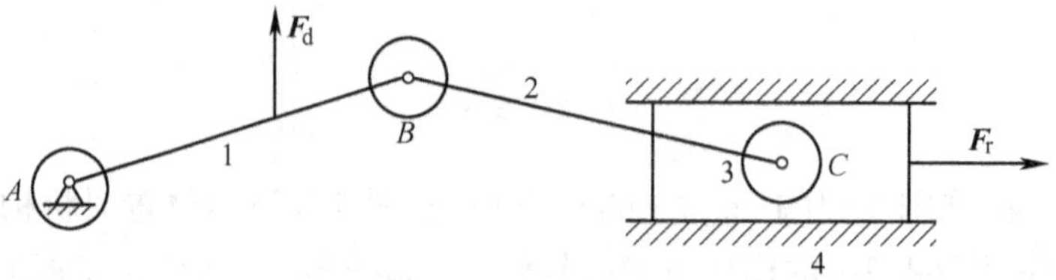

图 5-9

5-2 图5-10所示曲柄滑块机构中，设已知机构尺寸，图中虚线圆为摩擦圆，滑块与导路的摩擦角为φ。驱动力为$\boldsymbol{F}$，阻力矩为$\boldsymbol{M}$。试在下列各机构位置运动简图中画出各运动副中反力方向（必须注明力矢量和角标。）

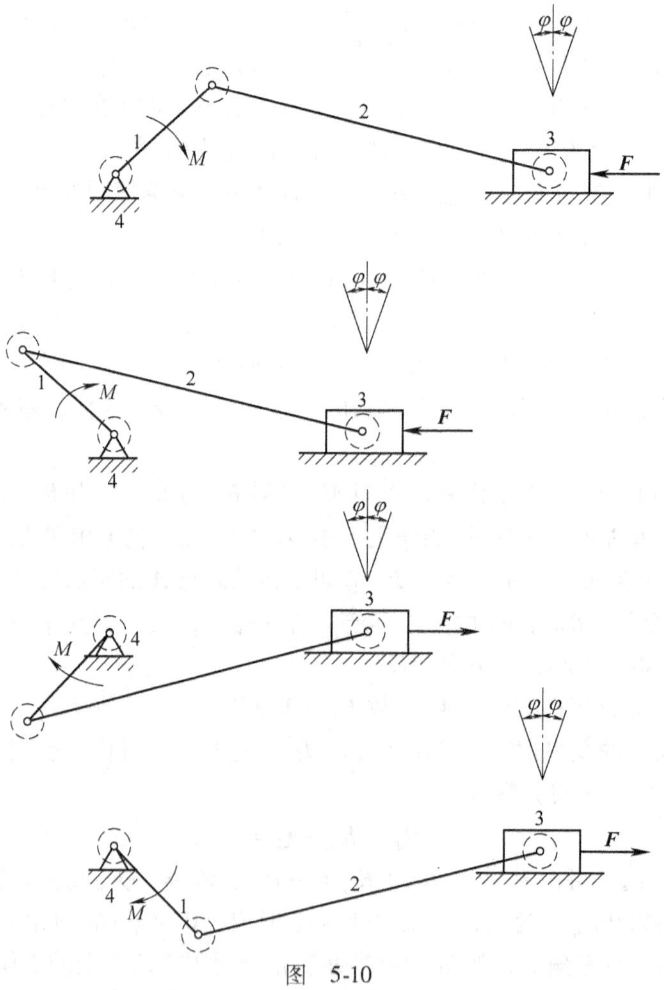

图 5-10

5-3 在图5-11所示锲块机构中，已知 $\gamma=\beta=60°$，$\boldsymbol{Q}=1000\text{N}$，各接触面摩擦因数 $f=0.15$。如 $\boldsymbol{Q}$ 为有效阻力，试求所需的驱动力 $\boldsymbol{F}$。

5-4 如图5-12所示的机构中，如已知转动副 A、B 的轴颈半径为 r 及当量摩擦因数 f_v，且各构件的惯性力和重力均略去不计，试作出各运动副中总反力的作用线。

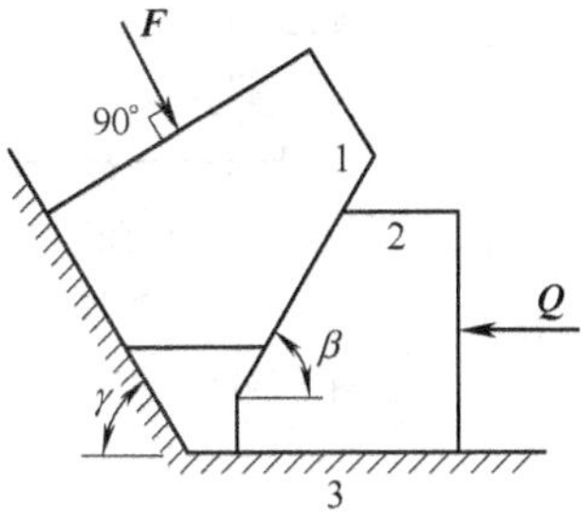

图 5-11

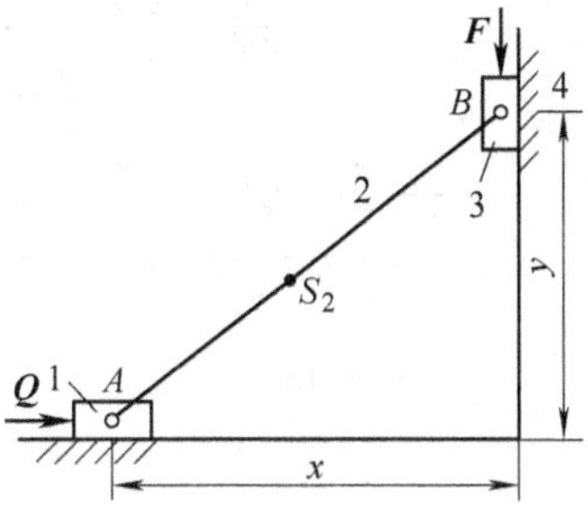

图 5-12

5-5 图5-13所示为平底从动件偏心圆凸轮机构，已知 $\boldsymbol{Q}$ 为工作阻力，转动副的摩擦圆及滑动摩擦角 φ 已示于图中，试求：

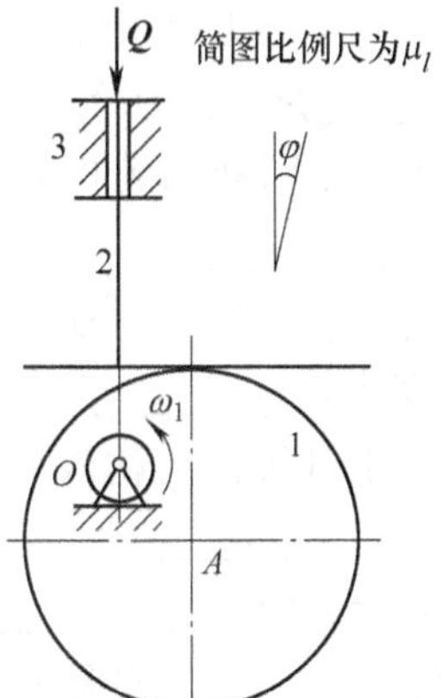

图 5-13

1）在图中画出各运动副反力的作用线及方向。

2）写出应加于凸轮上驱动力矩 M_d 的表达式。

5-6 如图5-14所示的压榨机在驱动力 $\boldsymbol{P}$ 作用下产生压榨力 $\boldsymbol{Q}$，各转动副处的摩擦圆及移动副的摩擦角 φ 如图所示。试求：

1）作出各运动副的反力。

2）写出构件2、4、5的力平衡方程式，并画出它们的力多边形。

5-7 如图5-15所示由齿轮机构组成的双路传动，已知两路输出功率相同，锥齿轮传动效率 $\eta_1=0.97$，圆柱齿轮传动效率 $\eta_2=0.98$，轴承摩擦不计，试计算该传动装置的总效率。

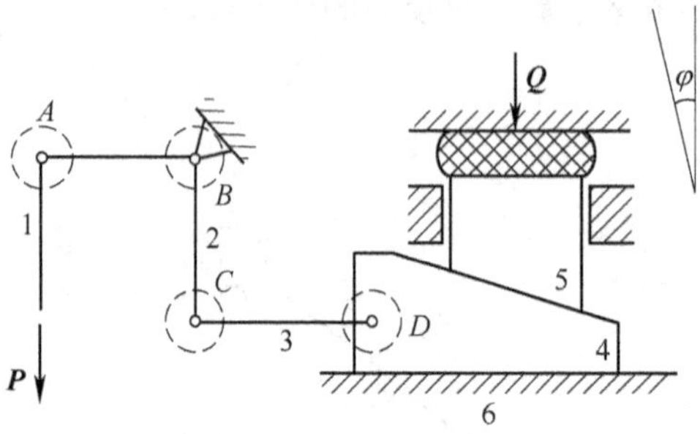

图 5-14

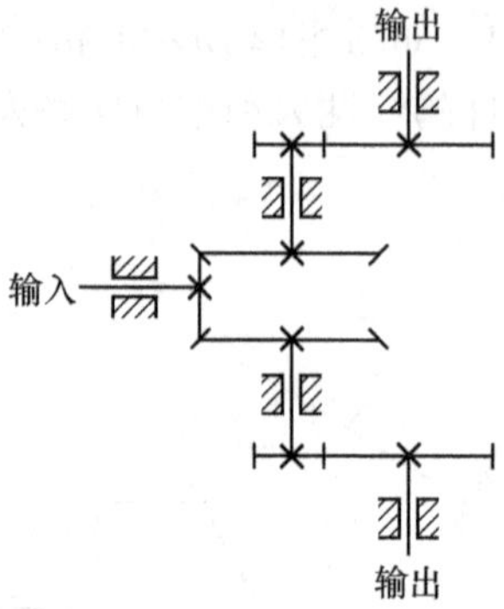

图 5-15

5.5 综合测试题

5-1 填空题及选择题

（1）对机构进行力分析的目的是：①____________；②____________。

（2）所谓静力分析是指________的一种力分析方法，它一般适用于________的情况。

（3）所谓动态静力分析是指________是一种力分析方法，它一般适用于________的情况。

（4）设机器中的实际驱动力为 P，在同样的工作阻力和不考虑摩擦时的理想驱动力为 P_0，则机器效率的计算式是 $\eta=$____________________。

（5）设机器中的实际生产阻力为 Q，在同样的驱动力作用下不考虑摩擦时能克服的理想生产阻力为 Q_0，则机器效率的计算式是 $\eta=$____________________。

（6）在认为摩擦力达极限值条件下计算出机构效率 η 后，从这种效率观点考虑，机器发生自锁的条件是________________ ________________。

（7）在机械中阻力与其作用点速度方向____________________。

A）相同　　B）一定相反　　C）成锐角　　D）相反或成钝角

（8）在机械中驱动力与其作用点的速度方向________________。

A）一定同向　　B）可成任意角度　　C）相同或成锐角　　D）成钝角

（9）在机械中，因构件作变速运动而产生的惯性力________。

A）一定是驱动力　　B）一定是阻力

C）在原动机中是驱动力，在工作机中是阻力

D）无论在什么机器中，它都有时是驱动力，有时是阻力

（10）考虑摩擦的转动副，不论轴颈在加速、等速、减速不同状态下运转，其总反力的作用线________切于摩擦圆。

A）都不可能　　B）不全是　　C）一定都

5-2 图 5-16 所示为机构的运动简图。已知转动副 C 处的摩擦圆及 A、B 运动副两处的摩擦角 φ 如图所示，作用原动件 1 上的驱动力 $\boldsymbol{P}=900\text{N}$。试用图解法求：

1）所能克服的阻力 Q 之大小。

2）机构在该位置的瞬时效率。

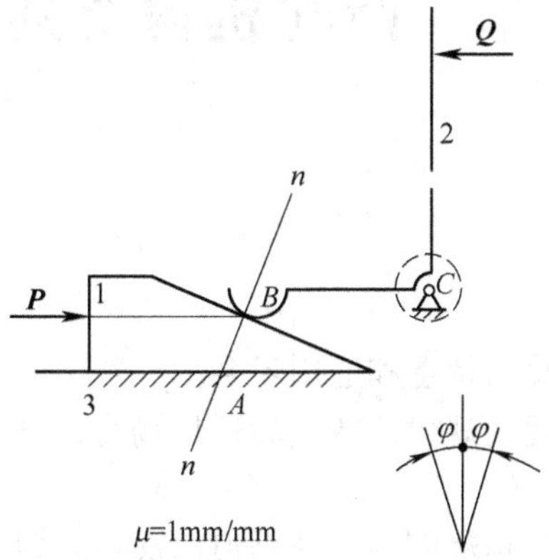

图　5-16

第6章 凸轮机构及其设计

6.1 教学基本要求

1）了解凸轮机构的类型及其特点和适用场合。

2）掌握从动件几种常用运动规律的特点和适用场合，学会根据工作要求选择或设计从动件运动规律。

3）熟练掌握并灵活运用反转法原理，学会根据这一原理设计各类凸轮的轮廓曲线。

4）掌握凸轮机构基本尺寸确定的原则、压力角与自锁的关系、基圆半径对压力角的影响及滚子半径选择的原则。

5）掌握凸轮机构设计的基本步骤，学会对凸轮机构进行计算机辅助设计的方法。

6.2 本章重点和难点内容

本章重点和难点是凸轮机构的运动设计和轮廓曲线的设计，其中包括凸轮的选型、从动件运动规律的设计与确定、合理确定凸轮的基圆半径、设计凸轮轮廓曲线、分析所设计的凸轮机构能否满足要求等。

1. 基本概念

（1）基圆半径　以凸轮轮廓的最小向径所作的圆的半径。

（2）推程　当凸轮以角速度 ω_1 转动时，从动件被推到距凸轮转动中心最远的位置，从动件的这一行程称为推程。从动件上升的最大距离称为升距，相应的凸轮转角称为推程运动角。

（3）回程　从动件由最远位置回到起始位置，从动件的这一行程称为回程，对应的凸轮转角称为回程运动角。特别要注意在一般情况下，凸轮轮廓曲线上不同区段所对的中心角不等于回（推）程运动角。

（4）休止　从动件处于静止不动的那段时间称为休止。从动件在最远处静止不动，对应的凸轮转角称为远休止角；从动件在最近处静止不动，对应的凸轮转角称为近休止角。

（5）凸轮机构的类型

1）按凸轮的形状分类。有盘形凸轮、移动凸轮和圆柱凸轮。

2）按从动件的形状分类。有尖顶从动件、滚子从动件、曲面从动件、平底从动件。

3）按从动件的运动形式分类。有移动从动件和摆动从动件。

4）按凸轮和从动件维持高副接触的方法分类。有力封闭凸轮机构和形封闭凸轮机构。形封闭凸轮机构有槽凸轮、等宽凸轮、等径凸轮和共轭凸轮。

2. 常用从动件运动规律的特点和适用场合

（1）等速运动规律　在运动的起始和终止位置会产生刚性冲击，故适用场合为低速，轻负荷。

（2）等加速等减速运动规律　在运动的起始、中间和终止位置，会产生柔性冲击，故适用场合为中、低速，轻负荷。

（3）简谐运动规律　在运动的起始和终止位置，会产生柔性冲击，故适用场合为中、低速，中负荷。

（4）摆线运动规律　无冲击，故适用场合为中、高速，轻负荷。

3. 根据工作要求和使用场合进行凸轮机构的设计

（1）选择凸轮机构的型式　凸轮机构的选型主要取决于其使用场合及工作要求。凸轮机构具有多种型式，设计时应根据具体情况进行合理选择。只要满足要求，凸轮机构的型式越简单越好。

实际应用中影响凸轮机构选择的因素很多，必须充分考虑到各方面因素，进行最佳选择。主要应考虑：工作要求凸轮转速的高低；凸轮机构所承受载荷的大小；从动件的运动形式；从动件与凸轮之间的相对运动是平面的还是空间的；凸轮机构所允许占有的空间大小等。如：要求凸轮转速很高，应选用平底从动件凸轮机构；如对360°范围内的运动规律均有要求时，则不能选择等宽和等径凸轮机构。

（2）选择或设计从动件运动规律　凸轮机构的型式选定之后，应根据凸轮机构的用途选择从动件的运动规律。因此应了解从动件几种常用运动规律的特点及使用场合。如有特殊要求，还要进行设计。

选择从动件运动规律时，应首先考虑满足工作要求，同时又应使凸轮机构具有良好的动力特性，并尽可能兼顾到便于凸轮的加工。选择时应进行综合考虑，择优选择。具体可考虑的因素有：

1）工作过程对从动件运动规律有特殊要求时，应从实现工作要求出发确定运动规律。

2）当工作过程对从动件运动规律无特殊要求时，对低速轻载凸轮机构，可从便于凸轮加工出发，选择从动件运动规律。

3）对高速凸轮机构，减小惯性力，改善动力性能就成为选择从动件运动规律的主要依据。

（3）凸轮的基圆半径选择　通常情况下，为使尺寸紧凑，希望基圆半径尽可能小；但如果太小，可能造成运动失真及压力角过大。因此，一般应保证在运动不失真和压力角不大于许用值的前提下，基圆半径越小越好。凸轮基圆半径的选择对凸轮机构的设计是非常重要的。

4. 凸轮轮廓曲线的设计

各类盘形凸轮机构凸轮轮廓曲线的设计是本章的重点与难点，应熟练掌握。无论用图解法还是解析法设计凸轮轮廓曲线，其基本方法都是反转法，所依据的都是相对运动原理。

以图6-1所示的偏置尖底直动从动件盘形凸轮机构为例，如果给整个凸轮机构绕凸轮转动中心加上一个与凸轮角速度大小相等而方向相反（即 $-\omega_1$）的转动，这时凸轮与从动件的相对运动关系并不发生改变。但此时凸轮将静止不动，而从动件一面随机架相对凸轮以角速度 $-\omega_1$ 绕点 O 转动，另一面又以原有的运动规律 $s=s(\varphi)$ 相对于机架运动。由于从动件的尖底始终与凸轮的轮廓曲线保持接触，所以从动件在这种复合运动中，其尖底的运动轨迹即为凸轮的轮廓曲线。如为摆动从动件，则从动件一面随其摆动中心一起以等角速度

$(-\omega_1)$ 绕点 O 转动，同时又按其运动规律绕其摆动中心摆动。凸轮的型式多种多样，反转法适用于各种凸轮轮廓曲线的设计。

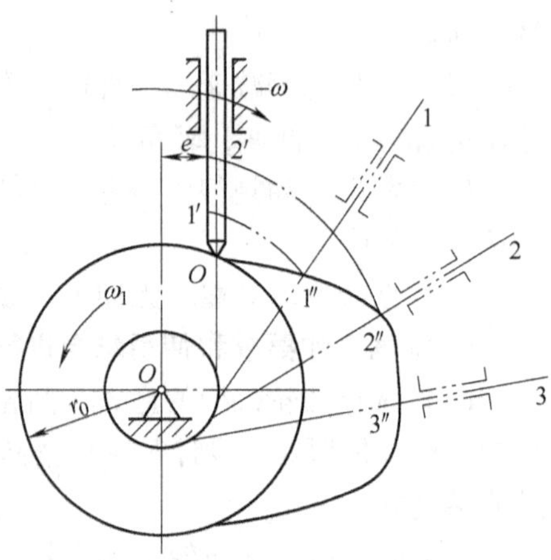

图 6-1

5. 凸轮机构的运动分析

在对凸轮机构进行运动分析时，常遇到如下问题：已知凸轮机构的尺寸及其位置、凸轮角速度 ω_1 及方向，求推程运动角 φ_0、远休止角 φ_s、回程运动角 φ'、近休止角 φ_s' 和从动件的行程 h，或者要求当凸轮转过某一个 φ 角时，从动件所产生的位移 s、速度 v 等运动参数及机构压力角 α 的大小。此时，如让凸轮转过 φ 角后来求解，显然很不方便，而如果让从动件转过来求解，即可行又方便，即用反转法求解。可参见例6-4。因此，反转法不仅是凸轮机构设计的基本方法，也是对凸轮机构进行运动分析的常用方法。

6. 凸轮机构的分析

完成凸轮机构的设计后，必须对其进行分析，以检验设计是否合理成功。因为可能某些原因会使设计不合格，如压力角过大、运动失真、尺寸不紧凑等。如发现设计有不合理的地方，应找出原因并提出改进措施，最终设计出满足工作要求、尺寸紧凑、具有良好受力特性的凸轮机构。

凸轮机构的某些参数往往影响到设计的合理性，一般情况下可通过改变这些参数使设计得到改善，如凸轮的基圆半径、移动从动件的偏距或改变从动件摆动中心与凸轮转动中心的相对位置、滚子半径及摆杆长度等。

6.3 典型例题解析

例 6-1 图 6-2a 所示为一尖底直动从动件盘形凸轮机构从动件的部分运动线图。试在图上补全各段的位移、速度及加速度曲线，并指出在哪些位置会出现刚性冲击？哪些位置会出现柔性冲击？

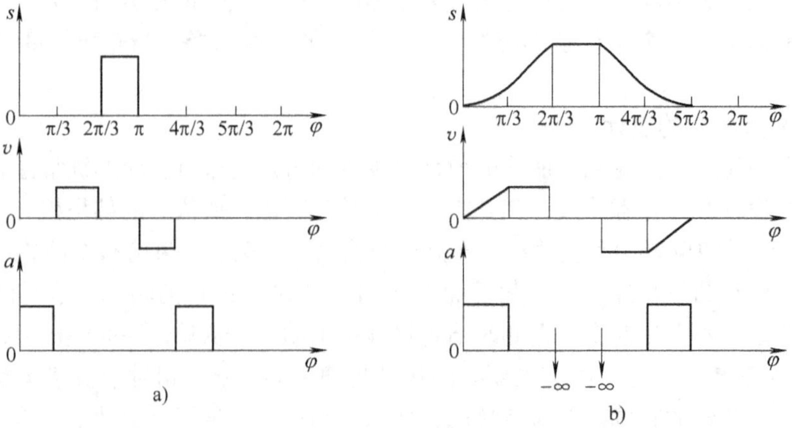

图 6-2

解 1）分析运动线图可知，在0～π/3段，从动件等加速上升；在π/3～2π/3段，从动件等速上升；在2π/3～π段，从动件在最远处停止下动；在π～4π/3段，从动件等速下降；在4π/3～5π/3段，从动件等加速下降；在5π/3～2π段，从动件在最近处静止不动。据此，可将运动线图补充完整，如图6-2b所示。

2）出现刚性冲击的位置有2π/3、π出现柔性冲击的位置有0、π/3、4π/3、5π/3。

例6-2 试以作图法设计一偏置直动滚子推杆盘形凸轮机构的凸轮轮廓曲线。已知凸轮以等角速度逆时针回转，正偏距$e=10\text{mm}$，基圆半径$r_0=30\text{mm}$，滚子半径$r_T=10\text{mm}$。推杆运动规律为：凸轮转角$\varphi=0°\sim150°$，推杆等速上升16mm；$\varphi=150°\sim180°$时，推杆远休止；$\varphi=180°\sim300°$时，推杆等加速等减速回程16mm；$\varphi=300°\sim360°$时，推杆近休止。

解 推杆在推程段及回程段运动规律的位移方程式为

1）推程 $s=\dfrac{h\varphi}{\varphi_0}$ $(0°\leqslant\varphi\leqslant150°)$

2）回程等加速段：$s=\dfrac{h-2h\varphi^2}{\varphi_0'^2}$ $(0°\leqslant\varphi\leqslant60°)$

等减速段：$s=\dfrac{2h(\varphi_0'-\varphi)^2}{\varphi_0'^2}$ $(60°\leqslant\varphi\leqslant120°)$

计算各分点的位移值如下，见表6-1。

表 6-1

总转角 $\Sigma\varphi$（°）	0	15	30	45	60	75	90	105	120	135	150	165
s/mm	0	1.6	3.2	4.8	6.4	8	9.6	11.2	12.8	14.4	16	16
$\Sigma\varphi$（°）	180	195	210	225	240	255	270	285	300	315	330	360
s/mm	16	15.5	14	11.5	8	4.5	2	0.5	0	0	0	0

取$\mu_l=1\text{mm/mm}$作图，如图6-3所示。

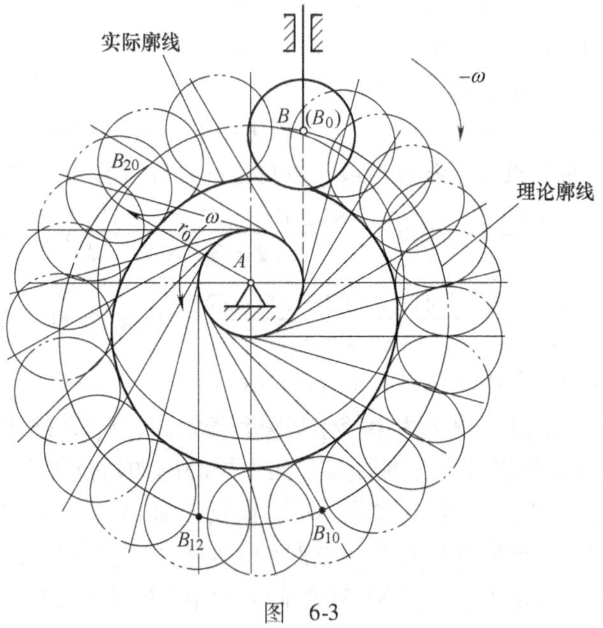

图 6-3

例 6-3 如图 6-4a 所示的直动滚子推杆盘形凸轮机构中，已知推程运动角 $\varphi_0=120°$，推杆做等加速等减速运动，推杆的行程为 $h=25$mm，等加速段的位移方程为 $s=\dfrac{2h\varphi^2}{\varphi_0^2}$，等减速段为 $s=h-\dfrac{2h\ (\varphi_0-\varphi)^2}{\varphi_0^2}$，凸轮实际轮廓的最小半径 $r_{min}=30$mm，滚子半径 $r_T=12$mm，偏距 $e=14$mm。试求：

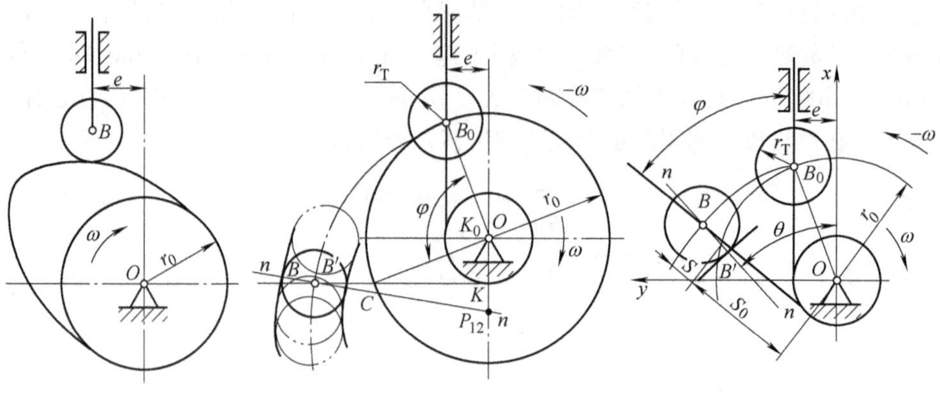

图 6-4

1）凸轮基圆半径 r_0 的值。

2）当凸轮转过 90°时，推杆的位移量 s 和速度 $ds/d\varphi$ 各为多大？

3）取长度比例尺 $\mu_l=0.002$m/mm，作图求解。当凸轮转过 90°时，所对应的以下两项：

a. 凸轮理论轮廓曲线的对应点。

b. 凸轮与推杆的瞬心位置。

4）用解析法求上述 1）、2）两项，以及下述两项：

a. 确定凸轮实际轮廓曲线的对应点。

b. 该位置凸轮机构所对应的压力角。

解 1）凸轮的基圆半径为 $r_0=r_{min}+r_T=(30+12)\ \text{mm}=42\text{mm}$。

2）当 $\varphi=90°$时，推杆处于推程减速段，故对应的推杆位移和速度为

$$s=h-\frac{2h\ (\varphi_0-\varphi)^2}{\varphi_0^2}=\left[25-\frac{2\times25\times(2\pi/3-\pi/2)^2}{(2\pi/3)^2}\right]\text{mm}=21.875\text{mm}$$

$$\frac{ds}{d\varphi}=\frac{4h\ (\varphi_0-\varphi)}{\varphi_0^2}=\frac{4\times25\times\ (2\pi/3-\pi/2)}{(2\pi/3)^2}\text{mm/rad}=11.937\text{mm/rad}$$

3）取长度比例尺 $\mu_l=0.02$m/mm，如图 6-4b 所示。

a. 以 O 为圆心，分别以 r_0 和 e 为半径作基圆和偏距圆，K_0 为推杆导路线与偏距圆的切线，导路线与基圆的交点为点 B_0。这便是推杆滚子中心的初始位置。

根据反转法原理，推杆由 B_0K_0 位置沿 $-\omega$ 方向反转 90°角，可在基圆上定出点 C。过点 C 作偏距圆的切线 KC，即得到推杆在此位置时的导路位置线，在 KC 延长线上取 $BC=S=21.875$mm，求得点 B，即为凸轮转过 90°时理论轮廓曲线上所求的对应点。

b. 凸轮理论轮廓曲线上点 B 的法线与过凸轮轴心 O 且垂直于推杆导路的直线交于点 P_{12}，即为凸轮与推杆的相对瞬心位置。

4）选取坐标系如图6-4c所示，推杆滚子中心处 B_0 为起始位置，当凸轮转过 φ 角时，推杆相应的位移为 s，由反转法可知，凸轮理论轮廓曲线上点 B（即滚子中心）的直角坐标为

$$\begin{cases}x=(s_0+s)\cos\varphi-e\sin\varphi\\ y=(s_0+s)\sin\varphi-e\cos\varphi\end{cases}$$

式中，$s_0=(r_0^2-e^2)^{\frac{1}{2}}$。

再过点 B 作凸轮理论轮廓曲线的法线 nn，其与 x 轴的夹角 θ 即是凸轮理论轮廓曲线的法线倾角。法线 nn 与点 B 处的滚子交于点 B'，即凸轮实际轮廓上的对应点，由图6-4c可知，凸轮实际轮廓曲线的方程即点 B' 的坐标方程式，于是有

$$\begin{cases}x'=x-r_T\cos\theta\\ y'=y-r_T\sin\theta\end{cases}$$

a. 确定凸轮理论轮廓曲线上的对应点。当 $\varphi=90°$ 时，

因为 $$s_0=(r_0^2-e^2)^{\frac{1}{2}}=(42^2-14^2)^{\frac{1}{2}}\text{mm}=39.598\text{mm}$$

$$\frac{ds}{d\varphi}=11.937\text{mm/rad}, s=21.875\text{mm}$$

所以 $$x=(s_0+s)\cos\varphi-e\sin\varphi=-14\sin90°\text{mm}=-14\text{mm}$$

$$y=(s_0+s)\sin\varphi+e\cos\varphi=(39.598+21.875)\sin90°\text{mm}=61.473\text{mm}$$

b. 凸轮实际廓线上的对应点。

因为 $dy/d\varphi=(ds/d\varphi-e)\sin\varphi+(s_0+s)\cos\varphi=(11.937-14)\sin90°=-2.063 dx/d\varphi=(ds/d\varphi-e)\cos\varphi-(s_0+s)\sin\varphi=-(39.598+21.875)\sin90°=-61.473$

$[(dx/d\varphi)^2+(dy/d\varphi)^2]^{\frac{1}{2}}=[(-61.473)^2+(-2.063)^2]^{\frac{1}{2}}=61.508$

所以 $\sin\theta=(dx/d\varphi)/[(dx/d\varphi)^2+(dy/d\varphi)^2]^{\frac{1}{2}}=-61.473/61.508=-0.99943$

$\cos\theta=-(dy/d\varphi)/[(dx/d\varphi)^2+(dy/d\varphi)^2]^{\frac{1}{2}}=2.063/61.508=0.03354$

故 $x'=x-r_T\cos\theta=(-14-12\times0.03354)\text{mm}=-14.402\text{mm}$

$y'=y-r_T\sin\theta=[61.473-12\times(-0.99943)]\text{mm}=73.466\text{mm}$

c. 瞬心 P_{12} 的位置为 $OP_{12}=ds/d\varphi=11.937\text{mm}$。

d. 该位置的压力角为 α，由图6-4c可知

$$\alpha=\arctan\frac{ds/d\varphi-e}{s_0+s}=\arctan\frac{11.937-14}{39.598+21.875}=1.92°$$

或者 $$\alpha=\theta-\varphi=\arcsin0.99943-90°=1.92°$$

例6-4　图6-5a、b所示为已知凸轮轮廓的偏置移动从动件的凸轮机构，从动件与凸轮轮廓在点 A 处相接触。随着凸轮的转动，接触点由点 A 移动到点 B，求在点 B 时，凸轮所对应的转角 ϕ_{AB} 以及在点 B 接触时的压力角 α_B。

解　1）确定在点 B 时，凸轮所对应的转角 ϕ_{AB}。图6-5a所示的是尖底偏置移动从动件凸轮机构，因此需要作出偏距圆。当从动件尖底与凸轮在点 A 接触时，从动件运动线与偏距圆相切于点 a；当从动件尖底与凸轮轮廓在点 B 接触时，从动件运动线与偏距圆相切于点 b。相应的凸轮转角 ϕ_{AB} 应为这两条运动线之间的夹角，或两个切点 a 和 b 对凸轮轴 O 的夹角，

即$\angle aOb=\phi_{AB}$。应强调指出，在偏距$e\neq0$的情况下，轮廓上两点向径之间的夹角，不等于相应的凸轮转角，即$\angle AOB\neq\phi_{AB}$。

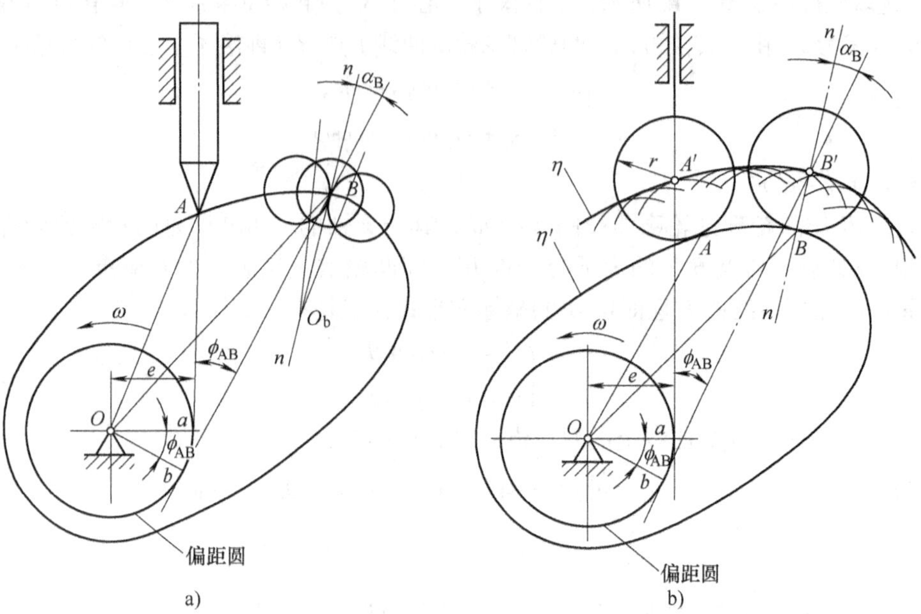

图 6-5

2）轮廓上点B的压力角α_B是轮廓法线nn与从动件运动线之间的夹角。求点B处的法线时，可以先作轮廓点B的切线，然后再找出切线的垂线，或者在点B作适当半径的小圆，再以小圆与轮廓的两个交点为圆心，作同样半径的两个圆，它们与以点B为圆心的小圆的两对交点连线的交点O_b，近似地是点B处的曲率中心，BO_b为曲率半径ρ_B，而BO_b的连线即近似地是点B处的法线nn，它与运动线的夹角即为压力角α_B。

图6-5b所示的是滚子偏置移动从动件凸轮机构。在求凸轮转角时，必须作出从动件的运动线。由于运动线必切于偏距圆，并且通过滚子中心，因此需要找出滚子中心的相应位置，而滚子中心则应位于理论轮廓η上，因此需要根据已知的工作轮廓η'求出理论轮廓η。工作轮廓η'和理论轮廓η是互相以滚子半径r为距离的法向等距曲线，因此，以已知的工作轮廓上各点为圆心，作一系列的滚子圆，它们的包络线即为理论轮廓η，如图6-5b所示。其中，以A为圆心所作的滚子圆，与理论轮廓η相切于点A'。以点B为圆心所作的滚子圆与理论轮廓η相切于点B'，则点A'和点B'即为相应的滚子中心的位置。过点A'和点B'作偏距圆的切线，得到切点a和b，则该两切线之间的夹角，即为相应的凸轮转角ϕ_{AB}或$\angle aOb=\phi_{AB}$。

需要强调指出，第一，对于滚子从动件，即使偏距$e=0$，工作轮廓η'上两接触点的向径之间的夹角也不等于相应的凸轮转角（只有对于$e=0$的尖底从动件两接触点之间的向径夹角才是相应的凸轮转角）；第二，求某点的压力角时，需找出该点的法线nn。由于法线必通过接触点和滚子中心，因此对于工作轮廓η'上的点B来说，以点B为圆心所作滚子圆的圆弧，与理论轮廓η相切于点B'，则连线$B'B$即为工作轮廓η'上点B的法线（当然也是理论轮廓η上点B'的法线）。法线nn与从动件运动线之间的夹角，即为点B的压力角α_B。

6.4　习题

6-1　移动从动件盘形凸轮机构中，凸轮以转速为 400r/min 等速回转，工作要求从动件的运动规律如图 6-6 所示：当凸轮转过 90°时，从动件在起始位置停歇不动；凸轮再转过 90°时，从动件上升 38.1mm；当凸轮又转过 90°时，从动件停歇不动；当凸轮转过一周中剩余的 90°时，从动件返回原处。试设计从动件的运动规律，并写出以坐标原点 0 为起点的从动件的位移方程式。

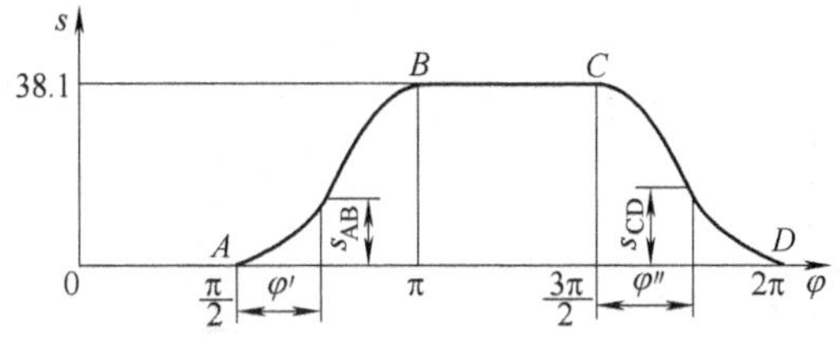

图　6-6

6-2　图 6-7 所示为凸轮机构从动件的速度曲线，它由四段直线组成。要求：在题图上画出推杆的位移曲线、加速度曲线；判断在哪几个位置有冲击存在，是刚性冲击还是柔性冲击；在图示的 *F* 位置，凸轮与推杆之间有无惯性力作用，有无冲击存在。

6-3　在直动从动件盘形凸轮机构中，已知推程时凸轮的转角 $\varphi_0=\pi/2$，行程 $h=50\text{mm}$。求当凸轮转速 $\omega_1=10\text{rad/s}$ 时，等速、等加速等减速、余弦加速度和正弦加速度四种常用的基本运动规律的最大速度 v_{max}、最大加速度 a_{max} 以及所对应的凸轮转角 φ。

6-4　在图 6-8 所示的从动件位移线图中，*AB* 段为摆线运动，*BC* 段为简谐运动。若要使在两段曲线交界处的点 *B* 处从动件的速度和加速度分别相等，试根据图中所给数据确定 φ_2 角的大小。

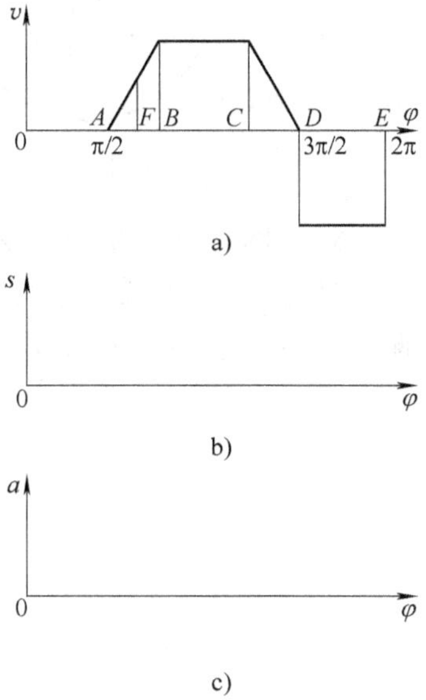

图　6-7

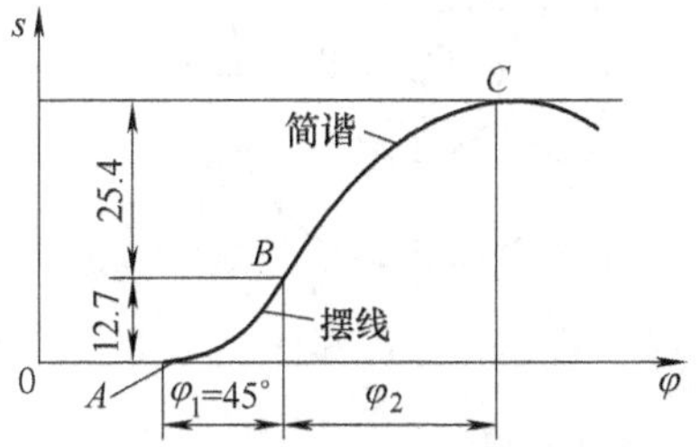

图　6-8

6-5　如图 6-9 所示，对于偏置直动滚子从动件盘形凸轮机构，若已知从动件的运动规律为：推程按摆线运动规律运动，推程运动角 $\varphi_0=120°$，行程 $h=30\text{mm}$，远休止角 $\varphi_s=30°$；回程按等速运动规律运动，回程运动角 $\varphi'=150°$，近休止角 $\varphi'_s=60°$。凸轮以角速度 ω 逆时针匀速转动，基圆半径 $r_0=50\text{mm}$，偏距 $e=12\text{mm}$，滚子半径 $r_T=10\text{mm}$。试设计此凸轮机构（方法不限）。

6-6　试用作图法求出图 6-10 所示的凸轮机构中，当凸轮从图示位置转过 45°后机构的压力角，并在图上标注出来。

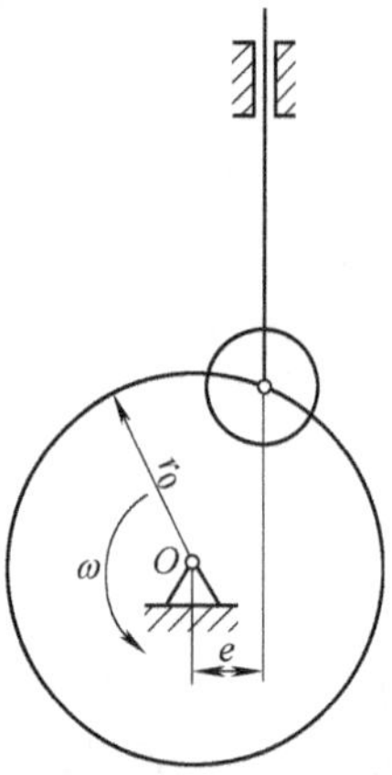

图　6-9

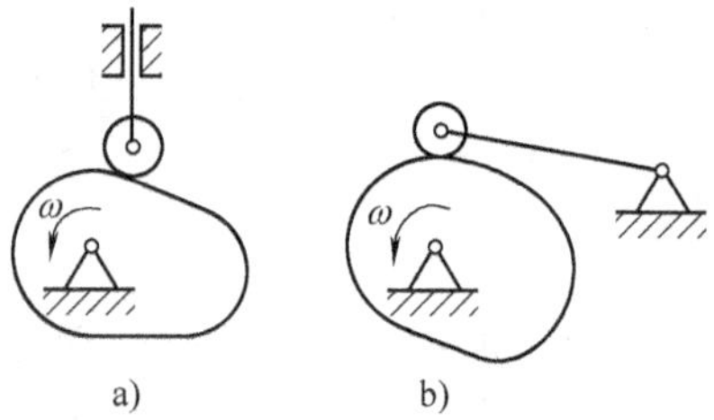

图　6-10

6-7　图 6-11 所示为一偏置滚子从动件盘形凸轮机构。已知凸轮轮廓由三段圆弧和一段直线组成，它们的圆心分别为 O、O' 和 O''，半径分别为 $r=18\text{mm}$，$r'=36\text{mm}$ 及 $r''=5\text{mm}$，偏距 $e=8\text{mm}$，滚子半径 $r_T=5\text{mm}$。现要求：

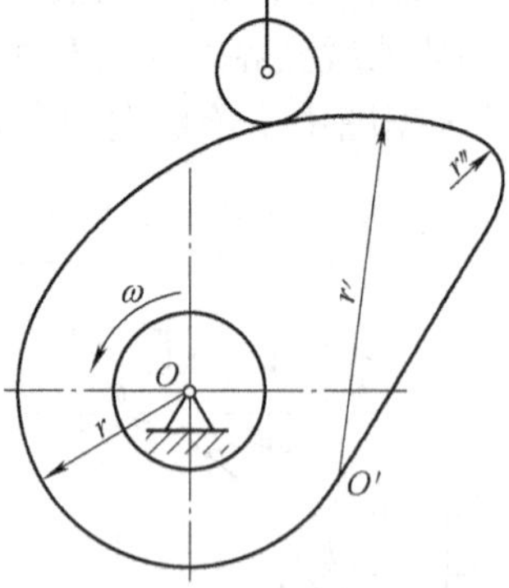

图　6-11

1）画出凸轮的理论轮廓曲线及基圆。

2）求出从动件的行程 h、推程运动角 φ_0 及回程运动角 φ'_0。

6.5 综合测试题

6-1 选择填空和填空题

（1）____盘形凸轮机构的压力角恒等于常数。

A）摆动尖底从动件 B）直动滚子从动件

C）摆动平底从动件 D）摆动滚子从动件

（2）对于直动从动件盘形凸轮机构来讲，在其他条件相同的情况下，偏置直动从动件与对心直动从动件相比，两者在推程段最大压力角的关系为____。

A）偏置直动从动件比对心直动从动件大

B）对心直动从动件比偏置直动从动件大

C）一样大

D）不一定

（3）下述几种规律中，____既不会产生柔性冲击也不会产生刚性冲击，可用于高速场合。

A）等速运动规律 B）摆线运动规律（正弦加速运动规律）

C）等加速等减速运动规律 D）简谐运动规律（余弦加速运动规律）

（4）对心直动尖底盘形凸轮机构的推程压力角超过许用值时，可采用____措施来解决。

A）增大基圆半径 B）改为滚子推杆

C）改变凸轮转向 D）改为偏置直动尖底推杆

（5）凸轮机构几种常用的从动件运动规律中，__________只宜用于低速；__________和__________不宜用于高速；而__________和__________都可在高速下应用。

（6）滚子从动件盘形凸轮的基圆半径是从__________到__________的最短距离。

（7）平底垂直于导路的直动从动件盘形凸轮机构中，其压力角等于________。

（8）凸轮机构从动件运动规律的选择原则为① ______________；② ______________；③ ______________。

（9）在设计直动滚子从动件盘形凸轮机构的工作轮廓曲线时发现压力角超过了许用值，且轮廓曲线出现变尖现象，此时应采用的措施是__________。

6-2 问答题

1）何谓凸轮机构的压力角？它在哪一个轮廓上量度？压力角变化对凸轮机构的工作有何影响？与凸轮尺寸有何关系？

2）滚子从动件盘形凸轮的理论轮廓曲线与实际轮廓曲线是否相同？

3）若凸轮是以顺时针转动，采取偏置直动从动件时，从动件的导路线应偏于凸轮回转中心的哪一侧较合理？为什么？

4）为什么平底从动件盘形凸轮轮廓曲线一定要外凸？滚子从动件盘形凸轮机构的凸轮轮廓曲线却允许内凹，而且内凹段一定不会出现运动失真？

6-3 已知一偏置移动滚子从动件盘形凸轮机构的初始位置，如图6-12所示。试求：

1）当凸轮从图示位置转过150°时，滚子与凸轮轮廓曲线的接触点 D_1 及从动件相应的位移。

2）当滚子中心位于点 B_2 时，凸轮机构的压力角 α_2。

6-4　设计一偏置直动滚子从动件盘形凸轮机构。凸轮回转方向及从动件初始位置如图 6-13所示。已知偏矩 $e=10\text{mm}$，基圆半径 $r_0=40\text{mm}$，滚子半径 $r_T=10\text{mm}$。从动件运动规律如下：$\varphi_0=150°$，$\varphi_s=30°$，$\varphi'=120°$，$\varphi_s'=60°$，从动件在推程以简谐运动规律上升，行程$h=20\text{mm}$；回程以等加速等减速运动规律返回原处。试绘出从动件位移线图及凸轮轮廓曲线。

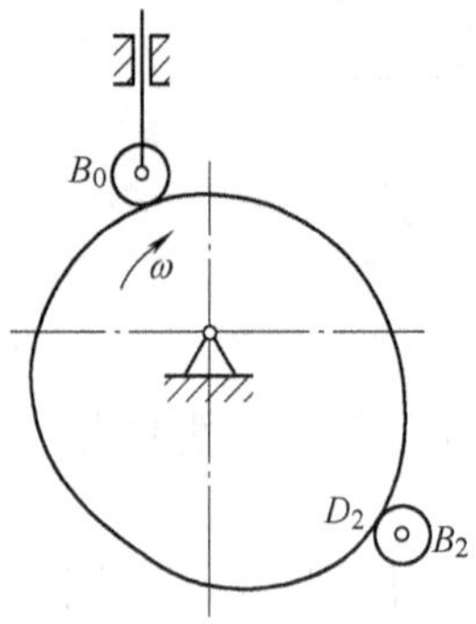

图　6-12

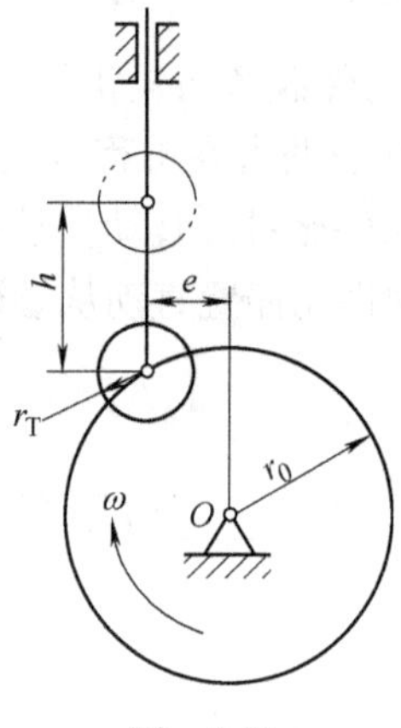

图　6-13

6-5　已知如图 6-14 所示的直动平底推杆盘形凸轮机构，凸轮为 $r=30\text{mm}$ 的偏心圆盘，$l_{AO}=20\text{mm}$。试求：

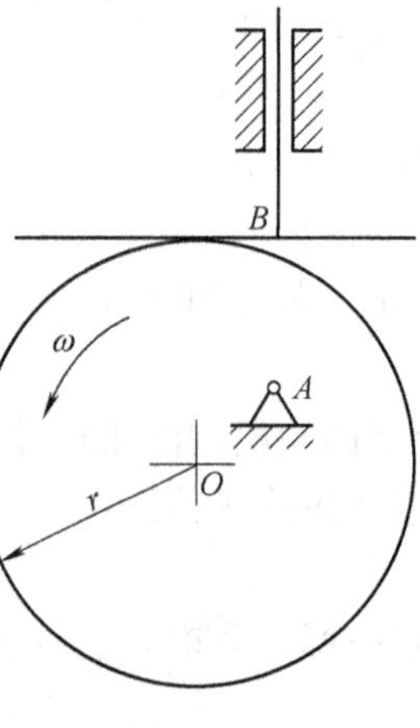

图　6-14

1）基圆半径和升程。

2）推程运动角、回程运动角，远休止角和近休止角。

3）凸轮机构的最大压力角和最小压力角。

4）推杆的位移 s、速度 v 和加速度 a 的方程式。

6-6　在图 6-15 所示的两个凸轮机构中，凸轮均为偏心轮，转向如图。已知参数为 $R=30\text{mm}$，$l_{OA}=10\text{mm}$，$e=10\text{mm}$，$r_T=10\text{mm}$，$l_{OB}=60\text{mm}$，$l_{BC}=50\text{mm}$。E、F 为凸轮与滚子的两个接触点。试在图上标出：

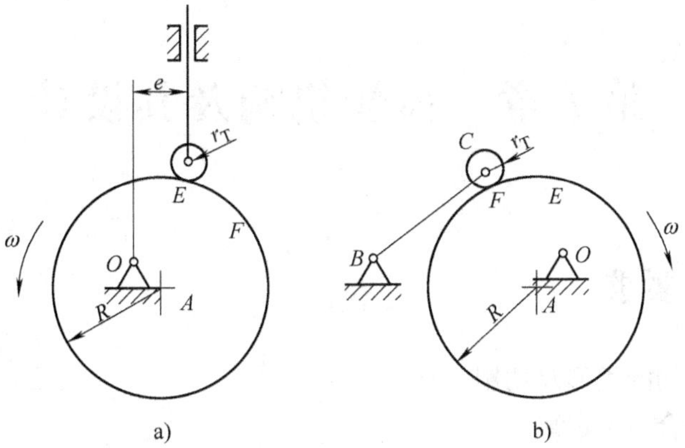

图　6-15

1）从点 E 接触到点 F 接触凸轮所转过的角度 φ。

2）点 F 接触时的从动件压力角 α_F。

3）由点 E 接触到点 F 接触从动件的位移 s（图 6-15a）和角位移 ψ（图 6-15b）。

4）画出凸轮理论轮廓曲线，并求基圆半径 r_0。

5）找出出现最大压力角 α_{max} 的机构位置，并标出 α_{max}。

第7章　齿轮机构及其设计

7.1　教学基本要求

1）了解齿轮机构的类型及功用。

2）掌握齿廓啮合基本定律。

3）掌握渐开线的性质、渐开线方程及渐开线齿廓的啮合特性。

4）掌握渐开线直齿圆柱齿轮啮合传动需满足的条件。

5）了解展成法切齿的基本原理和根切现象产生的原因，掌握不发生根切的条件。

6）了解渐开线直齿圆柱齿轮机构的传动类型及特点，学会根据工作要求和已知条件正确选择传动类型，进行直齿圆柱齿轮机构的传动设计。

7）了解平行轴和交错轴斜齿圆柱齿轮机构传动的特点，并能借助图表进行传动设计。

8）了解阿基米德蜗杆蜗轮机构和直齿锥齿轮机构的传动特点和几何计算。

7.2　本章重点和难点内容

本章的重点是掌握渐开线标准直齿圆柱齿轮外啮合传动的基本理论及设计计算。

1. 齿廓啮合基本定律

两齿廓在任意位置啮合接触时，过接触点所作两齿廓的公法线必通过节点，它们的传动比等于连心线被节点所分成的两段线段的反比。这种关系称为齿廓啮合基本定律。凡满足齿廓啮合基本定律的一对齿廓称为共轭齿廓，共轭齿廓的齿廓曲线称为共轭曲线。

常用的是定传动比齿轮，其齿廓在啮合的不同位置接触，齿廓接触点的公法线必交于连心线上的一个固定点。

2. 渐开线齿轮传动的特点

（1）啮合线为一条定直线　一对渐开线齿轮的两齿廓不论在什么位置啮合接触，它们的啮合点一定在两基圆的内公切线上，这条内公切线就是啮合点走过的轨迹，称为啮合线。由于啮合线与两齿廓啮合接触点的公法线重合，且为一条定直线，所以在渐开线齿轮传动过程中，齿廓间的正压力方向始终不变，这对齿轮传动的平稳性极为有利。

（2）能实现定传动比传动　两渐开线齿廓啮合时，传动比与两轮基圆半径成反比，而基圆大小在制造好以后是不变的，所以即使安装的中心距有点变动，也能保持定传动比传动。

3. 基本概念

（1）分度圆与节圆　分度圆是指单个齿轮上具有标准模数和标准压力角的圆。在设计齿轮时，只要确定了齿数和模数，这个齿轮的分度圆就随之确定下来，在加工、安装、传动时分度圆都不会改变。

节圆是一对齿轮在啮合传动时两个相切作纯滚动的圆。单个齿轮没有节圆。节圆的大小取决于实际中心距的大小。一般情况下，节圆与分度圆不相重合，只有在实际中心距与标准中心距相等时两个节圆才分别与两个分度圆重合。

（2）压力角与啮合角　压力角 α 是指单个齿轮渐开线上某一点的速度方向与该点法线方向所夹的角。渐开线上各点的压力角是不相等的。

啮合角 α' 是指一对齿轮啮合时，啮合线与两节圆公切线之间所夹的锐角。由于啮合线是两个齿轮基圆的内公切线，且当两个齿轮在确定的中心距下安装后，在一个方向上只有一条固定的内公切线，所以啮合角的大小不随齿轮啮合过程发生变化。相啮合的一对渐开线齿廓的节圆压力角必然相等，且恒等于啮合角。

（3）标准齿轮的标准安装及标准中心距　分度圆上具有标准压力角和标准模数，齿顶高和齿根高符合标准，分度圆的齿厚等于齿槽宽的齿轮称为标准齿轮。

使两个标准齿轮的分度圆相切的安装称为标准安装，其中心距为两分度圆半径之和，此中心距又称为标准中心距。

（4）啮合线和齿面接触线　啮合线是指一对齿廓曲线在啮合传动过程中，其啮合点的轨迹。对于一对渐开线齿廓而言，其啮合线既是两基圆的内公切线，又是两齿廓在啮合点的公法线，同时也是不计摩擦时两齿廓间力的作用线，所以啮合线是“三线合一”。两齿轮内公切线在两切点之间的一段线段称为理论啮合线。而两齿轮内公切线被两齿顶圆所割下的一段称为实际啮合线。

齿面接触线是指两轮齿齿廓曲面的瞬时接触线。当一对直齿圆柱齿轮啮合传动时，两轮的齿面接触线是与轴线平行的直线。

（5）根切与最少齿数　用展成法加工齿轮时，若刀具的齿顶线或齿顶圆与啮合线的交点超过了被切齿轮的啮合极限点时，则刀具的齿顶将切入轮齿的根部，破坏已切制好的渐开线齿廓，这种现象称为根切现象。根切将使齿根弯曲强度降低，重合度减小，应尽量避免。

用标准齿条形刀具加工标准外齿轮时，若刀具的齿顶线与啮合线的交点和啮合极限点重合时，则刚好不发生根切，由此可推导出加工标准齿轮而不发生根切的最少齿数为

$$z_{\min}=2h_a^*/\sin^2\alpha$$

当 $h_a^*=1$，$\alpha=20°$时，$z_{\min}=17$。

（6）变位齿轮

1）变位的目的：避免根切，凑中心距，提高传动质量。

2）变位齿轮的种类：变位齿轮有正变位（变位系数 $x>0$）和负变位（变位系数 $x<0$）之分。

3）变位齿轮传动的种类。

正传动：一对齿轮的变位系数之和大于零的齿轮传动称为正传动。

负传动：一对齿轮的变位系数之和小于零的齿轮传动称为负传动。

零传动：一对齿轮的变位系数之和等于零的齿轮传动称为零传动。

7.3　典型例题解析

例 7-1　设计一对渐开线外啮合标准直齿圆柱齿轮机构。已知 $z_1=18$，$z_2=37$，$m=$

5mm，$\alpha = 20°$，$h_a^* = 1$，试求：

1）两轮几何尺寸及中心距。

2）计算重合度 ε_α，并以长度比例尺 $\mu_l = 0.2$mm/mm 绘出一对齿啮合区和两对齿啮合区。

解 1）两轮几何尺寸及中心距

$$r_1 = \frac{1}{2}mz_1 = \frac{1}{2} \times 5 \times 18\text{mm} = 45\text{mm}$$

$$r_{a1} = r_1 + h_a^* m = (45 + 1 \times 5)\text{mm} = 50\text{mm}$$

$$r_{f1} = r_1 - (h_a^* + c^*)m = [45 - (1 + 0.25) \times 5]\text{mm} = 38.75\text{mm}$$

$$r_{b1} = r_1 \cos\alpha = 45\cos 20°\text{mm} = 42.286\text{mm}$$

$$s_1 = s_2 = \frac{\pi m}{2} = \frac{5\pi}{2}\text{mm} = 7.854\text{mm}$$

$$r_2 = \frac{1}{2}mz_2 = \frac{1}{2} \times 5 \times 37\text{mm} = 92.5\text{mm}$$

$$r_{a2} = r_2 + h_a^* m = (92.5 + 1 \times 5)\text{mm} = 97.5\text{mm}$$

$$r_{f2} = r_2 - (h_a^* + c^*)m = [92.5 - (1 + 0.25) \times 5]\text{mm} = 86.25\text{mm}$$

$$r_{b2} = r_2 \cos\alpha = 92.5\cos 20°\text{mm} = 86.922\text{mm}$$

$$a = \frac{m}{2}(z_1 + z_2) = \frac{5}{2} \times (18 + 37)\text{mm} = 137.5\text{mm}$$

2）重合度 ε_α

$$\alpha_{a1} = \arccos\frac{r_{b1}}{r_{a1}} = \arccos\frac{r_1\cos\alpha}{r_{a1}} = \arccos\frac{45\cos 20°}{50} = 32.25°$$

$$\alpha_{a2} = \arccos\frac{r_{b2}}{r_{a2}} = \arccos\frac{r_2\cos\alpha}{r_{a2}} = \arccos\frac{92.5\cos 20°}{97.5} = 26.94°$$

$$\varepsilon_a = \frac{1}{2\pi}[z_1(\tan\alpha_{a1} - \tan\alpha') + z_2(\tan\alpha_{a2} - \tan\alpha')]$$

$$= \frac{1}{2\pi}[18(\tan 32.25° - \tan 20°) + 37(\tan 26.94° - \tan 20°)] = 1.61$$

$$p_n = \pi n\cos\alpha = 5\pi\cos 20°\text{mm} = 14.761\text{mm}$$

$$\overline{B_2B_1} = \varepsilon_\alpha p_n = 1.61 \times 14.761\text{mm} = 23.765\text{mm}$$

一对齿啮合区和两对齿啮合区如图 7-1 所示。

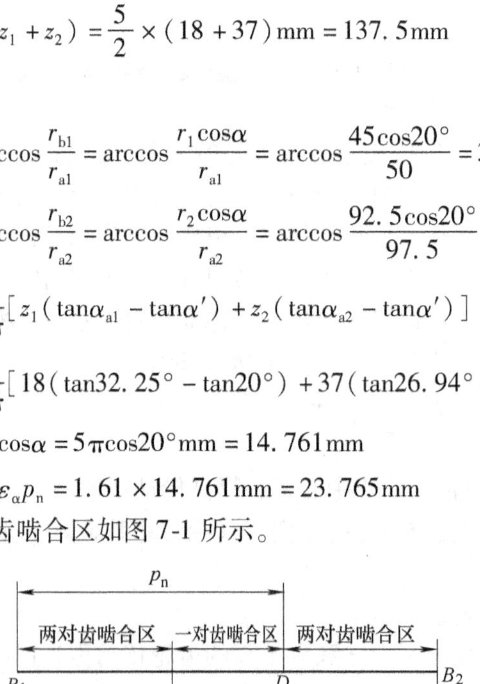

图 7-1

例 7-2 某车床进给箱中有一对齿轮，其有关参数为：$m = 2.25$mm，$\alpha = 20°$，$z_1 = 21$，$z_2 = 36$，$x_1 = +1.123$，$x_2 = -0.206$。试求这对齿轮的中心距，并验算小齿轮的齿顶厚度。

解 1）分度圆半径及标准中心距

$$r_1=\frac{1}{2}mz_1=\frac{1}{2}\times 2.25\times 21\text{mm}=23.625\text{mm}$$

$$r_2=\frac{1}{2}mz_2=\frac{1}{2}\times 2.25\times 36\text{mm}=40.5\text{mm}$$

$$a=r_1+r_2=(23.625+40.5)\text{mm}=64.125\text{mm}$$

2）啮合角

$$\text{inv}\alpha'=\frac{2(x_1+x_2)\tan\alpha}{z_1+z_2}+\text{inv}\alpha=\frac{2\times(1.123-0.206)}{21+36}\tan20^\circ+\text{inv}20^\circ$$
$$=0.0117109+0.0149043=0.0266152$$

则
$$\alpha'=24^\circ4'35''$$

3）实际中心距

$$a'=a\frac{\cos\alpha}{\cos\alpha'}=64.125\times\frac{\cos20^\circ}{\cos24^\circ4'35''}\text{mm}=66\text{mm}$$

4）小齿轮齿顶厚度

$$y=\frac{a'-a}{m}=\frac{66-64.125}{2.25}=0.833$$

$$\Delta y=x_1+x_2-y=1.123-0.206-0.833=0.084$$

$$r_{a1}=r_1+h_a^*m+x_1m-\Delta ym$$
$$=(23.625+2.25+1.123\times2.25-0.084\times2.25)\text{mm}=28.213\text{mm}$$

$$\alpha_{a1}=\arccos\frac{r_{b1}}{r_{a1}}=\arccos\frac{23.625\cos20^\circ}{28.213}=38^\circ6'23''$$

$$s_1=\left(\frac{\pi}{2}+2x_1\tan\alpha\right)m=\left(\frac{\pi}{2}+2\times1.123\tan20^\circ\right)\times2.25\text{mm}=5.374\text{mm}$$

$$s_{a1}=s_1\frac{r_{a1}}{r_1}-2r_{a1}(\text{inv}\alpha_{a1}-\text{inv}\alpha)$$
$$=\left[5.374\times\frac{28.213}{23.625}-2\times28.213\times(\text{inv}38^\circ6'23''-\text{inv}20^\circ)\right]\text{mm}$$
$$=0.530\text{mm}=\frac{0.53}{2.25}m\text{mm}=0.24m\text{mm}$$

通常许可的齿顶厚度为（0.25～0.4）m，因此这个齿轮的齿顶强度较弱。但由于它是用于车床的进给箱中，传动功率很小，因此强度不是主要问题，这个齿轮仍可使用。

例7-3　如图7-2所示，已知 $z_1=15$，$z_2=53$，$z_3=56$，$z_4=14$，中心距 $a_{12}=a_{34}=70\text{mm}$，压力角 $\alpha=\alpha_n=20^\circ$，模数 $m=m_n=2\text{mm}$，正常齿。试问：

1）如两对齿轮均采用直齿圆柱齿轮，采用何种传动类型，可以满足中心距 $a_{12}=a_{34}=70\text{mm}$，此时啮合角各为多大?

2）如果轮1、2采用斜齿轮，轮3、4仍采用直齿圆柱齿轮，那么：① 轮1、2的螺旋角是多大? ② 轮1是否根切? ③ 轮3、4不发生根切的最小变位系数? ④ 轮3、4

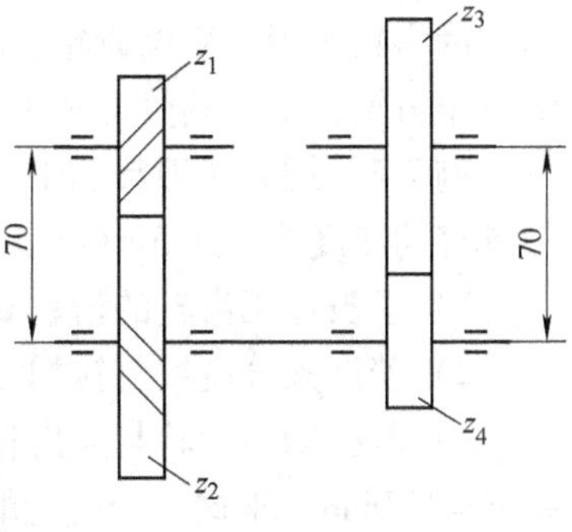

图　7-2

的分度圆、齿顶圆、齿根圆有何变化?

解 1）因为两对齿轮传动的实际中心距为

$$a'_{12}=a'_{34}=70\text{mm}$$

而

$$a_{12}=\frac{m}{2}(z_1+z_2)=\frac{2}{2}\times(15+53)\text{mm}=68\text{mm}$$

$$a_{34}=\frac{m}{2}(z_3+z_4)=\frac{2}{2}\times(56+14)\text{mm}=70\text{mm}$$

所以轮3、4采用标准齿轮传动或高度变位齿轮传动可满足实际中心距的要求，而轮1、2必须采用正传动才可以满足实际中心距的要求。

轮3、4的啮合角为

$$\alpha'_{34}=\alpha=20°$$

轮1、2的啮合角为

$$\cos\alpha'_{12}=\frac{a_{12}}{a'_{12}}\cos\alpha=\frac{68}{70}\times0.94=0.913$$

所以

$$\alpha'_{12}=24°$$

2）轮1、2的螺旋角。

因为

$$a=\frac{m_n(z_1+z_2)}{2\cos\beta}$$

所以

$$\cos\beta=\frac{m_n(z_1+z_2)}{2a}=\frac{2\times(15+53)}{2\times70}=0.971$$

所以

$$\beta_1=|-\beta_2|=13.73°$$

轮1会发生根切。因为斜齿轮不发生根切的最小齿数为

$$z_{min}=17\times\cos^3\beta=17\times\cos^3 13.73°=15.1$$

轮3、4不发生根切的最小变位系数为

$$x_{3min}=\frac{17-56}{17}=-2.29$$

$$x_{4min}=\frac{17-14}{17}=0.176$$

最小变位系数为正值，说明为了避免根切，要采用正变位；最小变位系数为负值，说明该齿轮在$x\geqslant x_{min}=-2.29$的条件下采用负变位也不会根切。

因为轮4为正变位齿轮，所以其分度圆不变，齿顶圆增大，齿根圆也增大。因为轮3为负变位齿轮，所以其分度圆不变，齿顶圆减小，齿根圆也减小。

例7-4 用齿条刀具加工一直齿圆柱齿轮。设已知被加工齿轮轮坯的角速度$\omega_1=5\text{rad/s}$，刀具移动速度为0.375m/s，刀具的模数$m=10\text{mm}$，压力角$\alpha=20°$。

1）求被加工齿轮的齿数z_1。

2）若齿条分度线与被加工齿轮中心的距离为77mm，求被加工齿轮的齿厚。

3）若已知该齿轮与大齿轮相啮合时的传动比$i_{12}=4$，当无齿侧间隙标准安装时，中心距$a=377\text{mm}$，求这两个齿轮的节圆半径r'_1、r'_2及其啮合角α'。

解 1）由于用齿条刀具加工齿轮时，被加工齿轮的节圆与分度圆相重合，且与刀具的

节线做展成运动，则有

$$r_1\omega_1 = v_{刀} \qquad 而 \qquad r_1 = mz_1/2$$

故得 $$z_1 = 2v_{刀}/m\omega_1 = 2\times375/(10\times5) = 15$$

2）因为刀具安装的距离 $L = 77\text{mm}$，大于被加工齿轮的分度圆半径 $r_1 = 75\text{mm}$，则被加工齿轮为正变位，其变位量为

$$xm = L - r_1 = (77-75)\text{mm} = 2\text{mm}$$

$$x = xm/m = 2/10 = 0.2$$

故被加工齿轮的分度圆齿厚为

$$s = \left(\frac{\pi}{2} + 2\times\tan\alpha\right)m = \left(\frac{\pi}{2} + 2\times0.2\times\tan20°\right)\times10\text{mm} = 17.164\text{mm}$$

3）求两轮的节圆半径 r'_1、r'_2及其啮合角 α'。

$$z_2 = i_{12}z_1 = 4\times15 = 60,\ i_{12} = \frac{\omega_1}{\omega_2} = \frac{r'_2}{r'_1} = 4$$

$$r'_2 = 4r'_1,\ r'_1 + r'_2 = a' = 377\text{mm}$$

将上两式联立求解得

$$r'_1 = 75.4\text{mm},\ r'_2 = 301.6\text{mm}$$

两轮的标准中心距为

$$a = m(z_1+z_2)/2 = 10\times(15+60)/2\text{mm} = 375\text{mm}$$

由式 $a'\cos\alpha' = a\cos\alpha$ 可求得

$$\cos\alpha' = a\cos\alpha/a' = 375\times\cos20°/377 = 0.93471$$

$$\alpha' = 20.819°$$

例 7-5 已知一对标准齿轮传动的参数为：$m = 4\text{mm}$，$\alpha = 20°$，$z_1 = 36$，$z_2 = 60$。若安装时中心距比标准中心距大 1mm，试计算：

1）两轮的节圆半径。

2）啮合角。

3）在节圆上所产生的侧隙。

解 1）标准中心距为

$$a = \frac{m}{2}(z_1+z_2) = \frac{4}{2}\times(36+60)\text{mm} = 192\text{mm}$$

实际中心距为

$$a' = (192+1)\text{mm} = 193\text{mm}$$

$$r'_1 + r'_2 = a',\ \frac{r'_2}{r'_1} = \frac{z_2}{z_1}$$

两方程联立求解得 $$r'_1 = \frac{z_1}{z_1+z_2}a' = \frac{36}{36+60}\times193\text{mm} = 72.38\text{mm}$$

$$r'_2 = a' - r'_1 = (193-72.375)\text{mm} = 120.62\text{mm}$$

2）啮合角

$$\alpha' = \arccos\frac{a}{a'}\cos\alpha = \arccos\left(\frac{192}{193}\cos20°\right) = 20°48'1''$$

3）节圆齿厚

$$s'_1 = s_1 \frac{r'_1}{r_1} - 2r'_1(\mathrm{inv}\alpha' - \mathrm{inv}\alpha)$$

$$= \left[\frac{\pi \times 4}{2} \times \frac{72.38}{4 \times 36/2} - 2 \times 72.38 \times (\mathrm{inv}20°48'1'' - \mathrm{inv}20°)\right]\mathrm{mm}$$

$$= 6.030\mathrm{mm}$$

$$s'_2 = s_2 \frac{r'_2}{r_2} - 2r'_2(\mathrm{inv}\alpha' - \mathrm{inv}\alpha)$$

$$= \left[\frac{\pi \times 4}{2} \times \frac{120.62}{4 \times 60/2} - 2 \times 120.62(\mathrm{inv}20°48'1'' - \mathrm{inv}20°)\right]\mathrm{mm}$$

$$= 5.850\mathrm{mm}$$

齿轮 2 节圆上齿槽宽

$$e'_2 = p' - s'_2 = \frac{2\pi r'_2}{z_2} - s'_2 = \left(\frac{2\pi \times 120.62}{60} - 5.850\right)\mathrm{mm} = 6.782\mathrm{mm}$$

节圆上所产生的侧隙

$$\delta' = e'_2 - s'_1 = (6.782 - 6.030)\mathrm{mm} = 0.75\mathrm{mm}$$

例 7-6 已知一对渐开线外啮合齿轮的齿数 $z_1 = z_2 = 15$，实际中心距 $a' = 325\mathrm{mm}$，$m = 20\mathrm{mm}$，$\alpha = 20°$，$h_a^* = 1$。试设计这对齿轮传动。

解 1）计算两轮变位系数

标准中心距

$$a = \frac{m}{2}(z_1 + z_2) = \frac{20}{2} \times (15 + 15)\mathrm{mm} = 300\mathrm{mm}$$

啮合角

$$\alpha' = \arccos = \frac{a\cos\alpha}{a'} = \arccos\frac{300\cos20°}{325} = 29.84°$$

$$x_1 + x_2 = \frac{(\mathrm{inv}\alpha' - \mathrm{inv}\alpha)(z_1 + z_2)}{2\tan\alpha} = \frac{(0.0528266 - 0.0149044) \times (15 + 15)}{2\tan20°} = 1.5629$$

因两轮齿数相等，故取

$$x_1 = x_2 = \frac{1.5629}{2} = 0.782$$

$$x_{\min} = \frac{17 - 15}{17} = 0.118$$

$x_1 = x_2 > x_{\min}$，在加工齿轮时不发生根切。由于 $x_1 + x_2 > 0$，故该齿轮属于正传动。

2）计算两轮几何尺寸

中心距变动系数

$$y = \frac{a' - a}{m} = \frac{325 - 300}{20} = 1.25$$

齿高变动系数

$$\Delta y = x_1 + x_2 - y = 1.563 - 1.25 = 0.313$$

分度圆半径

$$r_1 = r_2 = r = \frac{mz}{2} = \frac{20 \times 15}{2}\mathrm{mm} = 150\mathrm{mm}$$

齿顶圆半径

$$r_{a1}=r_{a2}=r_a=r+h_a^* m+xm-\Delta ym$$
$$=(150+20+0.782\times 20-0.313\times 20)\text{mm}=179.38\text{mm}$$

齿根圆半径

$$r_{f1}=r_{f2}=r_f=r-(h_a^*+c^*)m+xm$$
$$=(150-1.25\times 20+0.782\times 20)\text{mm}=140.64\text{mm}$$

基圆半径

$$r_{b1}=r_{b2}=r_b=r\cos\alpha=150\cos 20^\circ\text{mm}=140.954\text{mm}$$

3）检验重合度 ε_α 及齿顶厚 s_a

齿顶圆压力角

$$\alpha_a=\arccos\frac{r_b}{r_a}=\arccos\frac{r\cos\alpha}{r_a}=\arccos\frac{150\cos 20^\circ}{179.38}=38.21^\circ$$

重合度

$$\varepsilon_\alpha=\frac{1}{2\pi}[z_1(\tan\alpha_{a1}-\tan\alpha')+z_2(\tan\alpha_{a2}-\tan\alpha')]$$
$$=\frac{1}{\pi}[z_1(\tan\alpha_a-\tan\alpha')]=\frac{1}{\pi}[15(\tan 38.21^\circ-\tan 29.84^\circ)]=1.02$$

分度圆齿厚

$$s_1=s_2=s=\frac{\pi m}{2}+2xm\tan\alpha=\left(\frac{20\pi}{2}+2\times 0.782\times 20\tan 20^\circ\right)\text{mm}=42.801\text{mm}$$

齿顶圆齿厚

$$s_{a1}=s_{a2}=s_a=s\frac{r_a}{r}-2r_a(\text{inv}\alpha_a-\text{inv}\alpha)$$

$$=\left(42.801\times\frac{179.38}{150}-2\times 179.38\times(0.1203147-0.0149044)\right)\text{mm}=13.367\text{mm}$$

齿顶厚 $s_a>0.4m=8\text{mm}$，合格。重合度虽然大于1，但小于许用重合度。改变齿数，取 $z_1=z_2=16$，其他参数不变，重新设计。（略）

7.4 习题

7-1 已知一对外啮合正常齿标准直齿圆柱齿轮 $m=3\text{mm}$，$z_1=19$，$z_2=41$，试计算这对齿轮的分度圆直径、齿顶高、齿根高、顶隙、中心距、齿顶圆直径、齿根圆直径、基圆直径、齿距、齿厚和齿槽宽。

7-2 已知一正常齿标准直齿圆柱齿轮的 $\alpha=20^\circ$，$m=5\text{mm}$，$z=40$，试分别求出分度圆、基圆、齿顶圆上渐开线齿廓的曲率半径和压力角。

7-3 在某项技术革新中，需要采用一对齿轮传动，其中心距 $a=144\text{mm}$，传动比 $i=2$。现在库房中存有四种现成的齿轮，已知它们都是正常齿渐开线标准齿轮，压力角都是20°，这四种齿轮的齿数 z 和齿顶圆直径 d_a 分别为：$z_1=24$，$d_{a1}=104\text{mm}$；$z_2=47$，$d_{a2}=196\text{mm}$；$z_3=48$，$d_{a3}=250\text{mm}$；$z_4=48$，$d_{a4}=200\text{mm}$。试分析能否从这四种齿轮中选出符合要求的一对齿轮。

7-4　有一个渐开线直齿圆柱齿轮如图 7-3 所示，用卡尺测量三个齿和两个齿的公法线长度分别为 $W_3 = 61.84\text{mm}$，$W_2 = 37.56\text{mm}$，齿顶圆直径 $d_a = 208\text{mm}$，齿根圆直径 $d_f = 172\text{mm}$，数得其齿数 $z = 24$。试求：

1）该齿轮的模数 m、分度圆压力角 α、齿顶高系数 h_a^* 和顶隙系数 c^*。

2）该齿轮的基圆齿距 p_b 和基圆齿厚 s_b。

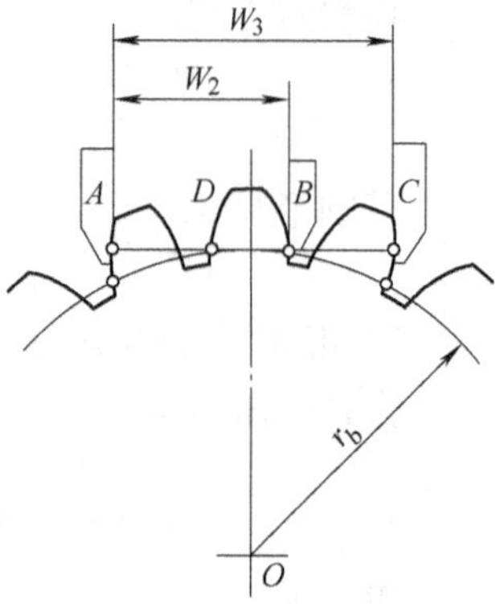

图　7-3

7-5　一对渐开线外啮合直齿圆柱齿轮机构，两轮的分度圆半径分别为 $r_1 = 30\text{mm}$，$r_2 = 54\text{mm}$，$\alpha = 20°$，试求：

1）当中心距 $a' = 86\text{mm}$ 时，啮合角 α' 是多少？两个齿轮的节圆半径 r'_1 和 r'_2 各为多少？

2）当中心距变为 $a' = 87\text{mm}$ 时，啮合角 α' 和节圆半径 r'_1 和 r'_2 又各为多少？

3）以上两种中心距情况下的两对节圆半径的比值是否相等，为什么？

7-6　已知一对渐开线外啮合标准直齿圆柱齿轮，$z_1 = 18$，$z_2 = 41$，$m = 4\text{mm}$，$\alpha = 20°$，$h_a^* = 1$，试求：

1）两轮的几何尺寸 r、r_b、r_f、r_a 和标准中心距 a，以及重合度 ε_α。

2）用长度比例尺 $\mu_l = 0.5\text{mm/mm}$ 画出理论啮合线 N_1N_2，在其上标出实际啮合线 B_1B_2，并标出一对齿啮合区和两对齿啮合区，以及节点 C 的位置。

7-7　若将题 7-6 中的中心距加大，直至刚好连续传动，试求：

1）啮合角 α' 和中心距 a'。

2）节圆半径 r'_1 和 r'_2。

3）在节点啮合时两轮齿廓的曲率半径 ρ'_1 和 ρ'_2。

4）顶隙 c' 和节圆上齿侧间隙 δ'。

7-8　图 7-4 所示为某车床进给箱中的三个齿轮，其中齿轮 1 为滑移齿轮。已知两轴的中心距为 66mm，$z_1 = 18$，$z_3 = 20$，$m = 3.5\text{mm}$，$\alpha = 20°$，$x_1 = 0$。试计算齿轮 1 若与齿轮 3 啮合时齿轮所需的变位系数。

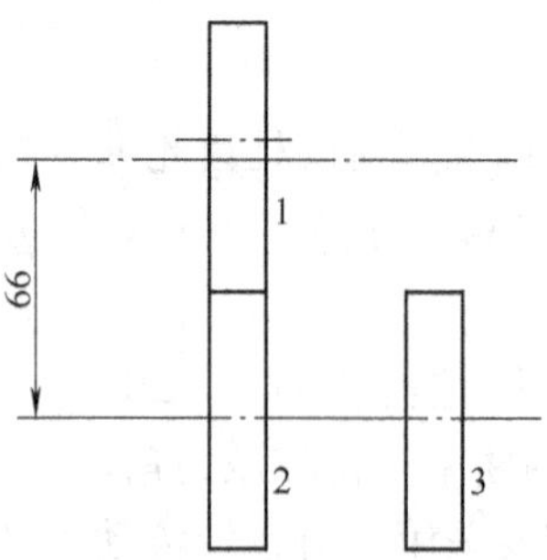

图　7-4

7-9　某牛头刨床中，有一渐开线外啮合标准齿轮传动，已知 $z_1 = 17$，$z_2 = 118$，$m = 5\text{mm}$，$h_a^* = 1$，$a' = 337.5\text{mm}$。检修时发现小齿轮严重磨损，必须报废。大齿轮磨损较轻，沿分度圆齿厚共磨去 0.91mm，可获得光滑的新齿面。拟将大齿轮修理后使用，仍使用原来的箱体，试设计这对齿轮。

7-10　在图 7-5 所示机构中，已知各直齿圆柱齿轮的模数均为 2mm，$z_1=15$，$z_2=32$，$z_{2'}=20$，$z_3=30$，要求齿轮 1、3 同轴线。试问：

1）齿轮 1、2 和齿轮 2′、3 应选什么传动类型最好？为什么？

2）若齿轮 1、2 改为斜齿轮传动来凑中心距，当齿数不变，模数不变时，斜齿轮的螺旋角为多少？

3）当用展成法（如用滚刀）来加工齿数 $z_1=15$ 的斜齿轮 1 时，是否会产生根切？

4）这两个斜齿轮的当量齿数是多少？

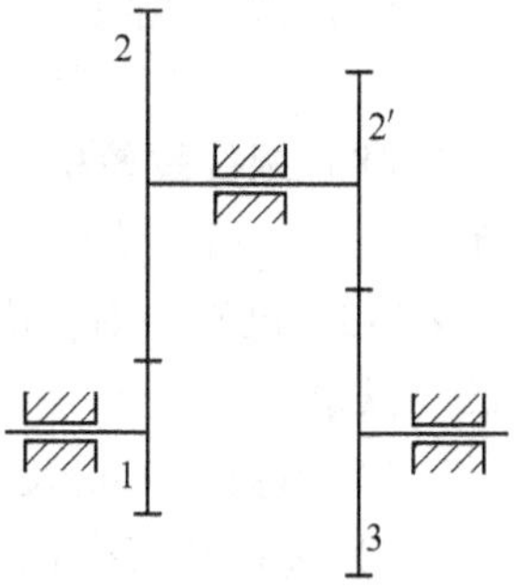

图　7-5

7-11　已知一对正常齿渐开线标准斜齿圆柱齿轮，$z_1=23$，$z_2=98$，$m_n=4\text{mm}$，$a=250\text{mm}$。试计算其螺旋角、端面模数、端面压力角、当量齿数、分度圆直径、齿顶圆直径和齿根圆直径。

7-12　已知一对等顶隙渐开线标准直齿锥齿轮的 $\Sigma=90°$，$z_1=17$，$z_2=43$，$m=3\text{mm}$。求分度圆锥角、分度圆直径、齿顶圆直径、齿根圆直径、外锥距、齿顶角、齿根角、顶锥角、根锥角和当量齿数。

7-13　已知阿基米德蜗杆传动的参数如下：$z_1=1$，$q=8$，$z_2=35$，$m=10\text{mm}$，$\alpha=20°$，$h_a^*=1$。试计算蜗杆及蜗轮的分度圆直径、齿顶圆直径、蜗杆升角、蜗轮的螺旋角和中心距。

7.5　综合测试题

7-1　判断题

（1）渐开线的形状取决于基圆的大小。（　　）

（2）任意倾斜的法向齿距，其大小都等于基圆齿距。（　　）

（3）m、α、h_a^*、c^* 都是标准值的齿轮一定是标准齿轮。（　　）

（4）只有一对标准齿轮在标准中心距情况下啮合传动时，啮合角的大小才等于分度圆压力角。（　　）

（5）组成正传动的齿轮应是正变位齿轮。（　　）

（6）平行轴斜齿轮机构的端面模数为标准值。（　　）

（7）在设计用于传递平行轴运动的齿轮机构时，若中心距不等于标准中心距，则只能采用变位齿轮以配凑实际中心距。（　　）

（8）在蜗杆蜗轮机构中，传动比 $i_{12}=z_2/z_1=d_2/d_1$。（　　）

7-2　填空题

（1）以渐开线作为齿轮齿廓的优点是________、________。

（2）直齿圆柱齿轮机构的正确啮合条件是________、________。

（3）直齿圆柱齿轮机构的重合度的定义是________，重合度越大，表明同时参加啮合的轮齿对数越________，传动越________。

（4）在设计直齿圆柱齿轮机构时，首先考虑的传动类型是________，其次是________，在不得已的情况下如________________只能选择________。

（5）用标准齿条型刀具加工标准齿轮时，其刀具的________线与轮坯________圆之间作纯滚动。

（6）平行轴外啮合斜齿圆柱齿轮机构的正确啮合条件是____________________。

（7）加大螺旋角 β 可增加平行轴斜齿轮机构的________________，但同时会加大________，所以螺旋角 β 应控制在________范围内。

（8）蜗杆蜗轮机构的中间平面是指____________________的平面，在中间平面内相当于________啮合传动。

7-3　已知一对标准直齿圆柱齿轮的中心距 $a=160\text{mm}$，传动比 $i_{12}=3$，小齿轮齿数 $z_1=20$。试求：

1）模数 m 和分度圆直径 d_1、d_2。

2）齿顶圆直径 d_{a1}、d_{a2} 和齿距 p 及基圆直径 d_{b1}、d_{b2}。

3）重合度 ε_α，并绘出单齿及双齿啮合区。

4）如果将其中心距加大到 162mm，则此时的啮合角 α' 将加大、减小、还是保持不变？传动比 i_{12} 将加大、减小、还是保持不变？

7-4　一标准齿轮需要修复，其基本参数为 $z_1=20$，$z_2=80$，$m=3\text{mm}$，$\alpha=20°$，$h_a^*=1$，$c^*=0.25$。现要求中心距不变，而大齿轮的外径要减小 6mm。试问：

1）能否采用等变位齿轮传动进行修复？

2）计算修复后该对齿轮的几何参数。

7-5　图 7-6 所示为一变速箱，可实现三种传动比，各轮齿数分别为 $z_1=43$，$z_2=43$，$z_3=42$，$z_4=41$，$m=4\text{mm}$，$\alpha=20°$，$h_a^*=1$，滑动齿轮 z_1 可以分别与 z_2、z_3 和 z_4 相啮合。两轴之间中心距 $a'=170\text{mm}$。试确定这三对齿轮传动的类型（不必计算尺寸）。

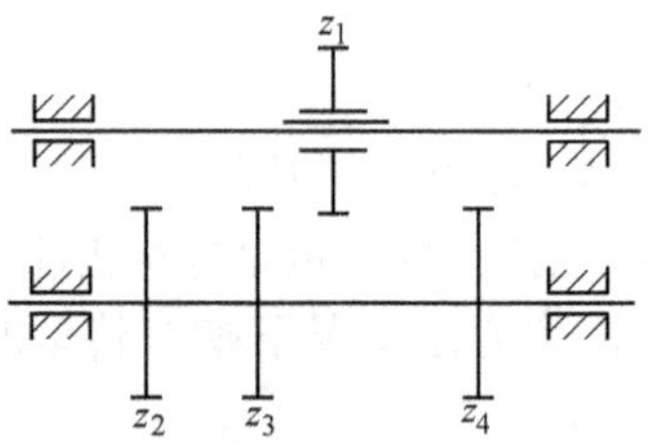

图　7-6

第 8 章　轮系及其设计

8.1　教学基本要求

1）了解轮系的组成和分类，能判断一个轮系属于哪一类轮系。

2）熟练掌握各种轮系传动比的计算方法，并确定主、从动轮的转向关系。

3）了解各类轮系的功用，学会根据工作要求选择轮系的类型。

4）掌握各类轮系的设计方法。

5）了解轮系效率的概念。

8.2　本章重点和难点内容

本章的重点和难点是：轮系传动比的计算，特别是周转轮系和混合轮系的传动比计算，包括如何将混合轮系正确划分为各基本轮系，从而求出其传动比。还有行星轮系各轮齿数的确定。

1. 轮系的分类

轮系的分类，主要根据轮系在运转时所有齿轮的几何轴线在空间的相对位置是否固定来划分，可分为定轴轮系和周转轮系。周转轮系又可按其自由度的数目，分为差动轮系（自由度为 2 的周转轮系）和行星轮系（自由度为 1 的周转轮系）。既含有定轴轮系又有周转轮系的混合轮系，称为混合轮系。

2. 定轴轮系的传动比

轮系的传动比是指轮系中输入轴的角速度（或转速）与输出轴的角速度（或转速）之比，即 $i=\omega_{in}/\omega_{out}=n_{in}/n_{out}$。要确定一个轮系的传动比，包括计算其大小和其输入轴与输出轴转向之间的关系。

（1）定轴轮系的传动比大小　定轴轮系的传动比 = 所有从动轮齿数的连乘积/所有主动轮齿数的连乘积。

（2）主、从动轮的转向关系

1）轮系中各轮几何轴线均互相平行。组成这种轮系的所有齿轮均为直齿或斜齿圆柱齿轮。由于一对内啮合圆柱齿轮的转向相同，而一对外啮合圆柱齿轮的转向相反，故可用轮系中外啮合的对数 m 来确定轮系中主、从动轮的转向关系。即用 $(-1)^m$ 来确定轮系传动比的正负号。若计算结果为正，则说明主、从动轮转向相同；若结果为负，则说明主、从动轮转向相反。

2）轮系中所有齿轮的几何轴线不都平行，但首、末两轮的轴线互相平行。在这种情况下，用箭头法表示各轮的转向。因该轮系中首、末两轮的轴线互相平行，可在传动比的计算结果中加上“+”、“-”号来表示主、从动轮的转向关系。

3）轮系中首、尾两轮几何轴线不平行。主动轮和从动轮的几何轴线不平行，它们分别在两个不同的平面内转动，转向无所谓相同或相反，因此其转向关系只能用箭头表示在图上。

3. 周转轮系的传动比

在周转轮系中，由于其行星轮的运动不是绕定轴的简单转动，因此其传动比的计算不能像定轴轮系那样，直接以简单的齿数反比的形式来表示。

（1）周转轮系传动比计算的基本思路　周转轮系和定轴轮系的根本区别在于周转轮系中有一个转动着的系杆，它使行星轮既自转又公转。若设法使系杆固定不动，则周转轮系就可转化成一个定轴轮系。为此，假想给整个轮系加上一个公共的角速度（$-\omega_H$），根据相对运动原理可知，各构件之间的相对运动关系并不改变，但此时系杆的角速度为零，周转轮系就转化成了一个假想的定轴轮系。通常称这个假想的定轴轮系为周转轮系的转化机构。

（2）周转轮系传动比的计算方法　设周转轮系中的两个太阳轮分别为1和n，系杆为H，则其转化机构的传动比可表示为

$$i_{1n}^{H}=\frac{\omega_1^H}{\omega_n^H}=\frac{\omega_1-\omega_H}{\omega_n-\omega_H}=(\pm)\frac{\text{转化轮系从齿轮 1 至齿轮 } n \text{ 所有从动轮齿数的连乘积}}{\text{转化轮系从齿轮 1 至齿轮 } n \text{ 所有主动轮齿数的连乘积}}$$

在使用上式时要注意：

1）等式右端的“±”号取决于转化轮系中轮1和轮n的转向是否相同，相同时取正，反之取负。

2）ω_1、ω_n、ω_H为代数值，在计算时应代入相应的正、负号，计算所得的结果亦为代数值，即同时得出从动件转速的大小和方向。

3）上式为代数方程，只适用于转化轮系的首、末轮与转臂的回转轴线平行（或重合）且由圆柱齿轮或其他类型齿轮所组成的周转轮系。

4）当$\omega_n=0$时，其转化机构的传动比可变为

$$i_{1H}=1-i_{1n}^{H}$$

4. 混合轮系传动比计算

混合轮系传动比既不能直接按定轴轮系的传动比来计算，也不能直接按周转轮系的传动比来计算，而应当将混合轮系中的定轴轮系部分和周转轮系部分区分开来分别计算。

混合轮系传动比计算的方法和步骤如下：

1）正确地划分混合轮系。必须正确地分清轮系中的定轴轮系部分和各个基本周转轮系部分。分清轮系的关键是要把其中的基本周转轮系划分出来，对此，应从混合轮系的首轮开始，循着运动传递线路，逐个对齿轮进行判断，看它是绕固定轴线位置转动，还是绕变动轴线位置转动。如果找到了绕变动轴线位置转动的齿轮，即找到了行星轮。这时，带动行星轮轴线转动的构件就是系杆，与行星轮相啮合而绕固定轴线位置转动的齿轮就是太阳轮。每一系杆连同系杆上的行星轮与行星轮相啮合的太阳轮就组成了一个基本周转轮系。在找出混合轮系中每一个周转轮系后，剩下的便是定轴轮系部分。

此外，还应进一步分清轮系中的周转轮系是差动轮系还是行星轮系，其中的定轴轮系是平面定轴轮系，还是空间定轴轮系。这样，才能正确地列出轮系的传动比方程式，减少求解差错。

2）分别计算。定轴轮系部分按定轴轮系传动比方法来计算，而周转轮系部分按周转轮系传动比来计算。分别列出它们的计算式。

3）联立求解。根据轮系各部分列出计算式，进行联立求解。

5. 行星轮系各轮齿数和行星轮数的确定

设计行星轮系（即2K-H型）时，各轮齿数的选配需满足以下四个条件。

1）保证实现给定的传动比：$z_3=(i_{1H}-1)z_1$。

2）保证两太阳轮及系杆的轴线重合，即满足同心条件

$$z_2=(z_3-z_1)/2=z_1(i_{1H}-2)/2$$

上式表明，这个行星轮系中两太阳轮齿数应同时为偶数或同时为奇数。

3）保证K个行星轮能够均布地装入两太阳轮之间，即满足安装条件

$$N=(z_3+z_1)/K$$

上式表明，这个行星轮系中两太阳轮齿数之和应为行星轮数的整数倍。

4）保证K个行星轮不致互相碰撞，即满足邻接条件

$$(z_1+z_2)\sin\frac{180°}{K}>z_2+2h_a^*$$

为了设计时便于选择各轮的齿数，通常可把前三个条件合并为一个总的配齿公式

$$z_1:z_2:z_3:N=z_1:\frac{z_1(i_{1H}-2)}{2}:z_1(i_{1H}-1):\frac{z_1i_{1H}}{K}$$

确定齿数时，应根据上式选定z_1和K。选择时必须使N、z_2和z_3均为正整数。确定各轮齿数和行星轮数后，再代入上式验算是否满足邻接条件。如果不满足，则应减少行星轮数或增加齿轮的齿数。

8.3　典型例题解析

例8-1　在图8-1所示的轮系中，已知双头右旋蜗杆的转速$n_1=900\text{r/min}$，转向如图所示，$z_2=60$，$z_{2'}=25$，$z_3=20$，$z_{3'}=25$，$z_4=20$。求n_4的大小与方向。

解

$$i_{14}=\frac{z_4z_3z_2}{z_1z_{2'}z_{3'}}=\frac{20\times20\times60}{2\times25\times25}=19.2$$

方向如图8-1所示。

$$n_4=\frac{900}{19.2}\text{r/min}=46.875\text{r/min}$$

方向如图8-1所示。

例8-2　如图8-2所示，已知轮系中$z_1=60$，$z_2=15$，$z_{2'}=20$，各轮模数均相同，求z_3及i_{1H}。

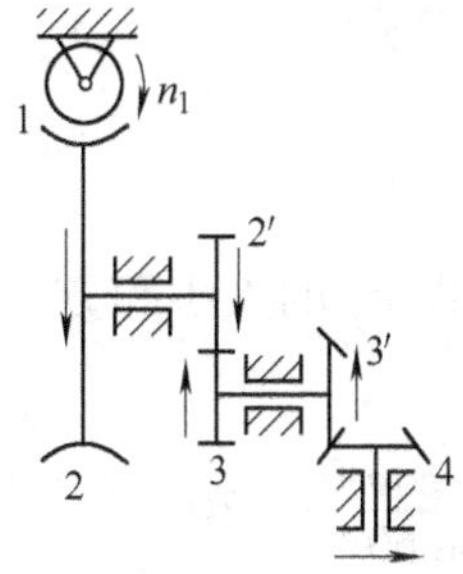

图　8-1

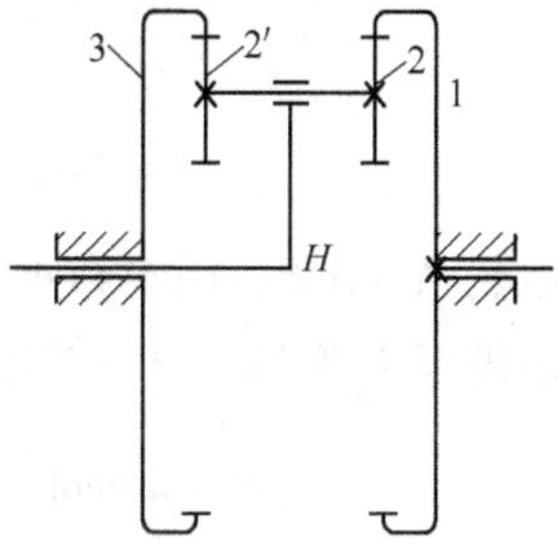

图　8-2

解 由1、2、2′、3、H组成一个行星轮系。由同心条件得

$$\frac{m}{2}(z_1 - z_2) = \frac{m}{2}(z_3 - z_{2'})$$

则
$$z_3 = z_1 + z_{2'} - z_2 = 60 + 20 - 15 = 65$$

$$i_{1H} = 1 - i_{13}^{H} = 1 - \frac{z_2 z_3}{z_1 z_{2'}} = 1 - \frac{15 \times 65}{60 \times 20} = 1 - \frac{13}{16} = \frac{3}{16}$$

齿轮1与行星架H的转向相同。

例8-3 图8-3所示为粗纺机中的差动轮系。已知$z_1 = 64$，$z_2 = 60$，$z_3 = 45$，$z_4 = 30$，$n_1 = 400\text{r/min}$，$n_H = 40 \sim 140\text{r/min}$。求$n_4$。

解 在此差动轮系中，齿轮的转动轴线不全平行，但三个基本构件轮1、轮4、行星架的轴线是共线的，因此仍可用转化轮系法来求解。

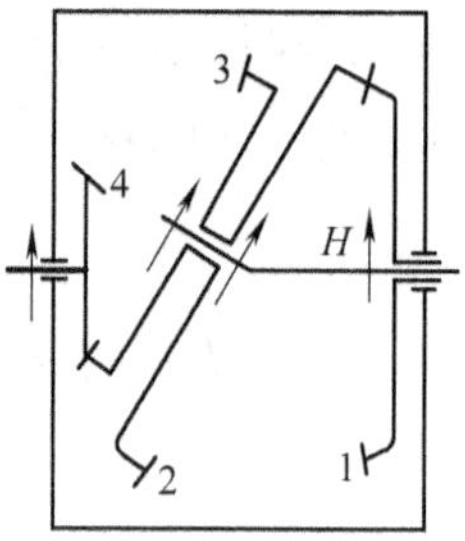

图 8-3

$$i_{14}^{H} = \frac{n_1 - n_H}{n_4 - n_H} = \frac{z_4 z_2}{z_1 z_3} = \frac{30 \times 60}{64 \times 45} = \frac{5}{8}$$

转化轮系中各轮的转向如图8-3所示。

$n_1 = 400\text{r/min}$，当$n_H = 40\text{r/min}$时，$n_4 = 616\text{r/min}$；当$n_H = 140\text{r/min}$时，$n_4 = 556\text{r/min}$。

例8-4 在图8-4所示的羊毛起球机机构中，已知$z_1 = 20$，$z_2 = 30$，$z_3 = 80$，$z_4 = z_5 = 30$，轴角$\Sigma = 60°$，输入轴转速$n_1 = 900\text{r/min}$。求n_5。

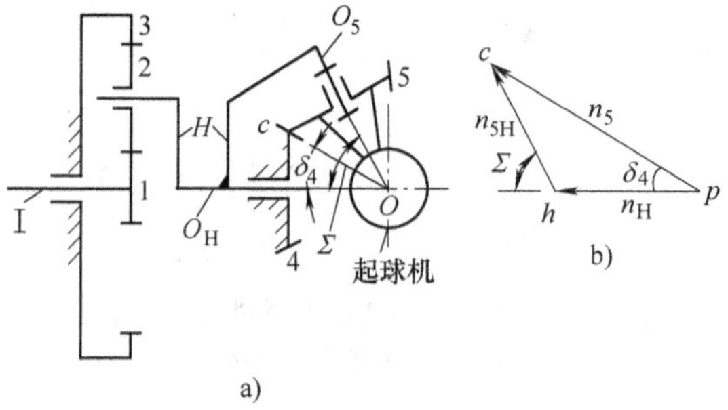

图 8-4

解 该机构由行星轮系1-2-3-H和行星轮系4-5-H串联而成。由行星轮系1-2-3-H得

$$i_{H1} = \frac{1}{i_{1H}} = \frac{1}{1 - i_{13}^{H}} = \frac{1}{1 + \dfrac{z_3}{z_1}} = \frac{1}{1 + \dfrac{80}{20}} = \frac{1}{5}$$

则
$$n_H = i_{H1} n_1 = \frac{1}{5} \times 900\text{r/min} = 180\text{r/min}$$

对于行星轮系4-5-H，因5和4的轴线不平行，所以n_5的大小和方向不能用公式来算，而必须作角速度多边形来求得。首先求出δ_4。

$$\delta_4 = \operatorname{arccot} \frac{i_{45} + \cos\Sigma}{\sin\Sigma} = \operatorname{arccot} \frac{1 + \cos 60°}{\sin 60°} = 30°$$

其次取$\overline{ph} = 18\text{mm}$代表$n_H$，则转速比例尺$\mu_n = 180/18 = 10\text{r/(min} \cdot \text{mm}^{-1})$，然后按下式作转

速多边形 phc，如图8-4b所示。

$$\begin{array}{lccc} & n_5 & = \ n_H & + \ n_{5H} \\ 方向: & //OC & //OO_H & //OO_5 \\ 大小: & ? & \mu_n \overline{ph} & ? \end{array}$$

最后由 $\triangle phc$ 得 $\dfrac{n_5}{\sin(180^\circ-\Sigma)}=\dfrac{n_H}{\sin(\Sigma-\delta_4)}$，将 $n_H=180\text{r/min}$，$\Sigma=60^\circ$ 及 $\delta_4=30^\circ$ 代入上式，可求得 $n_5=311.8\text{r/min}$，其转向与 n_H 一样，均为顺时针方向。

例8-5　在图8-5所示轮系中，已知各轮齿数为：$z_1=100$，$z_2=z_{2'}=z_3=z_4=30$，$z_5=80$。求传动比 i_{41}。

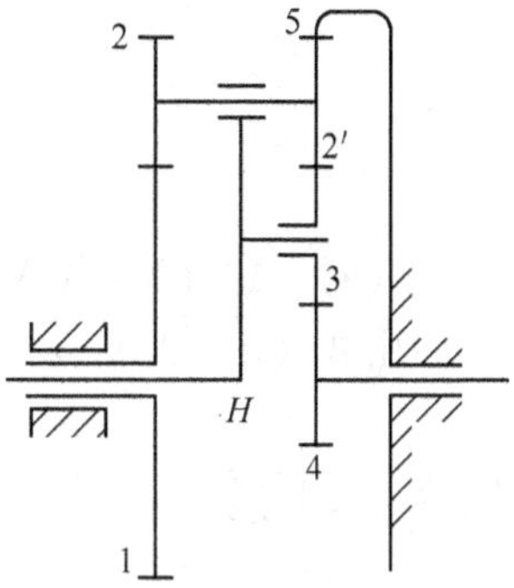

图　8-5

解　该轮系是一个基本的周转轮系。该轮系有一个行星架 H，三个行星轮2、2′、3，以及分别和三个行星轮相啮合的三个太阳轮1、4、5。为求解传动比 i_{41}，可以将该轮系划分为由齿轮1、2、2′、5和行星架 H 所组成的行星轮系，得

$$i_{15}^H=\frac{\omega_1-\omega_H}{\omega_5-\omega_H}=-\frac{z_2z_5}{z_1z_{2'}}=-\frac{30\times80}{100\times30}=-\frac{4}{5}$$

则

$$\omega_5=0,\ \frac{\omega_1}{\omega_H}=\frac{9}{5},\ \omega_H=\frac{5}{9}\omega_1 \qquad \text{(a)}$$

以及由齿轮2′、3、4、5和行星架 H 所组成的行星轮系，得

$$i_{45}^H=\frac{\omega_4-\omega_H}{\omega_5-\omega_H}=\frac{z_5}{z_4}=\frac{80}{30}=\frac{8}{3},\ \frac{\omega_4}{\omega_H}=1-\frac{8}{3}=-\frac{5}{3},\ \omega_H=-\frac{3}{5}\omega_4 \qquad \text{(b)}$$

由式（a）和式（b）得 $\dfrac{5}{9}\omega_1=-\dfrac{3}{5}\omega_4$，得传动比 $i_{41}=-0.93$。

例8-6　如图8-6所示为一隧道掘进机中的行星齿轮传动。其中各对齿轮传动均采用标准传动，已知 $z_1=30$，$z_2=85$，$z_3=32$，$z_4=21$，$z_5=38$，$z_6=97$，$z_7=147$。现知 $n_1=1000\text{r/min}$，试求齿轮3、5、6的转速 n_3、n_5 和 n_6。

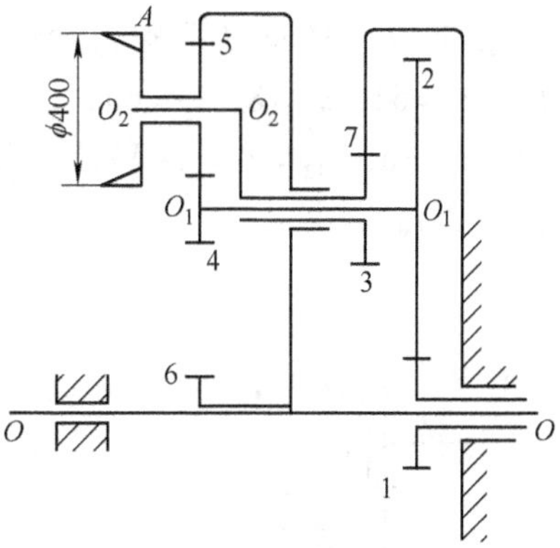

图　8-6

解　此轮系为系杆6上添加系杆3的双重混合轮系。故本题求解需进行两次转化。此题求解的关键是，先给整个轮系以 $-n_6$ 转速绕 OO 轴回转，此时再观察轮系，则有

1）轮1、2为定轴轮系，有

$$i_{12}^6=\frac{n_1^6}{n_2^6}=\frac{n_1-n_6}{n_2-n_6}=-\frac{z_2}{z_1}=-\frac{85}{30}=-\frac{17}{6}$$

2）轮3、7为定轴轮系，有 $i_{37}^6=\dfrac{n_3^6}{n_7^6}=\dfrac{n_3-n_6}{n_7-n_6}=\dfrac{n_3-n_6}{0-n_6}=\dfrac{z_7}{z_3}=\dfrac{147}{32}$

3）轮4、5、6及系杆3为行星轮系，有

$$(i_{46}^3)^6=\frac{n_4^6-n_3^6}{n_6^6-n_3^6}=\frac{(n_4-n_6)-(n_3-n_6)}{(n_6-n_6)-(n_3-n_6)}=-\frac{z_6}{z_4}=-\frac{97}{21}$$

$$(i_{56}^{3})^{6}=\frac{n_5^6-n_3^6}{n_6^6-n_3^6}=\frac{(n_5-n_6)-(n_3-n_6)}{(n_6-n_6)-(n_3-n_6)}=\frac{z_6}{z_5}=\frac{97}{38}$$

又因 $n_2=n_4$，$n_1=1000\text{r/min}$，故将上列各式分别化简为

$$n_4-n_6=\frac{6}{17}(n_6-1000) \tag{a}$$

$$n_3-n_6=-\frac{147}{32}n_6 \tag{b}$$

$$\frac{(n_4-n_6)-(n_3-n_6)}{n_3-n_6}=\frac{97}{21} \tag{c}$$

$$\frac{(n_5-n_6)-(n_3-n_6)}{-(n_3-n_6)}=\frac{97}{38} \tag{d}$$

由式（a）、式（b）代入式（c）求得 $n_6=13.849\text{r/min}$，再由式（b）得 $n_3=-48.476\text{r/min}$，然后由式（d）得 $n_5=-109.698\text{r/min}$。

8.4 习题

8-1 在图 8-7 所示轮系中，已知各标准圆柱齿轮的齿数为 $z_1=z_2=20$，$z_{3'}=26$，$z_4=30$，$z_{4'}=22$，$z_5=34$。试计算齿轮 3 的齿数及传动比 i_{15}。

8-2 在图 8-8 所示轮系中，已知 $z_1=15$，$z_2=25$，$z_{2'}=15$，$z_3=30$，$z_3'=15$，$z_4=30$，$z_{4'}=2$（右旋），$z_5=60$，$z_{5'}=20$（$m=4\text{mm}$）。若 $n_1=500\text{r/min}$，求齿条 6 线速度的大小和方向。

8-3 在图 8-9 所示的钟表传动示意图中，E 为擒纵轮，N 为发条盘，S、M 及 H 分别为秒针、分针和时针。设 $z_1=72$，$z_2=12$，$z_3=64$，$z_4=8$，$z_5=60$，$z_6=8$，$z_7=60$，$z_8=6$，$z_9=8$，$z_{10}=24$，$z_{11}=6$，$z_{12}=24$。求秒针与分针的传动比 i_{SM} 及分针与时针的传动比 i_{MH}。

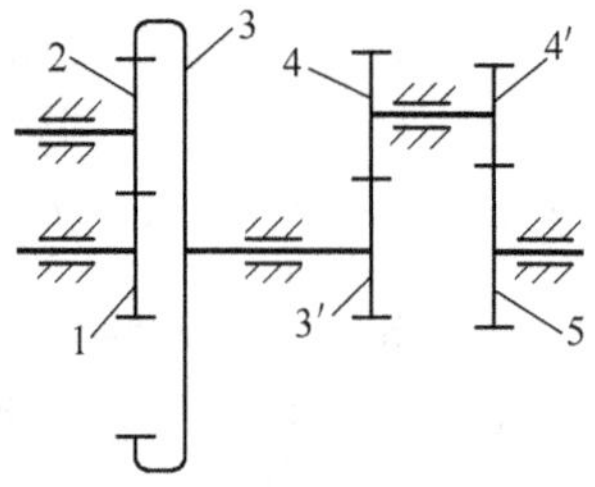

图 8-7

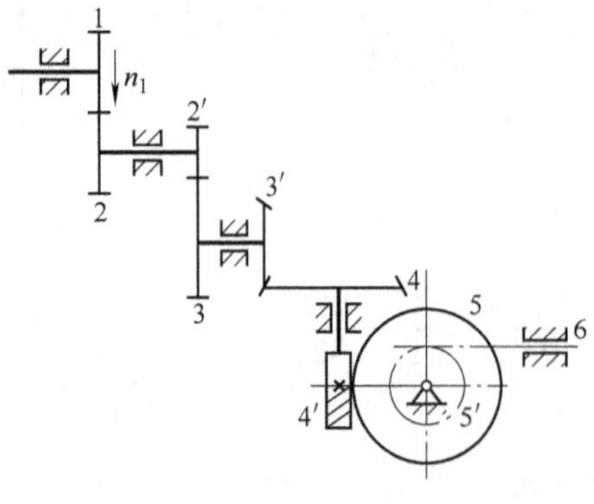

图 8-8

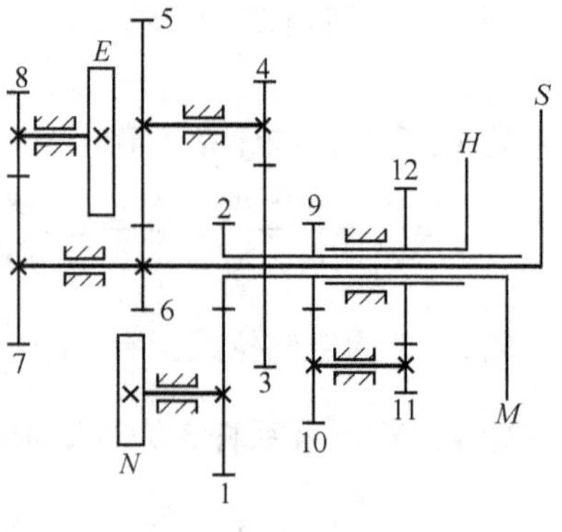

图 8-9

8-4　图8-10所示为一大传动比的减速器，已知其各轮的齿数 $z_1=100$，$z_2=101$，$z_{2'}=100$，$z_3=99$。求输入件 H 对输出件1的传动比 i_{H1}。

8-5　在图8-11所示的锥齿轮组成的行星轮系中，已知各齿轮的齿数 $z_1=20$，$z_2=30$，$z_{2'}=50$，$z_3=80$，$n_1=50\text{r/min}$。求 n_H 的大小和方向。

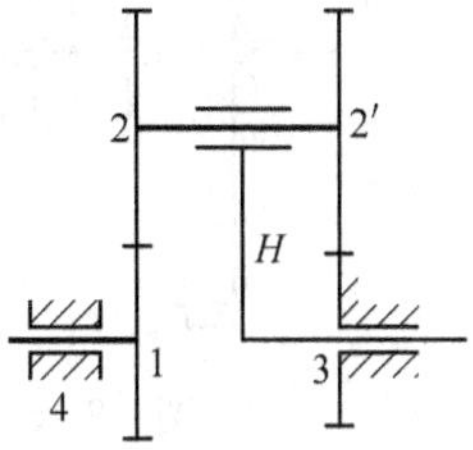

图　8-10

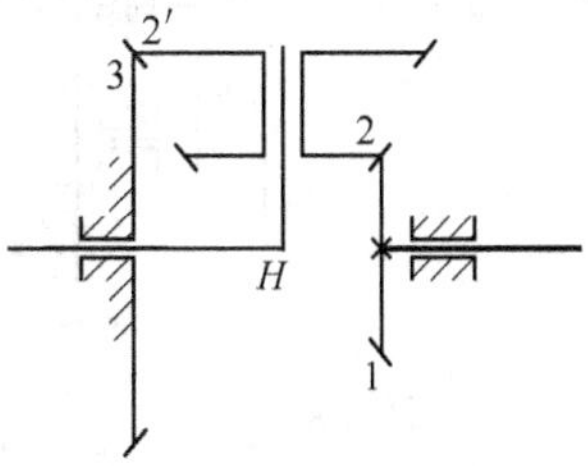

图　8-11

8-6　在图8-12所示轮系中，已知蜗杆1为单头右旋螺纹，各齿轮齿数 $z_2=100$，$z_{2'}=z_4$，$z_6=z_8$，$z_{4'}=80$，$z_5=20$。若 $n_1=1000\text{r/min}$ 且沿顺时针方向转动，$n_5=1000\text{r/min}$，转向如图所示，求 n_6 的大小和转向。

8-7　在图8-13所示混合轮系中，设已知各齿轮的齿数，试计算其传动比 i_{1A}。

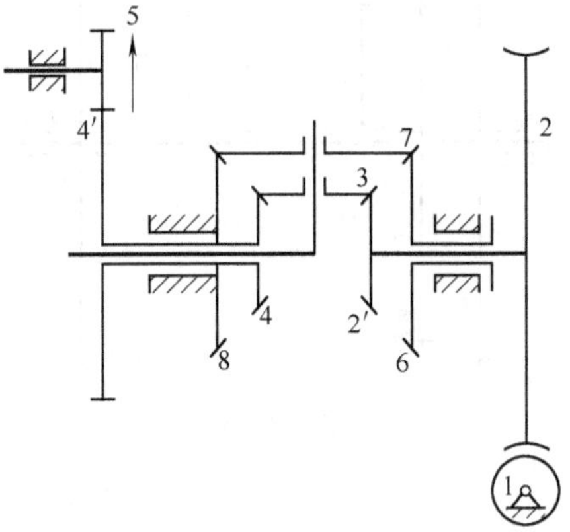

图　8-12

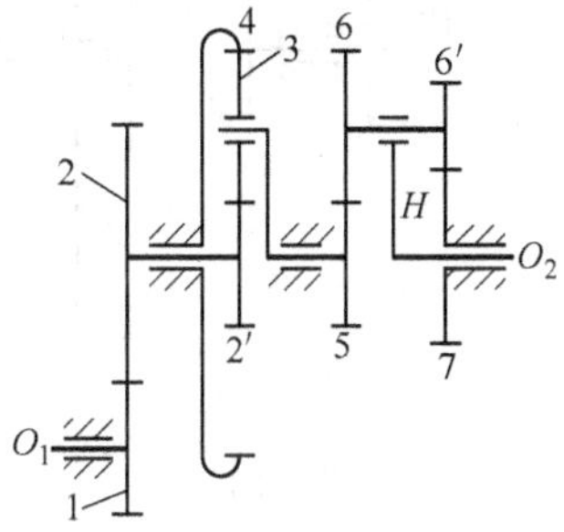

图　8-13

8-8　在图8-14所示轮系中，已知各轮齿数 $z_1=z_5=z_{5'}=20$，$z_2=30$，$z_4=49$，$z_6=50$。主动轮转速 $n_1=1500\text{r/min}$，各齿轮模数相同。求从动轮6的转速及方向。

8-9　如图8-15所示轮系，已知各轮齿数 $z_1=32$，$z_2=34$，$z_{2'}=36$，$z_3=64$，$z_4=32$，$z_5=17$，$z_6=24$。若轴 A 和轴 B 的转向如图中箭头所示，且 $n_A=1250\text{r/min}$，$n_B=600\text{r/min}$。求轴 C 的转速 n_C 及其转向。

8-10　在图8-16所示轮系中，已知各齿轮齿数为 $z_1=32$，$z_2=16$，$z_3=22$，$z_4=70$，$z_5=28$，$z_6=20$。求传

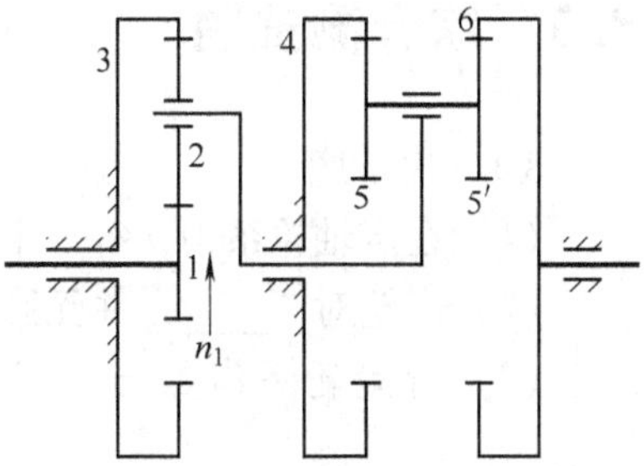

图　8-14

动比 i_{16}。

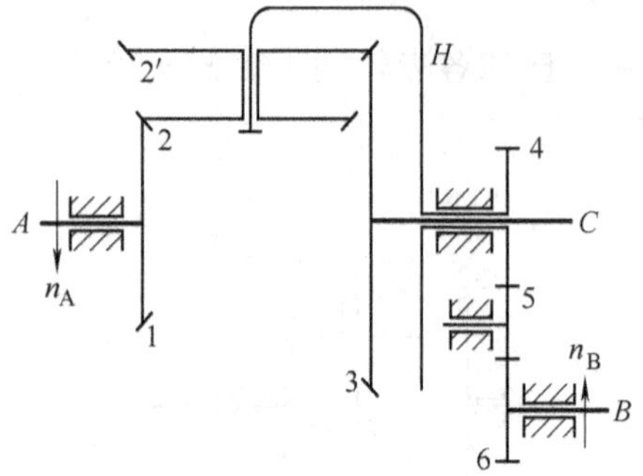

图 8-15

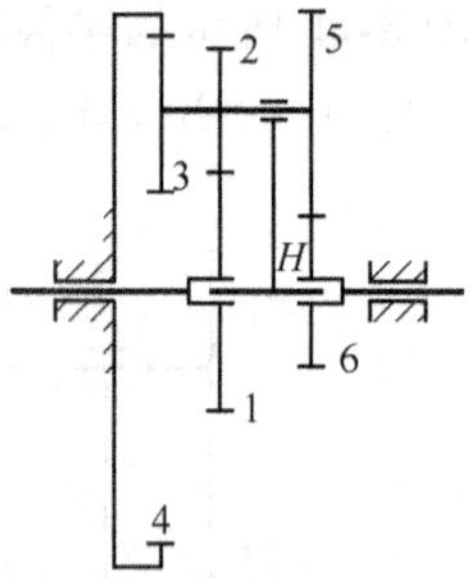

图 8-16

8-11 如图 8-17 所示轮系，已知各轮齿数为 $z_1=90$，$z_2=60$，$z_{2'}=32$，$z_3=30$，$z_4=18$，$z_5=15$，$z_{5'}=30$，$z_6=45$，$z_{6'}=35$，$z_7=105$，$z_8=32$。求此轮系的传动比 i_{18}。

8-12 在图 8-18 所示的周转轮系中，已知各齿轮均为标准齿轮，且模数相同，其齿数 $z_1=160$，$z_2=60$，$z_{2'}=20$，$z_4=100$，$z_6=80$，$z_7=120$。试求

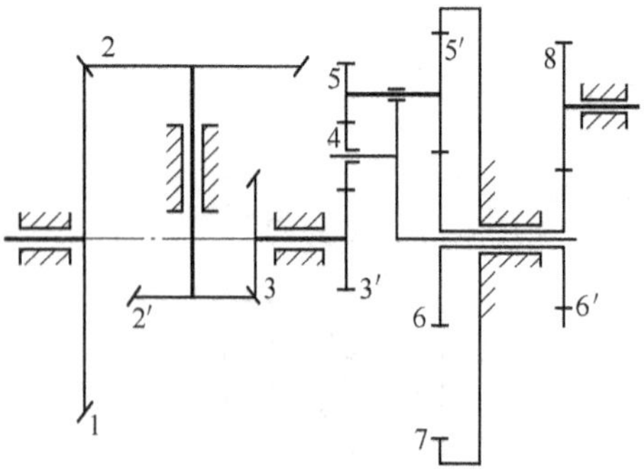

图 8-17

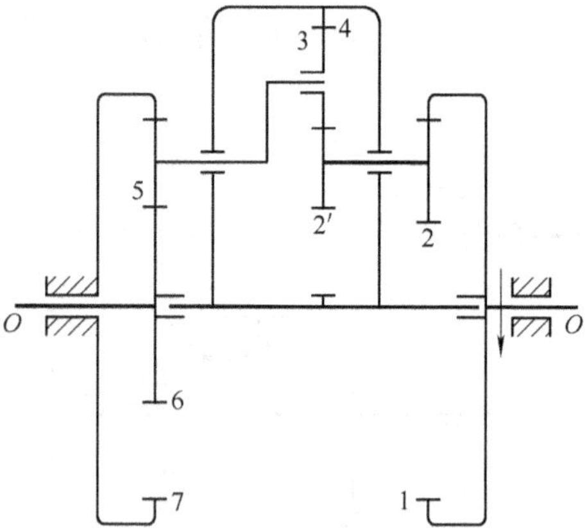

图 8-18

1）齿轮 3 和齿轮 5 的齿数 z_3 和 z_5。

2）如果轮 1 的转速 $n_1=1000\text{r/min}$，方向如图所示，试求轮 2、3、4、5、6 的转速，并在图上标出方向。

8.5 综合测试题

8-1 填空题

（1）在定轴轮系中，每一个齿轮的回转轴线都是________的。

（2）惰轮对________并无影响，但却能改变从动轮的________。

（3）行星轮系齿数与行星轮数的选择必须满足的四个条件是________，________，________，________。

（4）周转轮系中，i_{AB}^{H} 表示的意思是________，i_{AB} 表示的意思是________。

8-2　某齿轮机构如图 8-19 所示。已知 $z_1=60$，$z_2=48$，$z_{2'}=80$，$z_3=120$，$z_{3'}=60$，$z_4=40$，蜗杆 $z_{4'}=2$（左旋），蜗轮 $z_5=80$，齿轮 $z_{5'}=65$，模数 $m=5\text{mm}$。主动齿轮 1 的转速为 $n_1=240\text{r/min}$，转向如图所示。试求齿条 6 移动的速度 v_6 的大小和方向。

8-3　图 8-20 所示的电动自定心卡盘的传动轮系中，已知各轮齿数为 $z_1=6$，$z_2=z_{2'}=25$，$z_3=57$，$z_4=56$。求传动比 i_{14}。

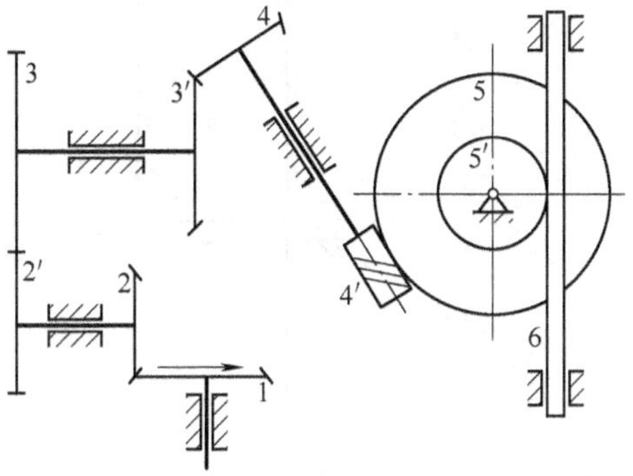

图　8-19

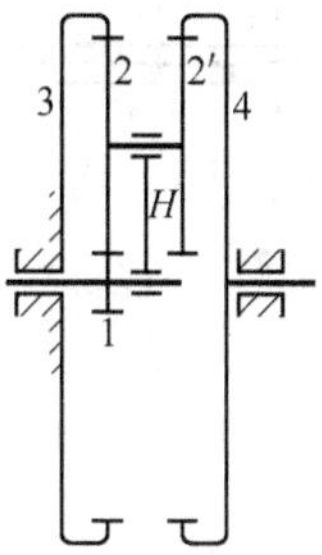

图　8-20

8-4　图 8-21 所示为由直齿锥齿轮所组成的轮系，$\delta_{2'}$、δ_3 分别为齿轮 2′和齿轮 3 的节圆锥角。已知各轮齿数 $z_1=15$，$z_{2'}=10$，$z_2=z_3=30$。求：

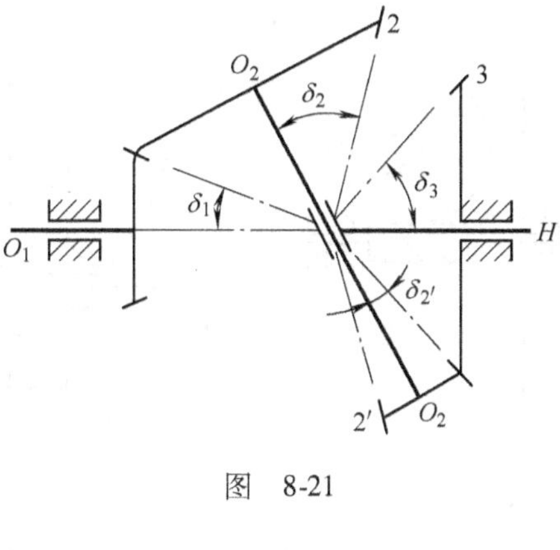

图　8-21

1）机构传动比 i_{1H}，并说明 O_1 与 O_H 轴之间的转向关系。

2）证明 $\omega_2=\omega_H\dfrac{\sin(\delta_{2'}+\delta_3)}{\sin\delta_{2'}}$。

8-5　在图 8-22 所示轮系中，已知 $z_1=z_{2''}=z_7=16$，$z_2=z_5=64$，$z_3=z_{3'}=z_{2'}=z_{4'}=40$，$z_4=z_6=48$，$z_8=90$。求传动比 i_{1H}。

8-6　图 8-23 所示轮系中，已知各齿轮齿数为 $z_1=100$，$z_2=80$，$z_3=z_4=30$。试求传动比 i_{34}。

8-7　在图 8-24 所示轮系中，各轮均为标准齿轮，已知各轮齿数为 $z_1=18$，$z_{1'}=80$，$z_2=20$，$z_3=36$，$z_{3'}=24$，$z_{4'}=80$，$z_5=50$，$z_6=2$（左旋），$z_7=58$。求：

1）齿数 z_4。

2）传动比 i_{17}。

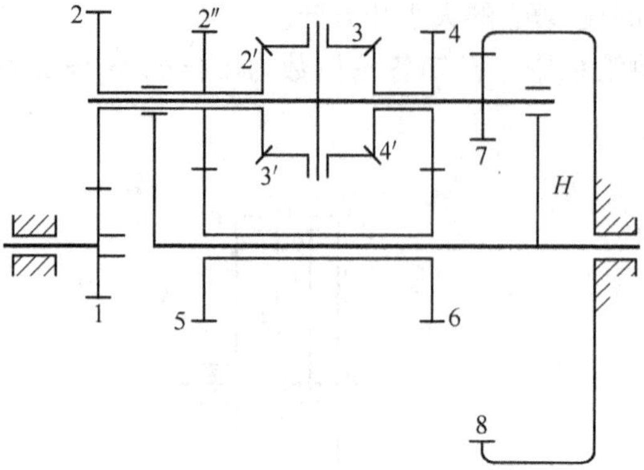

图 8-22

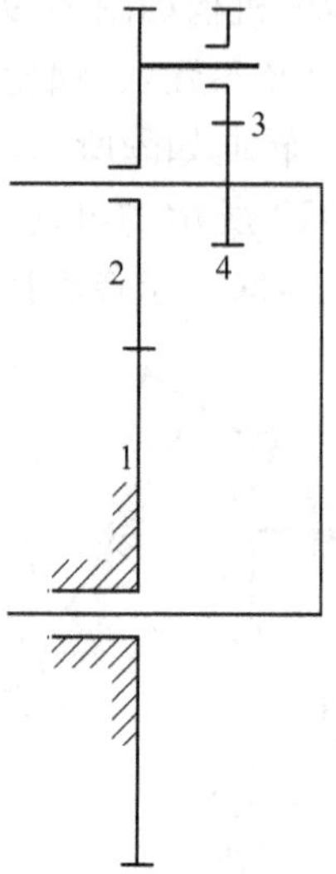

图 8-23

3）已知轮 1 的转向如图所示，标出轮 7 的转向。

8-8 如图 8-25 所示的轮系中，各轮齿数为 $z_1 = z_2 = 24$，$z_3 = 72$，$z_4 = 20$，$z_5 = 22$，$z_6 = 64$，试求传动比 i_{H4}。

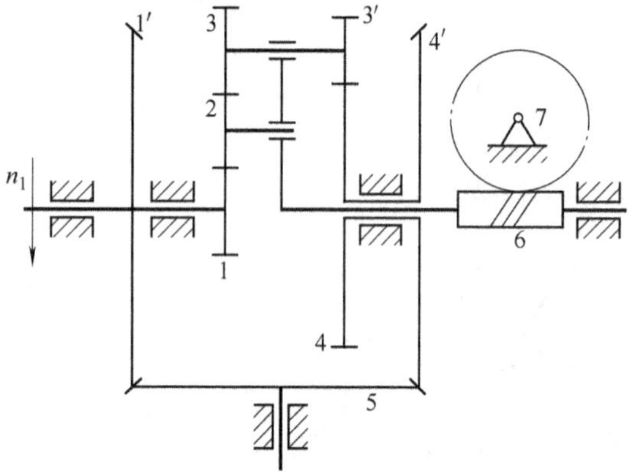

图 8-24

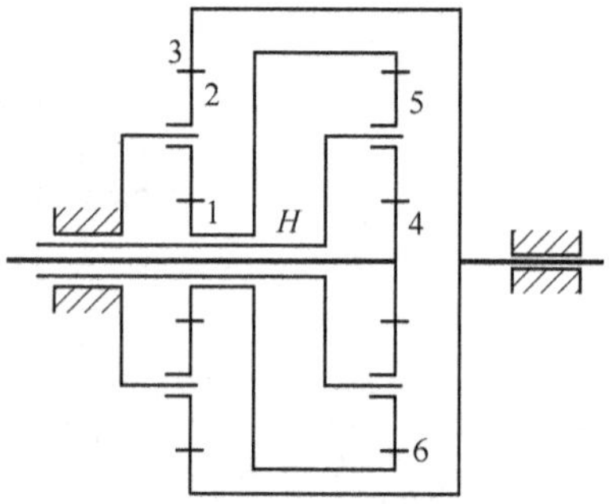

图 8-25

第 9 章　其他常用机构简介

9.1　教学基本要求

1）了解单万向联轴器的运动特性及双万向联轴器保证主、从动轴间传动比恒定不变的条件及它的应用场合。

2）了解螺旋机构从动件位移的计算方法和位移方向的确定。

3）了解差动螺旋和复合螺旋的应用场合。

4）了解棘轮机构、槽轮机构的组成、运动特点和设计要点。

5）了解不完全齿轮机构的应用场合。

9.2　本章重点和难点内容

1. 棘轮机构

棘轮机构由主动件、驱动棘爪、棘轮、制动爪及机架所组成。棘轮机构是将主动件的往复摆动转换为从动棘轮的间歇转动的机构。

按棘轮机构的动作原理和结构特点，棘轮机构分齿式和摩擦式两类。

齿式棘轮机构具有结构简单、制造方便和运行可靠等优点。其缺点是棘爪在棘轮齿面滑行时，将引起噪声和齿尖磨损；传动平稳性差，不宜用于高速，且动程只能作有级调节。故常用在低速、轻载的场合实现间歇运动。

摩擦式棘轮机构传动平稳，无噪声，可实现棘轮转角的无级调节。其缺点是靠摩擦传动，无法避免打滑现象，运动准确性较差，故适用于低速轻载和运动精度要求不高的场合。

棘轮机构常用于各种机械中，以实现进给、超越、转位、制动等功能。

2. 槽轮机构

槽轮机构由带圆销的主动拨盘、开有至少三个均布径向直槽的槽轮和机架组成。槽轮机构将主动拨盘上圆销的连续转动变换为槽轮的间歇转动。

槽轮机构的特点是结构简单，工作可靠，且能准确控制转动的角度，机械效率高，常用于要求恒定旋转角的分度机械中。主动拨盘每回转一周时，从动槽轮的运动时间 t_2 与主动拨盘的运动时间 t_1 之比，称为运动系数，用 k 表示，即

$$k=\frac{t_2}{t_1}$$

设从动槽轮上均布的径向槽的数目为 z，则当槽轮转动角度 $2\varphi_2$ 时，主动拨盘的转角 $2\varphi_1$ 的大小为

$$2\varphi_1=\pi-2\varphi_2=\pi-\frac{2\pi}{z}$$

于是，可以求出外接槽轮机构的运动系数为

$$k=\frac{t_2}{t_1}=\frac{2\varphi_1}{2\pi}=\frac{\pi-\frac{2\pi}{z}}{2\pi}=\frac{1}{2}-\frac{1}{z}$$

由上式可知：

1）因运动系数 k 应大于0，故槽轮槽数必须大于或等于3，即 $z\geqslant 3$。

2）单圆销外槽轮机构的运动系数只与槽轮槽数有关，且总有 $k<0.5$，即槽轮的运动时间总小于其静止时间。

若欲使主动拨盘转一周，而槽轮能转动几次，则需采用多圆销槽轮机构。设均匀对称分布的圆销数目为 n，则当拨盘转动一周时，槽轮被带动 n 次，运动系数 k 是单圆销槽轮机构运动系数的 n 倍，即

$$k=\frac{n(z-2)}{2z}$$

这种槽轮机构，可使运动系数 $k\geqslant 0.5$。但因为运动系数 k 应小于1，否则机构便失去间歇运动特性，所以应有

$$n<\frac{2z}{z-2}$$

圆销和径向槽均布的内槽轮机构的运动系数为

$$k=n\left(\frac{1}{2}+\frac{1}{z}\right)$$

可见，内槽轮机构的运动系数 $0.5<k<1$，径向槽数 $z\geqslant 3$，且圆销数只能为 $n=1$。

3. 不完全齿轮机构

不完全齿轮机构有外啮合不完全齿轮机构、内啮合不完全齿轮机构和不完全齿轮齿条机构三种传动形式。不完全齿轮机构结构简单、设计灵活。它与前两种间歇运动机构相比，其从动轮每转一周的停歇次数、每次停歇的时间及每次转过的角度变化范围都较宽。缺点是：加工复杂；在进入和退出啮合时速度有突变，会产生刚性冲击，故不宜用于高速传动；主、从动轮不能互换。不完全齿轮机构常用于多工位、多工序的自动机械和生产线上，实现工作台的间歇转位和进给运动。

4. 凸轮式间歇运动机构

凸轮式间歇运动机构是由主动凸轮、从动转盘和机架组成的，以主动凸轮带动从动转盘实现间歇运动。通常有圆柱凸轮间歇运动机构和蜗杆凸轮间歇运动机构两种类型。凸轮式间歇运动机构结构简单、运转可靠、转位精确，无需专门的定位装置，且易实现工作中对动停比的要求。根据运动要求适当选择转盘的运动规律，即可获得良好的动力特性，使机构传动平稳。凸轮式间歇运动机构的主要缺点是加工较复杂，加工精度、安装调整要求都很高，故其成本较高。

设凸轮转动一周所需的时间为 t_1，那么在此期间内转盘转动时间为

$$t_2=\frac{\varphi}{2\pi}t_1$$

转盘静止时间为

$$t_2'=\left(1-\frac{\varphi}{2\pi}\right)t_1$$

由以上两式可知，在不改变凸轮转速的情况下，只要改变凸轮螺旋曲线槽对应的角度 φ，即可改变其动、停时间比。

5. 万向联轴器

万向联轴器主要用于传递两相交轴间的运动和动力，而且允许在传动过程中两轴之间的夹角或轴间距离不断发生变化。万向联轴器可以分为单万向联轴器和双万向联轴器两大类。单万向联轴器用于两相交轴之间的传动，它由主动轴、从动轴、中间十字构件及机架组成。

在单万向联轴器中，主动轴作等速转动时，其从动轴的角速度却是呈周期性变化的。当两轴夹角为 β 时，主动轴以等角速度 ω_1 转动，从动轴的角速度 ω_2 的变化范围是

$$\omega_1\cos\beta \leqslant \omega_2 \leqslant \omega_1/\cos\beta$$

双万向联轴器实现定传动比传动的条件是：

1）主动轴、中间轴及从动轴三轴共面。

2）中间轴的两叉面共面。

3）主动轴与中间轴及中间轴与从动轴的夹角相等，即 $\beta_1=\beta_2$。

6. 螺旋机构

螺旋机构由螺杆、螺母及机架组成。螺旋机构结构简单，制造方便，运动准确，工作平稳，且能获得很大的降速比和力的增益。螺旋机构一般是将螺杆的螺旋运动转换为螺母的直线移动，但在导程角大于当量摩擦角的情况下，也可将直线移动转换为旋转运动。

单螺旋机构的位移为 $s=Ph_B\varphi/2\pi$

差动螺旋机构的位移为 $s=(Ph_A-Ph_B)\varphi/2\pi$

复式螺旋机构的位移为 $s=(Ph_A+Ph_B)\varphi/2\pi$

式中 Ph_A——螺旋副 A 的导程；

Ph_B——螺旋副 B 的导程；

φ——回转角。

9.3 典型例题解析

例 9-1 在牛头刨床的横向送进机构中，已知工作台的横向送给量 $s=0.1$mm，送进螺杆的导程 $Ph=3$mm，棘轮模数 $m=6$mm，棘爪与棘轮之间的摩擦因数 $f=0.15$。试求：① 棘轮齿面倾斜角 β。② 棘轮的齿数 z。③ 棘轮的尺寸 d_a、d_f、p。④ 确定棘爪的长度 L。

解 1）确定棘轮齿面倾斜角 β。为了使棘爪在推动棘轮时能始终紧压齿面滑向齿根部，要求棘轮齿面倾斜角必须大于棘轮与棘爪之间的摩擦角，即 $\beta>\varphi$。

而 $$\varphi=\arctan f=\arctan 0.15\approx 8.5^\circ$$

则取 $$\beta=10^\circ$$

2）确定棘轮的齿数 z。棘轮的最小转角为

$$\theta_{\min}=\frac{s\times360^\circ}{Ph}=\frac{0.1\times360^\circ}{3}=12^\circ$$

所以 $$z=\frac{360^\circ}{12^\circ}=30$$

3）确定 d_a、d_f 及 p。

$d_a = mz = 6 \times 30\text{mm} = 180\text{mm}$

$d_f = d_a - 2h = d_a - 2 \times 0.75m = (180 - 2 \times 0.75 \times 6)\text{mm} = 171\text{mm}$

$h = 0.75m$，查表而来

$p = \pi m = 3.14 \times 6\text{mm} = 18.84\text{mm}$

4）确定棘爪长度 L。

$$L = 2p = 2 \times 18.84\text{mm} = 37.68\text{mm}$$

例 9-2 某加工自动线上有一工作台要求有 5 个转动工位。为了完成加工任务，要求每个工位停歇的时间为 $t_{2t} = 12\text{s}$。如果设计者选用单销外槽轮机构来实现工作台的转位，试求：

1）槽轮机构的运动系数 τ。

2）拨盘的转速 n_1。

3）槽轮的运动时间 t_{2d}。

解 1）由于工作台需要有 5 个转动工位，所以选取槽轮的槽数为 5，即 $z = 5$。选用单销，即 $n = 1$，槽轮机构的运动系数 τ 为

$$\tau = \frac{n(z-2)}{2z} = \frac{1 \times (5-2)}{2 \times 5} = 0.3$$

2）由于

$$t_{2t} = \frac{30}{n_1}\left(2 - n + \frac{2n}{z}\right)$$

故拨盘的转速 n_1 为

$$n_1 = \frac{30}{t_{2t}}\left(2 - n + \frac{2n}{z}\right) = \frac{30}{12} \times \left(2 - 1 + \frac{2 \times 1}{5}\right)\text{r/min} = 3.5\text{r/min}$$

3）槽轮的运动时间 t_{2d} 为

$$t_{2d} = \frac{30}{n_1}\left(1 - \frac{2}{z}\right)n = \frac{30}{3.5} \times \left(1 - \frac{2}{5}\right) \times 1\text{s} = 5.14\text{s}$$

例 9-3 螺旋机构如图 9-1 所示，A、B、C 均为右旋，导程分别为 $l_A = 6\text{mm}$，$l_B = 4\text{mm}$，$l_C = 24\text{mm}$。试求当构件 1 按图示方向转 1 转时，构件 2 的轴向位移 s_2 及转角 φ_2。

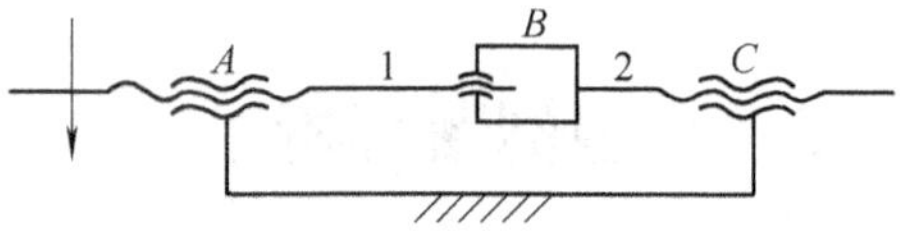

图 9-1

解 设轴向位移向右为正，构件 1 所示转动方向为正。构件 1 轴向位移为

$$s_1 = l_A \frac{\varphi_1}{2\pi} \tag{a}$$

式中 φ_1——构件 1 的转角，$\varphi_1 = 2\pi$。

$$s_{21} = s_2 - s_1 = l_B \frac{\varphi_{21}}{2\pi} = l_B \frac{\varphi_2 - \varphi_1}{2\pi} \tag{b}$$

其中

$$\varphi_2 = \frac{2\pi s_2}{l_C} \tag{c}$$

由式（a）~式（c）可解出

$$s_2 = 2.4\text{mm}, \quad \varphi_2 = \frac{\pi}{5}$$

例 9-4 某自动机床工作台要求有 6 工位，转台停歇时进行工艺动作，其中最长的工作

时间为 30s，拟采用槽轮机构实现转位工作。要求：

1）试确定槽轮机构的类型、槽数和圆销数。

2）计算槽轮机构的运动系数 τ。

3）计算主动拨盘的转速 n_1。

解　1）从提高生产率的角度，应选单圆销 6 槽的外槽轮机构。

2）槽轮机构的运动系数 τ 为

$$\tau=\frac{t_d}{t}=\frac{n(z-2)}{2z}=\frac{1\times(6-2)}{2\times6}=\frac{1}{3}$$

3）由 $\tau=\frac{t_d}{t}=\frac{t-t_j}{t}$，求出拨盘运动一周的时间 t，进而求出主动拨盘的转速 n_1。

由 $\tau=\frac{1}{3}$ 和 $t_j=30s$，得 $\frac{1}{3}t=t-30$

所以 $$t=45s$$

则 $$n_1=\frac{1}{t}\times60=\frac{4}{3}r/min$$

9.4　习题

9-1　转塔车床六角头外槽轮机构中，已知槽轮的槽数 $z=6$，一个循环中槽轮的静止时间 $t_2'=5s$，静止时间是运动时间的 2 倍。试求：（1）槽轮机构的运动系数 τ；（2）所需的圆销数 n。

9-2　在牛头刨床工作台的进给机构中，已知棘轮最小转动角度 $\theta_{min}=9°$，棘轮模数 $m=5mm$，工作台进给螺杆的导程 $Ph=6mm$。试求：（1）棘轮的齿数 z；（2）工作台的最小送进量 s。

9-3　设单万向联轴器的主动轴 1 以等角速度 157.081rad/s 转动，从动轴 2 的最大瞬时角速度为 181.281rad/s。求轴 2 的最小角速度 ω_{min} 及两轴的夹角 β。

9-4　如图 9-2 所示的差动螺旋机构中，螺杆 3（其螺纹是右旋的，导程 $Ph_A=4mm$）与机架刚性连接，螺母 2 相对机架只能移动，内、外圆柱面均有螺纹的螺杆 1 沿箭头方向转 5 圈时，要求螺母 2 向左移动 5mm。试求 1、2 螺旋副的导程 Ph_B 及其旋向。

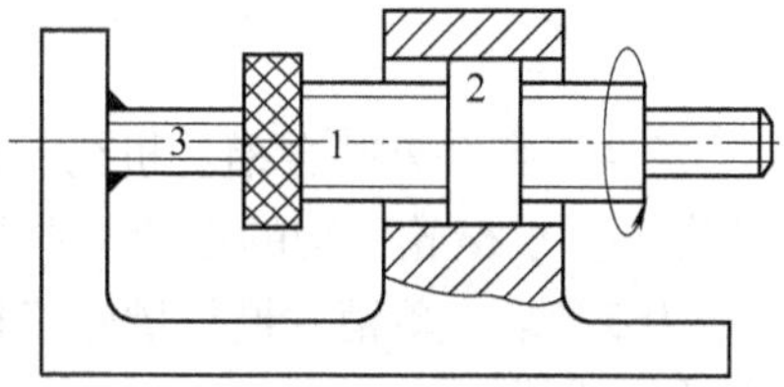

图　9-2

9.5　综合测试题

9-1　填空题

（1）当主动件作等速连续转动，需要从动件作单向间歇转动时，可采用________、________、________机构。

（2）在间歇运动机构中，当需要从动件的动程能无级调节时，可采用________机构。

（3）在棘轮机构中，棘爪能顺利滑过棘轮齿根部的条件是________。

（4）棘轮机构中止回棘爪的作用是________________。

（5）在高速、高精度机械中，通常采用________机构来实现间歇运动。

（6）在工程实际中，常选用________机构、________机构来实现空间间歇转动。

（7）不完全齿轮机构在运动过程中的传动比是____，而槽轮机构在运动过程中的传动比是____。

（8）槽数 $z=4$ 的外啮合槽轮机构，主动拨盘圆销数最多应为________。

9-2　如图 9-3 所示螺旋机构中，已知螺旋副 A 为右旋，导程 $Ph_A=2.8\text{mm}$；螺旋副 B 为左旋，导程 $Ph_B=3\text{mm}$，C 为移动副。试问：螺杆 1 转多少转时才能使螺母 2 相对构件 3 移动 10.6mm？

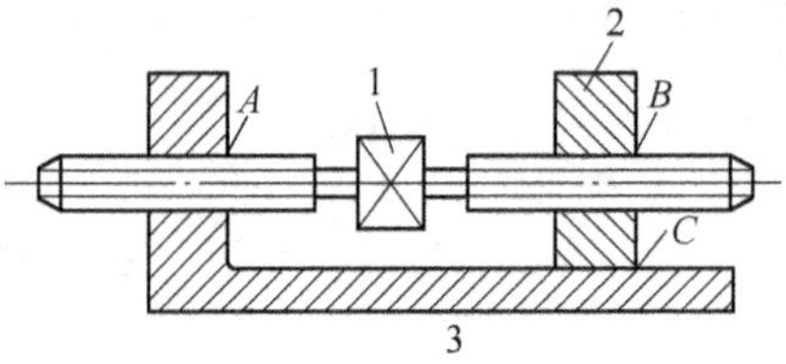

图　9-3

9-3　轴 1、2、3 三轴线共面，轴 1 与轴 2 以万向联轴器 A 相联，轴 2 与轴 3 以万向联轴器 B 相联，各叉面位置如图 9-4 所示。试写出在图示位置时轴 3 的角速度 ω_3 与轴 1 的角速度 ω_1 以及角 α_A、α_B 的关系。

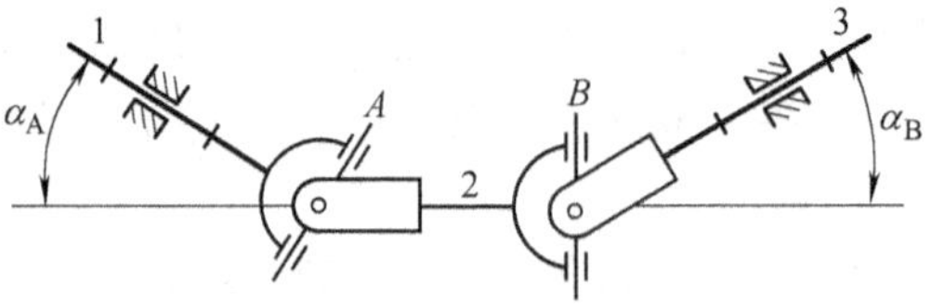

图　9-4

9-4　有一外啮合槽轮机构，已知槽轮槽数 $z=6$，槽轮的停歇时间为 1s，槽轮的运动时间为 2s。求槽轮机构的运动系数及所需的圆销数目。

9-5　某一单销六槽外槽轮机构，已知槽轮停时进行工艺动作，所需时间为 20s。试确定主动轮的转速。

9-6　某单销槽轮机构，槽轮的运动时间为 1s，静止时间为 2s，它的运动系数是多少？槽数是多少？

第 10 章　机械的运转及其速度波动的调节

10.1　教学基本要求

1）了解机械运转过程的三个阶段中，机械系统的功、能量和原动件运动速度的特点。

2）掌握建立单自由度机械系统等效动力学模型的基本思路和建立运动方程式的方法。

3）掌握等效力（力矩）、等效质量（转动惯量）、等效构件和等效动力学模型等基本概念和计算方法。

4）掌握机器运动方程式的两种表达形式（动能形式和力或力矩形式）和简单情况下的求解，以及力是机构位置函数时飞轮转动惯量的计算方法。

5）掌握飞轮调速的原理和飞轮设计的基本方法，了解非周期性速度波动的特点和调节方法。

10.2　本章重点和难点内容

本章的重点和难点是：等效质量、等效转动惯量、等效力、等效力矩的概念和计算方法；机械系统等效动力学模型的建立及其求解；力为机构位置函数时，飞轮转动惯量的计算方法；最大盈亏功的概念和求解方法。

1. 机械运转过程及其特征

一般机械运转过程都要经历起动、稳定运转、停车三个阶段。在起动阶段，生产阻力为零，驱动力所作的功用于增加机械的动能，机械的速度逐渐增加。稳定运转阶段分为等速稳定运转和周期变速稳定运转，等速稳定运转的 ω = 常数，周期变速稳定运转时每个周期起始位置的 ω 相同。停车阶段，一般已撤去驱动力，即驱动力矩为零。此时机械系统在阻力作用下，速度逐渐降低，直至最后停止。

2. 机械系统动力学模型的建立及求解

（1）机械系统动力学模型的建立　机械系统真实运动规律取决于作用在机械上的外力和各构件的质量和转动惯量。求解时一般是先根据动能定理建立机械运动方程式，即

$$dE = dW \tag{10-1}$$

但在式（10-1）中，同时涉及了多个构件的参数，求解十分不方便。为简化求解过程，可将一单自由度的机械系统转化为仅包含一个等效构件的等效动力学模型。

（2）等效动力学模型　所谓等效构件是指在机械系统中取一个转动构件，假想它具有等效转动惯量，其上作用有等效力矩。所谓等效动力学模型是指以等效构件建立的动力学模型。计算等效转动惯量、等效力矩时，可以根据等效构件的动能$\frac{1}{2}J\omega^2$ 与原机械系统的动能 $E = \sum_{i=1}^{n}\left(\frac{1}{2}J_{s_i}\omega_i^{\ 2} + \frac{1}{2}m_i v_{s_i}^{\ 2}\right)$相等，以及等效力矩的瞬时功率 $M\omega$ 与原机械系统所有外力的瞬

时功率之和 $P=\sum_{i=1}^{n}(F_iv_i\cos\theta_i+M_i\omega_i)$ 相等来求解，因此

等效转动惯量为

$$J_e=\sum_{i=1}^{n}m_i\left(\frac{v_{s_i}}{\omega}\right)^2+\sum_{i=1}^{n}J_{s_i}\left(\frac{\omega_i}{\omega}\right)^2 \tag{10-2}$$

等效力矩为

$$M_e=\sum_{i=1}^{n}F_i\cos\theta_i\left(\frac{v_i}{\omega}\right)+\sum_{i=1}^{n}\left(\pm M_i\frac{\omega_i}{\omega}\right) \tag{10-3}$$

如果取机械系统中的移动构件为等效构件，其动力学模型就是等效构件具有等效质量，其上作用有等效力。

等效质量为

$$m_e=\sum_{i=1}^{n}m_i\left(\frac{v_{s_i}}{v}\right)^2+\sum_{i=1}^{n}J_{s_i}\left(\frac{\omega_i}{v}\right)^2 \tag{10-4}$$

等效力为

$$F_e=\sum_{i=1}^{n}F_i\cos\alpha_i\left(\frac{v_i}{v}\right)+\sum_{i=1}^{n}\left[\pm M_i\left(\frac{\omega_i}{v}\right)\right] \tag{10-5}$$

（3）机械运动方程式及求解　建立等效动力学模型后，机械系统的运动方程式简化为

$$\mathrm{d}\left(\frac{J\omega^2}{2}\right)=M\omega\mathrm{d}t=M\mathrm{d}\varphi \tag{10-6}$$

对式（10-6）进行推演，可得力矩形式的机械运动方程式

$$J\frac{\mathrm{d}\omega}{\mathrm{d}t}+\frac{\omega^2}{2}\frac{\mathrm{d}J}{\mathrm{d}\varphi}=M \tag{10-7}$$

动能形式的机械运动方程式

$$\frac{1}{2}J\omega^2-\frac{1}{2}J_0\omega_0^{\ 2}=\int_{\varphi_0}^{\varphi}M\mathrm{d}\varphi \tag{10-8}$$

对于不同的机械系统，等效转动惯量是机构位置的函数（或常数），而等效力矩则可能是位置、速度或时间的函数。求解时，可视具体情况，利用式（10-6）、式（10-7）或式（10-8）来进行求解。

若等效力矩 $M=$ 常数，等效转动惯量 $J=$ 常数，则由式（10-7）得

$$\alpha=\frac{\mathrm{d}\omega}{\mathrm{d}t}=\frac{M}{J} \tag{10-9}$$

如果已知初始条件为当 $t=t_0$ 时，$\varphi=\varphi_0$，$\omega=\omega_0$，则得

$$\omega=\omega_0+\alpha t \tag{10-10}$$

$$\varphi=\varphi_0+\omega_0t+\frac{1}{2}\alpha t^2 \tag{10-11}$$

3. 机械运转的速度波动及其调节方法

（1）机械运转速度波动的原因　作用在机械上的驱动力（力矩）和阻力（力矩）通常是变化的。在某一瞬时，其所做的功一般是不相等的，即出现盈功和亏功，从而使机械的速度增加或减小，即产生速度波动。

若等效驱动力矩 M_d 和等效阻力矩 M_r 的变化是周期性的，在 M_d、M_r 和等效转动惯量 J 变

化的公共周期内，驱动力矩所做的功等于阻力矩所做的功，机械动能的增量为零，则等效构件的角速度在公共周期的始末是相等的，机械运转的速度波动将呈现周期性变化。

若等效驱动力矩 M_d 和等效阻力矩 M_r 的变化是非周期性的，则机械运转的速度波动将呈现非周期性变化。

（2）机械运转速度波动的调节方法

1）周期性速度波动的调节。可通过安装具有很大转动惯量的回转构件——飞轮来调节。装置飞轮的实质就是增加机械系统的转动惯量，飞轮在系统中的作用相当于一个容量很大的蓄能器。当系统出现盈功时，它将多余的能量以动能的形式储存起来，并使系统转速升高的幅度减小；反之，当系统出现亏功时，它将储存的动能释放出来以弥补能量的不足，并使系统转速下降的幅度减小。应强调的是，装置飞轮并不能保证机械转速的绝对不变，也不能解决非周期性速度波动的问题。

2）非周期性速度波动的调节。其调节原理就是设法使驱动力矩和阻力矩恢复平衡关系。对于选用电动机作为原动机的机械，其本身就具有自调性，即本身就可以使驱动力矩和工作阻力矩协调一致，能自动地建立能量平衡关系。而对于蒸汽机、内燃机等为原动机的机械，其调节非周期性速度波动的方法是安装调速器来实现。

4. 飞轮转动惯量的计算

（1）速度不均匀系数　机械周期性速度波动的程度可用机械运转速度不均匀系数 δ 来表示。δ 可由下式求得。

$$\delta=\frac{\omega_{\max}-\omega_{\min}}{\omega_m} \tag{10-12}$$

式中　ω_m——平均角速度，且 $\omega_m=(\omega_{\max}+\omega_{\min})/2$。

（2）飞轮转动惯量的计算　设计时，忽略机器中其余各构件等效转动惯量的可变部分，而将常量部分 J_C 与飞轮转动惯量 J_F 一起计算，得飞轮转动惯量的计算公式，即

$$J_F=\frac{\Delta W_{\max}}{\delta\omega_m^{\ 2}}-J_C=\frac{900\Delta W_{\max}}{\delta\pi^2n^2}-J_C\approx\frac{90\Delta W_{\max}}{\delta n^2}-J_C \tag{10-13}$$

式中　$\Delta W_{\max}$——最大盈亏功，$\Delta W_{\max}=\frac{1}{2}(J_C+J_F)(\omega_{\max}^{\ 2}-\omega_{\min}^{\ 2})=\Delta E_{\max}-\Delta E_{\min}$；

n——额定转速（r/min）；

J_C——常量部分。

（3）最大盈亏功 $\Delta W_{\max}$ 的计算　最大盈亏功是指机械系统在一个运动循环中动能变化的最大差值，其大小不一定等于系统盈功或亏功的最大值，应根据能量指示图来确定。

10.3　典型例题解析

例 10-1　如图 10-1 所示的行星轮系中，已知各轮的齿数为 $z_1=z_2=30$，$z_{2'}=20$，$z_3=60$。各构件的重心均在相对回转轴线上，其转动惯量为 $J_1=J_{2'}=0.02\ \text{kg}\cdot\text{m}^2$，$J_2=0.04\text{kg}\cdot\text{m}^2$，$J_H=0.25\text{kg}\cdot\text{m}^2$。行星轮的重量 $G_2=G_{2'}=20\text{N}$，模数均为 5mm。作用于系

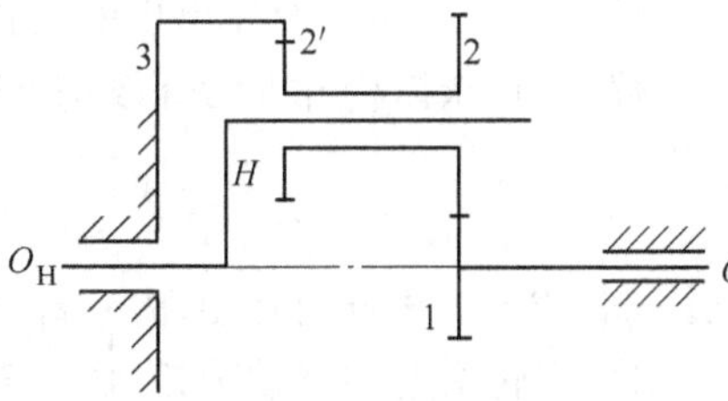

图　10-1

杆 H 上的力矩取 $M_H=50\text{N}\cdot\text{m}$。当取齿轮 1 为转化构件时，试求：

1）将 M_H 转化为构件 1 的 O_1 轴的等效力矩 M。

2）等效转动惯量 J（重力加速度 $g\approx10\text{m/s}^2$）。

解 1）求 M。由等效力矩原理 $M=M_H\left(\frac{\omega_H}{\omega_1}\right)$，求 $\frac{\omega_H}{\omega_1}$。

由于 $i_{13}^H=\frac{\omega_1-\omega_H}{\omega_3-\omega_H}=-\frac{z_2z_3}{z_1z_{2'}}$，　$\omega_3=0$，　$\frac{\omega_1}{\omega_H}=1+\frac{30\times60}{30\times20}=4$

故 $\frac{\omega_H}{\omega_1}=\frac{1}{4}$，$M=50\times\frac{1}{4}\text{N}\cdot\text{m}=12.5\text{N}\cdot\text{m}$

2）求 J。由等效转动惯量公式 $J=\sum J_i\left(\frac{\omega_i}{\omega}\right)^2+\sum m_i\left(\frac{v_i}{\omega}\right)^2$ 得

$$J=J_1+J_2\left(\frac{\omega_2}{\omega_1}\right)^2+m_2\left(\frac{v_{02}}{\omega_1}\right)^2+J_{2'}\left(\frac{\omega_2}{\omega_1}\right)^2+m_{2'}\left(\frac{v_{02}}{\omega_1}\right)^2+J_H\left(\frac{\omega_H}{\omega_1}\right)^2$$

$$\frac{\omega_{2'}-\omega_H}{\omega_3-\omega_H}=\frac{z_3}{z_{2'}}=\frac{60}{20}=3$$

由于

$$\frac{\omega_{2'}}{\omega_H}=1-3=-2$$

$$\frac{\omega_2}{\omega_H}=-2$$

所以

$$\frac{\omega_2}{\omega_1}=\frac{\omega_2}{\omega_H}\frac{\omega_H}{\omega_1}=-2\times\frac{1}{4}=-\frac{1}{2}$$

因为

$$v_{02}=\omega_H l_{0201}$$

所以

$$l_{0201}=\frac{1}{2}m\ (z_1+z_2)=\frac{5}{2}\times(30+30)\text{mm}=150\text{mm}$$

故

$$J=J_1+(J_2+J_{2'})\left(\frac{\omega_2}{\omega_1}\right)^2+2\left(\frac{G_2}{g}\right)\left(\frac{\omega_H l_{0201}}{\omega_1}\right)^2+J_H\left(\frac{\omega_H}{\omega_1}\right)^2=0.056\text{kg}\cdot\text{m}^2$$

例 10-2 如图 10-2 所示的齿轮传动中，已知 $z_1=20$，$z_2=40$，轮 1 为主动轮，在轮 1 上施加力矩 $M_1=$ 常数，作用在轮 2 上的阻力矩 M_2 的变化规律如图 10-2a 所示。两齿轮对各自回转中心的转动惯量分别为 $J_1=0.01\text{kg}\cdot\text{m}^2$，$J_2=0.02\text{kg}\cdot\text{m}^2$。轮 1 的平均角速度为 $\omega_m=100\text{rad/s}$。若已知运转速度不均匀系数 $\delta=0.02$，试求：

1）画出以构件 1 为等效构件时的等效阻力矩 $M_r-\varphi_1$ 图。

2）求 M_1 的值。

3）求飞轮装在 I 轴上时的转动惯量 J_F，并说明飞轮装在轴 I 上好还是装在轴 II 上好。

4）求 ω_{max}、ω_{min} 及其出现的位置。

解 1）求以构件 1 为等效构件时的等效阻力矩 M_r。

$$M_r=M_2\left(\frac{\omega_2}{\omega_1}\right)=\frac{1}{2}M_2$$

又因 $\varphi_1=2\varphi_2$，由此可作出 $M_r-\varphi_1$ 图，如图 10-2b 所示。

2）求轮 1 上的驱动力矩 M_1。对轮 1 来说，等效驱动力矩 $M_d=M_1$。在一个周期（即 4π）内，总驱动功应等于

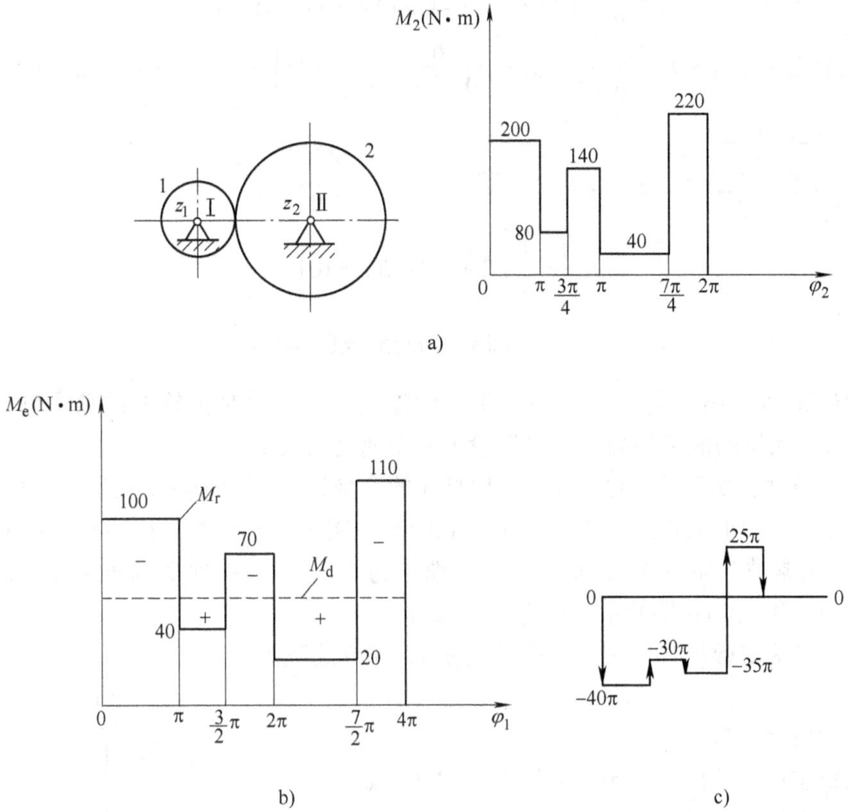

图 10-2

$$M_d 4\pi = 100\pi + 40 \times \frac{\pi}{2} + 70 \times \frac{\pi}{2} + 20 \times \frac{3\pi}{2} + 110 \times \frac{\pi}{2}$$

得

$$M_1 = M_d = 60\text{N} \cdot \text{m}$$

3）求 J_F。因 J_F与 ω_m的平方成反比，所以 ω_m越大，所求得的飞轮的 J_F将越小，飞轮的尺寸和重量将大大减小，所以飞轮一般应安装在高速轴上，即装在轴 Ⅰ 上。

以轮 1 为等效构件时，等效转动惯量 J_e为

$$J_e = J_1 + J_2\left(\frac{\omega_2}{\omega_1}\right)^2 = 0.015\text{kg} \cdot \text{m}^2$$

一个周期内，各阶段的盈、亏功为

$0 \sim \pi$ 内为亏功，$\Delta W_1 = (100 - 60)\pi\text{N} \cdot \text{m} = 40\pi\text{N} \cdot \text{m}$

$\pi \sim \frac{3}{2}\pi$ 内为盈功，$\Delta W_2 = \frac{(60 - 40)\ \pi}{2}\text{N} \cdot \text{m} = 10\pi\text{N} \cdot \text{m}$

$\frac{3}{2}\pi \sim 2\pi$ 内为亏功，$\Delta W_3 = \frac{(70 - 60)\ \pi}{2}\text{N} \cdot \text{m} = 5\pi\text{N} \cdot \text{m}$

$2\pi \sim \frac{7}{2}\pi$ 内为盈功，$\Delta W_4 = \frac{(60 - 20)\ 3\pi}{2}\text{N} \cdot \text{m} = 60\pi\text{N} \cdot \text{m}$

$\frac{7}{2}\pi \sim 4\pi$ 内为亏功，$\Delta W_5 = \frac{(110 - 60)\ \pi}{2}\text{N} \cdot \text{m} = 25\pi\text{N} \cdot \text{m}$

画出一个周期内的能量指示图如图 10-2c 所示，可求得最大盈亏功为

$$\Delta W_{max} = (25\pi - (-40\pi))\text{N·m} = 65\pi\text{N·m}$$

飞轮的转动惯量为 $J_F = \dfrac{\Delta W_{max}}{\delta\omega_m^2} - J_e = \left(\dfrac{65\pi}{0.02\times100} - 0.015\right)\text{kg·m}^2 = 1.0055\text{kg·m}^2$

4）求 ω_{max}、ω_{min}

因 $\omega_m = \dfrac{\omega_{max} + \omega_{min}}{2}$，而 $\delta = \dfrac{\omega_{max} - \omega_{min}}{\omega_m}$，

所以

$$\omega_{max} = \frac{1}{2}(2\omega_m + \omega_m\delta) = 101\text{rad/s}$$

$$\omega_{min} = \frac{1}{2}(2\omega_m - \omega_m\delta) = 99\text{rad/s}$$

由图 10-2c 可得出，当 $\varphi_1 = \pi$ 时，系统的能量最低，此时齿轮 1 的角速度最低；而当 $\varphi_1 = 7\pi/2$ 时，系统的能量最高，此时齿轮 1 的角速度最大。

例 10-3 在图 10-3 所示的机构中，导杆 3 的质量为 m_3，曲柄 AB 长为 r，导杆 3 的速度 $v_3 = \omega_1 r\sin\theta$，$\omega_1$ 为曲柄的角速度。$\theta = 0° \sim 180°$时，阻力 F = 常数；$\theta = 180° \sim 360°$，$F = 0$。驱动力矩 M 为常数。曲柄 AB 绕轴 A 的转动惯量为 J_{A1}，不计构件 2 的质量及各运动副中的摩擦。设在 $\theta = 0°$时，曲柄的角速度为 ω_0。试求：

1）取曲柄为等效构件时的等效驱动力矩 M_d 和等效阻力矩 M_r。

2）等效转动惯量 J。

3）在稳定运转阶段，作用在曲柄上的驱动力矩 M。

4）写出机构的运动方程式。

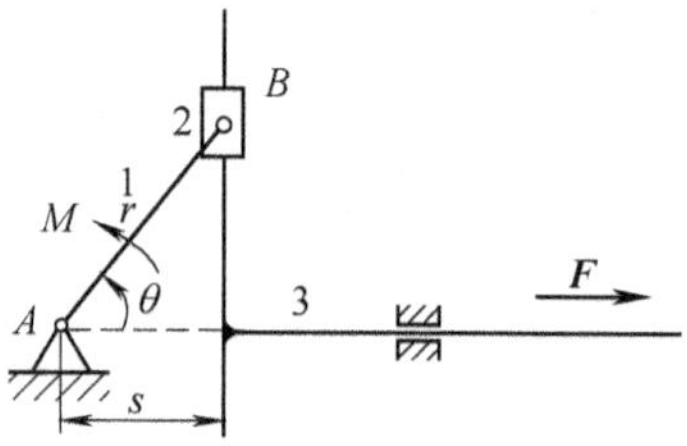

图 10-3

解 1）驱动力矩 M 作用在等效构件上。

$$M_d = M$$

且其他构件上无驱动力矩，故有阻力 F 的等效阻力矩

$$\begin{cases} M_r = Fv_3/\omega_1 = Fr\sin\theta(0° \leqslant \theta \leqslant 180°) \\ M_r = 0(180° \leqslant \theta \leqslant 360°) \end{cases}$$

2）等效转动惯量。$J = J_{A1} + m_3 r^2 \sin^2\theta$

3）稳定运转阶段，作用在曲柄上的驱动力矩 M。

由 $M2\pi = F2r$，可得 $M = Fr/\pi$。

4）机构的运动方程式为

$$\int_0^\theta (M_d - M_r)\mathrm{d}\theta = \frac{1}{2}J\theta\omega^2 - \frac{1}{2}J_0\theta\omega_0^2$$

例 10-4 已知某机械一个稳定运动循环内的等效阻力矩 M_r 如图 10-4 所示，等效驱动力矩 M_d 为常数，等效构件的最大及最小角速度分别为：$\omega_{max} = 200\text{rad/s}$，$\omega_{min} = 180\text{rad/s}$。试求：

1）等效驱动力矩 M_d 的大小。

2）运转速度不均匀系数 δ。

3）当要求 δ 在 0.05 范围内，并不计其余构件的转动惯量时，应装在等效构件上的飞轮的转动惯量 J_F。

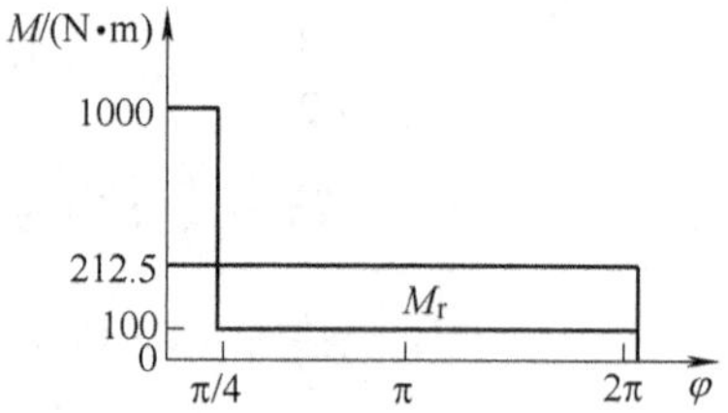

图 10-4

解　1）根据“一个周期中等效驱动力矩的功和阻力矩的功相等”来求等效驱动力矩。

由
$$\int_0^{2\pi} M_d \mathrm{d}\varphi = \int_0^{2\pi} M_r \mathrm{d}\varphi$$

得
$$M_d = \frac{1}{2\pi}\left(1000 \times \frac{\pi}{4} + 100 \times \frac{7\pi}{4}\right)\mathrm{N \cdot m} = 212.5\mathrm{N \cdot m}$$

2）求 δ。

$$\omega_m = \frac{\omega_{max} + \omega_{min}}{2} = \frac{200 + 180}{2}\mathrm{rad/s} = 190\mathrm{rad/s}$$

$$\delta = \frac{\omega_{max} - \omega_{min}}{\omega_m} = \frac{200 - 180}{190} = 0.105$$

3）求出最大盈亏功后的飞轮转动惯量。

由
$$\Delta W_{max} = (212.5 - 100)\frac{7\pi}{4}\mathrm{J} = 618.5\mathrm{J}$$

所以
$$J_F = \frac{\Delta W_{max}}{\delta {\omega_m}^2} = \frac{618.5}{190^2 \times 0.105}\mathrm{kg \cdot m^2} = 0.3427\mathrm{kg \cdot m^2}$$

10.4　习题

10-1　如图 10-5 所示导杆机构中，已知 $l_{AB} = 240\mathrm{mm}$，$l_{BC} = 750\mathrm{mm}$，$\varphi = 30°$，摆动导杆 2 对回转轴 B 的转动惯量 $J_B = 0.4\mathrm{kg \cdot m^2}$，作用于构件 2 上的阻力矩 $M_2 = 45\mathrm{N \cdot m}$，其他构件的质量可忽略不计。当取曲柄 1 为转化构件时，试求机构的等效阻力矩 M_r及等效转动惯量 J。

10-2　图 10-6 所示为作用在多缸发动机曲柄上的驱动力矩 M_d和阻力矩 M_r的变化曲线，其阻力矩等于常数，驱动力矩曲线与阻力矩曲线围成的面积（$\mathrm{mm^2}$）依次为 +580，－320，+390，－520，+190，－390，+260 及－190。该图的比例尺 $\mu_M = 100\mathrm{N \cdot m/mm}$。$\mu_\varphi = 0.01\mathrm{rad/mm}$。设曲柄平均转速为 120r/min，瞬时角速度不超过其平均角速度的 ±3%，求安装在该曲柄轴上飞轮的转动惯量。

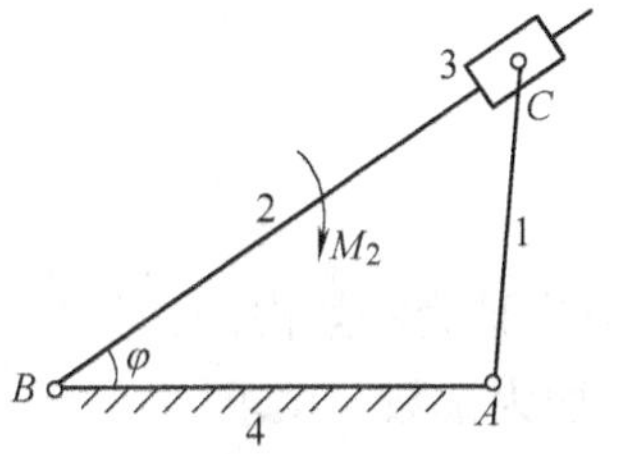

图　10-5

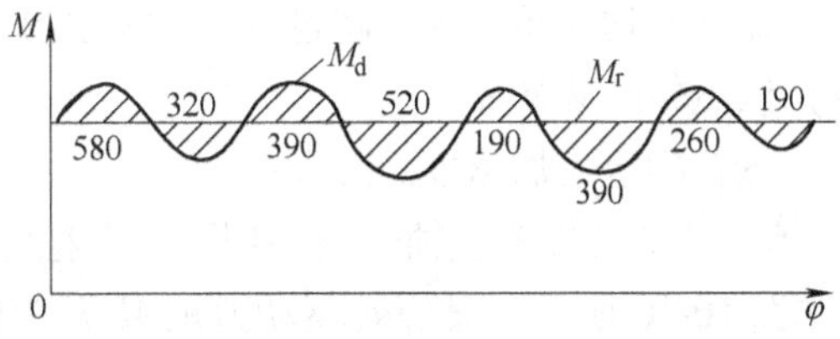

图　10-6

10-3　如图 10-7 所示为某机械转化到主轴上的等效阻力矩 M_r在一个工作循环中的变化规律。设等效驱动力矩 M_d为常数，主轴转速 $n = 300\mathrm{r/min}$。若运转不均匀系数 δ 不超过 0.1，试求安装在主轴上飞轮的转动惯量 J_F和机械所需的驱动功率 P（机械中其他各构件的等效转动惯量均略去不计）。

10-4　如图 10-8 所示为定轴齿轮传动机构，已知作用于齿轮 3 上的力矩 $M_3 = 32\mathrm{N \cdot m}$，各轮齿数为 $z_1 = 40$，$z_2 = 20$，$z_{2'} = 48$，$z_3 = 60$，齿轮 1 回转方向如图所示。各轮的转动惯量

为：$J_1=0.1\text{kg}\cdot\text{m}^2$，$J_2=0.05\text{kg}\cdot\text{m}^2$，$J_{2'}=0.15\text{kg}\cdot\text{m}^2$，$J_3=0.24\text{kg}\cdot\text{m}^2$。开始运动瞬时齿轮 1 角速度为零。求经过 3s 后齿轮 1 的角速度。

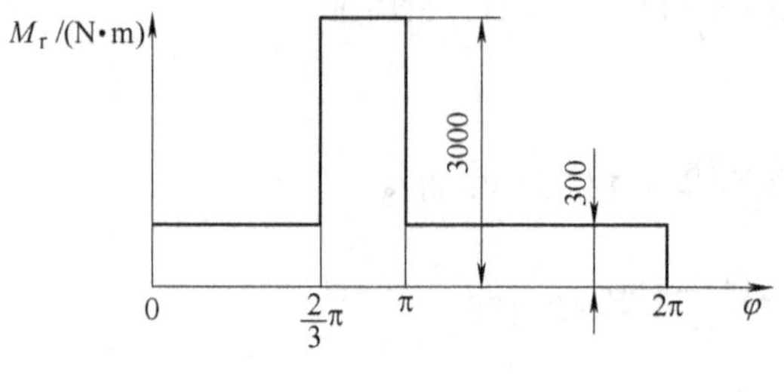

图 10-7

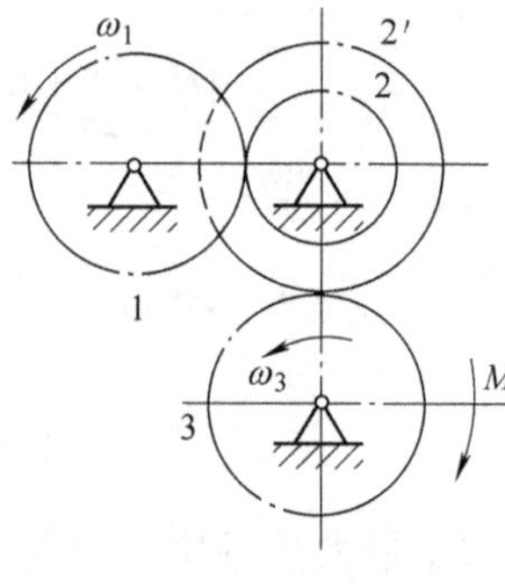

图 10-8

10-5 如图 10-9 所示，将机组的力和质量都等效到曲柄 AB 上的 B 点处。在机组稳定运动时，它的一个运动循环对应于轴的一转。已知切向等效阻力 F_r 是点 B 行程 s_B 的函数，$F_r=F_r(s_B)$；切向等效驱动力矩 F_d 在稳定运动中为常数；机组各构件质量的等效质量 $m=150\text{kg}=$ 常数；等效点的平均速度 $v_B=2.5\text{m/s}$；曲柄的长度 $l_{AB}=100\text{mm}$，装在轴 A 上的轮形飞轮的平均直径 $d=500\text{mm}$。求：

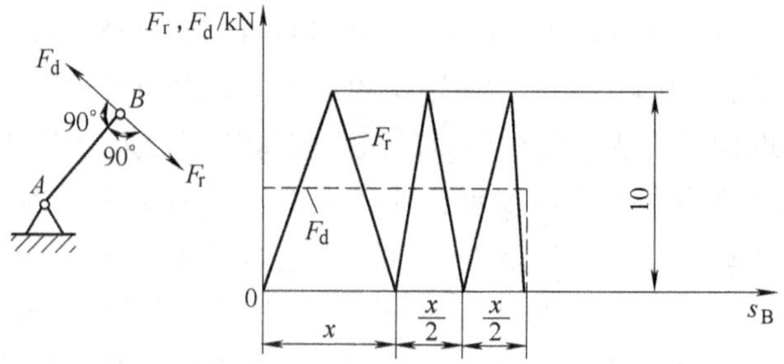

图 10-9

1）保证不均匀系数 δ 不超过 0.05 的飞轮转动惯量 J_F。

2）该飞轮的质量 m。

3）飞轮的最大加速度 α_{max}。

10-6 已知某机器主轴转动一周为一个稳定运动循环，取主轴为等效构件，其等效阻力矩 M_r 如图 10-10 所示。设等效驱动力矩 M_d 及等效转动惯量 J 均为常数。试求：

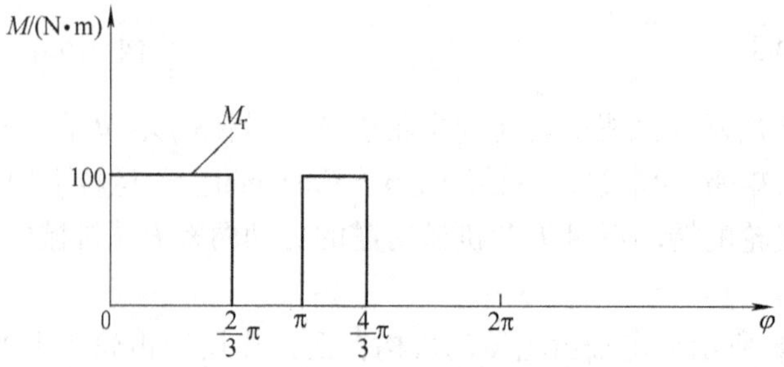

图 10-10

1）最大盈亏功，并指出最大和最小角速度 ω_{max}、ω_{min} 出现的位置。

2）说明减小速度波动可采取的方法。

3）设主轴的平均角速度 $\omega = 100\text{rad/s}$，在主轴上装一个转动惯量 $J_F = 0.5235\text{kg}\cdot\text{m}^2$ 的飞轮，试求运转不均匀系数 δ。

10-7　图 10-11 所示一周转轮系，已知各轮齿数 $z_1 = z_{2'} = 20$，$z_2 = z_3 = 40$；各轮对其中心的转动惯量为 $J_1 = 0.01\text{ kg}\cdot\text{m}^2$，$J_2 = 0.04\text{kg}\cdot\text{m}^2$，$J_{2'} = 0.01\text{kg}\cdot\text{m}^2$；系杆对其转轴 O_H 的转动惯量 $J_H = 0.18\text{kg}\cdot\text{m}^2$；两行星轮的重量 $G_2 = 20\text{N}$，$G_{2'} = 40\text{N}$，重力加速度 $g \approx 10\text{m/s}^2$；模数均为 $m = 10\text{mm}$；作用在系杆 H 上的力矩 $M_H = 60\text{N}\cdot\text{m}$。选取齿轮 1 的轴 O_1 为等效构件，求把 M_H 折算到轴 O_1 上的等效力矩 M 和等效转动惯量 J。

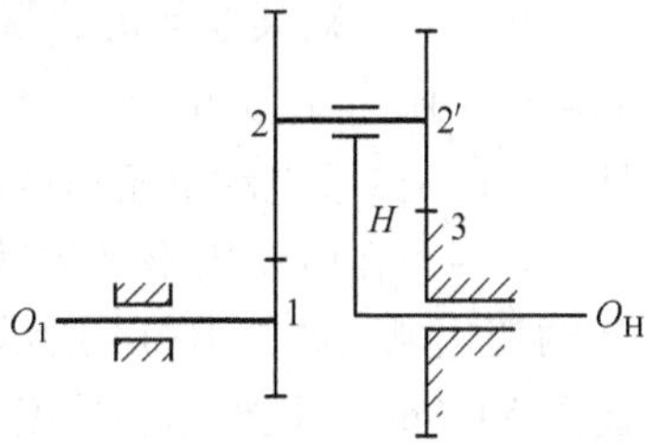

图　10-11

10-8　如图 10-12 所示，已知某机械一个稳定运动循环内的等效阻力矩 M_r，等效驱动力矩 M_d 为常数，并已知等效构件的最大和最小角速度分别为 $\omega_{max} = 200\text{rad/s}$，$\omega_{min} = 180\text{rad/s}$。试求：

1）等效驱动力矩 M_d 的值。

2）当不计其余构件的转动惯量时，应装在等效构件上的飞轮的转动惯量 J_F 的值。

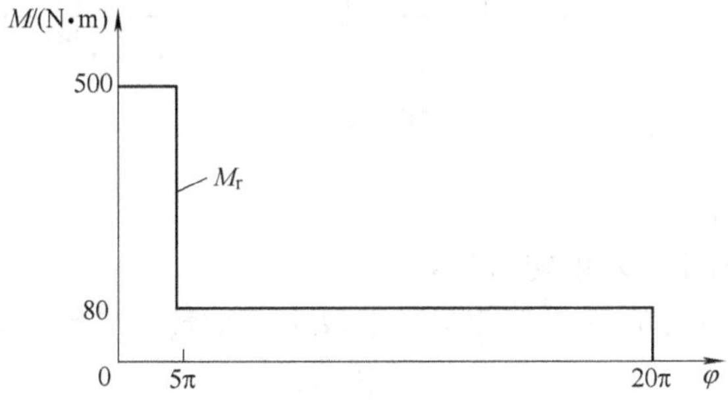

图　10-12

10.5　综合测试题

10-1　填空题

（1）在建立机械系统的等效动力学模型时，其等效的条件是________和____；等效力和等效质量与机构的真实运动速度的大小________。

（2）计算等效力（或力矩）的条件是________；计算等效转动惯量（或质量）的条件是________。

（3）机器产生速度波动的主要原因________；速度波动类型有________和________两种。

（4）为了减小飞轮的重量和尺寸，应将飞轮装在________轴上。

（5）周期性速度波动和非周期性速度波动的调节方法是________和________。

10-2　如图10-13所示为一导杆机构，已知 $l_{AB}=100\text{mm}$，$\varphi_1=90°$，$\varphi_3=30°$；导杆3对C轴的转动惯量 $J_C=0.016\text{kg}\cdot\text{m}^2$，作用在导杆3上的阻力矩 $M_3=10\text{N}\cdot\text{m}$；其他构件质量忽略不计。取曲柄1为等效构件，求折算到曲柄1上的等效阻力矩M和等效转动惯量J。

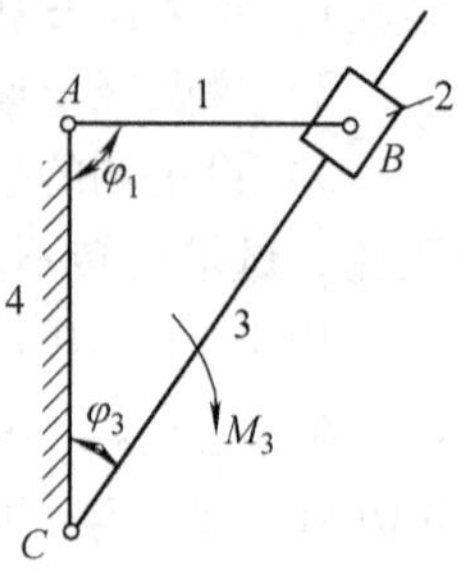

图　10-13

10-3　已知某电动机的驱动力矩 $M_d=(1000-25\omega)\text{N}\cdot\text{m}$，用它来驱动一个阻力矩为 $M_r=200\text{N}\cdot\text{m}$ 的齿轮减速器，其等效转动惯量$J=5\text{kg}\cdot\text{m}^2$。试求电动机角速度从0增至5rad/s时需多长时间？

10-4　在电动机驱动的剪床中，已知作用在剪床主轴上的阻力矩M_r的变化规律如图10-14所示。设驱动力矩M_d等于常数，剪床主轴转速为60r/min，机械运转速度不均匀系数$\delta=0.15$。求：

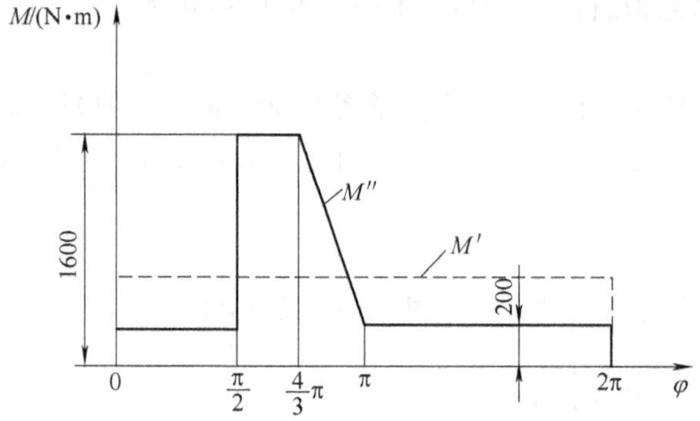

图　10-14

1）驱动力矩M_d数值。

2）所需安装在主轴上飞轮的转动惯量J_F。

10-5　某机器的等效力矩M_d、等效阻力矩M_r和等效转动惯量J_e如图10-15所示。试求：

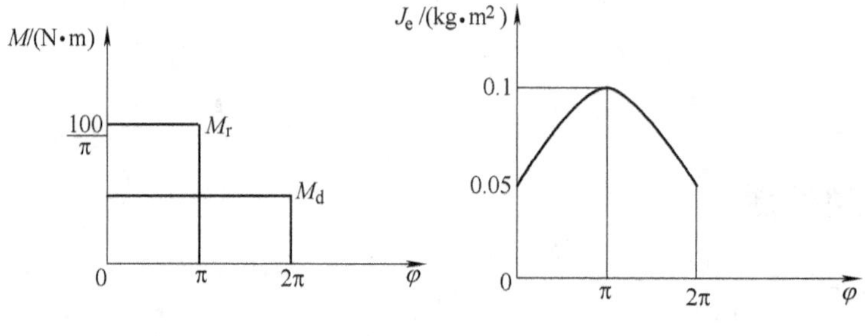

图　10-15

1）此等效构件能否做周期性速度波动，为什么？

2）假设当$\varphi=0°$时等效构件的角速度为100rad/s，试求该等效构件角速度ω_{max}、ω_{min}的值，并指出其出现的位置。

3）求该机器的运转速度不均匀系数δ。

第 11 章　机械的平衡

11.1　教学基本要求

1）了解机械平衡的目的与分类，掌握机械平衡的方法。

2）熟练掌握刚性转子的静平衡和动平衡的设计方法。

3）了解静平衡和动平衡试验的原理及方法。

4）了解挠性转子的特点及其与刚性转子的主要区别。

11.2　本章重点和难点内容

本章重点和难点内容是刚性转子的静平衡和动平衡的设计计算。

机械平衡的目的是通过研究机械中惯性力的变化规律，采用平衡设计和平衡试验的方法对惯性力加以平衡，以改善机械工作性能并延长其使用寿命。

1. 刚性转子的平衡设计

根据转子轴向尺寸的大小，可将刚性转子的平衡设计分为两类。

（1）静平衡设计　当 $D/b \geqslant 5$ 时，转子上的各个偏心质量可视为分布在同一回转平面内，其惯性力的平衡问题实质上是一个平面汇交力系的平衡问题。平衡质量的大小可用矢量图解法求得，即根据平衡方程 $m\boldsymbol{r}_b + \sum m_i\boldsymbol{r}_i = 0$，求出所需平衡质量的质径积 $m_b\boldsymbol{r}_b$ 的大小和方向，确定 $\boldsymbol{r}_b$ 后，即可得到 m_b。

（2）动平衡设计　当 $D/b < 5$ 时，转子轴向尺寸较大，其质量不能再视为分布在同一平面内，而是分布在不同的平面内，其惯性力的平衡问题实质上是一个空间力系的平衡问题。把分布在不同平面内的偏心质量分解到与其离心惯性力相平行的两个任选平面内，在选定平面上加减平衡质量，使这两平面内惯性力之和均为零，转子就完全平衡了。对这两个选定平面上的平衡质量大小和方位的计算与静平衡计算完全相同。

求解出平衡质量之后，则需要在该零件图的相应位置添加或在相反方向减去这一平衡质量。

2. 刚性转子平衡试验

经平衡设计后生产出来的转子通常需进行平衡试验。$D/d \geqslant 5$ 时，可在平衡架上进行静平衡试验，$D/d < 5$ 时，则需在动平衡机上进行动平衡试验。

3. 转子的许用不平衡量

有两种表示方法，即质径积表示法和偏心距表示法。两者关系为

$$m[\boldsymbol{e}] = [m'\boldsymbol{r}'] \text{或} [\boldsymbol{e}] = [m'\boldsymbol{r}']/m$$

对静不平衡的转子，许用不平衡量为直接用上式计算的值。

对动不平衡的转子，应将求出的许用不平衡质径积 $[m'\boldsymbol{r}']$ 分配到两个平衡面上。

4. 平面机构的平衡原理与方法

对于机构中作往复运动和平面复合运动的构件，其在运动中产生的惯性力不能在构件本身上予以平衡，必须就整个机构加以平衡。学习本章时，只要求读者掌握平面机构（主要是四杆机构）惯性力的平衡方法。了解机构惯性力完全平衡和部分平衡的特点及对称机构平衡法。

11.3 典型例题解析

例 11-1 如图 11-1 所示盘状滚子上有两个不平衡质量 $m_1=1.5\text{kg}$，$m_2=0.8\text{kg}$，其回转半径 $r_1=140\text{mm}$，$r_2=180\text{mm}$，方位如图 11-1a 所示。试求所需挖去质量的大小和方位（设挖去质量处半径 $r_b=140\text{mm}$）。

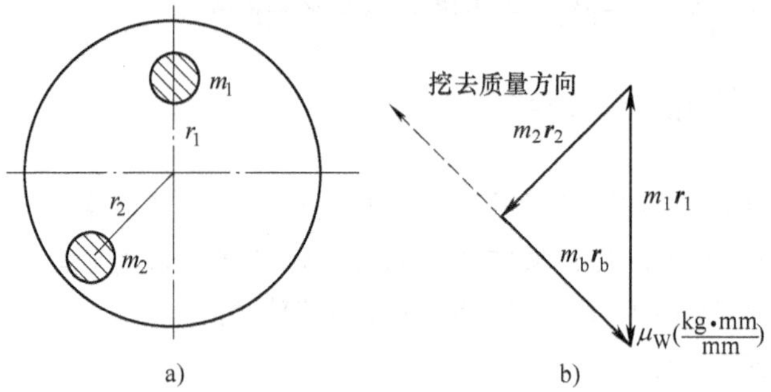

图 11-1

解 1）求出各不平衡质量的质径积。即

$$m_1r_1=210\text{kg}\cdot\text{mm},\ m_2r_2=144\text{kg}\cdot\text{mm}$$

2）列出静平衡矢量方程。

静平衡条件为 $$m_1\boldsymbol{r}_1+m_2\boldsymbol{r}_2+m_b\boldsymbol{r}_b=0$$

3）按比例作图 11-1b，解得 $m_b\boldsymbol{r}_b=140\text{kg}\cdot\text{mm}$

应加平衡质量为 $$m_b=140/140\text{kg}=1\text{kg}$$

挖去的质量应在 $m_b\boldsymbol{r}_b$ 矢量的反方向 140mm 处挖去 1kg 质量。

例 11-2 如图 11-2a 所示为一装有带轮的滚筒轴。已知带轮上有一不平衡质量 $m_1=0.5\text{kg}$，滚筒上有三个不平衡质量 $m_2=m_3=m_4=0.4\text{kg}$，其回转半径 $r_1=80\text{mm}$，$r_2=r_3=r_4=100\text{mm}$，各不平衡质量的分布如图 11-2a 所示。试对该滚筒进行动平衡设计。

解 1）选择滚筒轴的两个端面 T'、T'' 为平衡面。将不平衡质量 m_1、m_2、m_3、m_4 分别分解到平衡平面 T'、T'' 上。在 T' 平面内

$$m_1'=600/460\times0.5\text{kg}=0.652\text{kg}$$
$$m_2'=420/460\times0.4\text{kg}=0.365\text{kg}$$
$$m_3'=200/460\times0.4\text{kg}=0.174\text{kg}$$
$$m_4'=100/460\times0.4\text{kg}=0.087\text{kg}$$

在 T'' 平面内

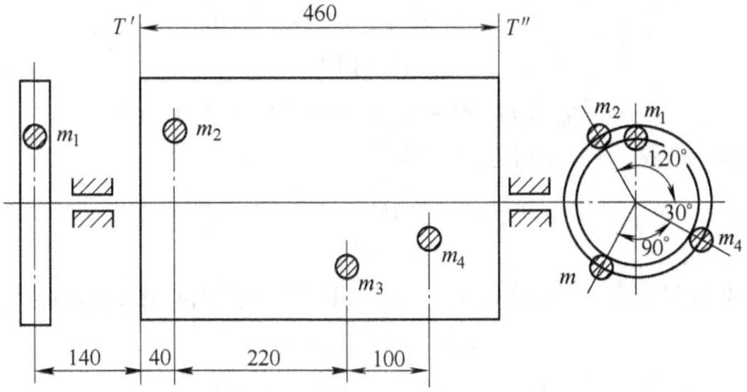

a)

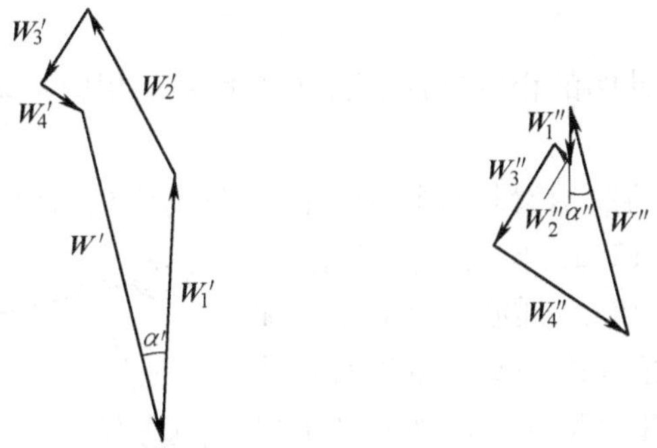

b)　　　　c)

图　11-2

$$m_1'' = -140/460 \times 0.5\text{kg} = -0.152\text{kg}$$

$$m_2'' = 40/460 \times 0.4\text{kg} = 0.035\text{kg}$$

$$m_3'' = 260/460 \times 0.4\text{kg} = 0.226\text{kg}$$

$$m_4'' = 360/460 \times 0.4\text{kg} = 0.313\text{kg}$$

2）计算各不平衡质径积的大小。

$$\boldsymbol{W}_1' = m_1'\boldsymbol{r}_1 = 0.652 \times 80\text{kg} \cdot \text{mm} = 52.16\text{kg} \cdot \text{mm}$$

$$\boldsymbol{W}_1'' = m_1''\boldsymbol{r}_1 = -0.152 \times 80\text{kg} \cdot \text{mm} = -12.16\text{kg} \cdot \text{mm}$$

$$\boldsymbol{W}_2' = m_2'\boldsymbol{r}_2 = 0.365 \times 100\text{kg} \cdot \text{mm} = 36.5\text{kg} \cdot \text{mm}$$

$$\boldsymbol{W}_2'' = m_2''\boldsymbol{r}_2 = 0.035 \times 100\text{kg} \cdot \text{mm} = 3.5\text{kg} \cdot \text{mm}$$

$$\boldsymbol{W}_3' = m_3'\boldsymbol{r}_3 = 0.174 \times 100\text{kg} \cdot \text{mm} = 17.4\text{kg} \cdot \text{mm}$$

$$\boldsymbol{W}_3'' = m_3''\boldsymbol{r}_3 = 0.226 \times 100\text{kg} \cdot \text{mm} = 22.6\text{kg} \cdot \text{mm}$$

$$\boldsymbol{W}_4' = m_4'\boldsymbol{r}_4 = 0.087 \times 100\text{kg} \cdot \text{mm} = 8.7\text{kg} \cdot \text{mm}$$

$$\boldsymbol{W}_4'' = m_4''\boldsymbol{r}_4 = 0.313 \times 100\text{kg} \cdot \text{mm} = 31.3\text{kg} \cdot \text{mm}$$

3）确定平衡平面 T'、T''上需加的平衡质量。m_b'、m_b''的质径积 $m_b'\boldsymbol{r}_b'$及 $m_b''\boldsymbol{r}_b''$的大小及方向可由下式求得

对平面 T'　　$m_b'\boldsymbol{r}_b' + m_1'\boldsymbol{r}_1 + m_2'\boldsymbol{r}_2 + m_3'\boldsymbol{r}_3 + m_4'\boldsymbol{r}_4 = 0$

取比例尺 $\mu_W = 1\text{kg} \cdot \text{mm/mm}$，作图 11-2b 可得

$$m_b'\boldsymbol{r}_b' = \boldsymbol{W}'\mu_W = 67\text{kg}\cdot\text{mm}$$

方向为 $\alpha' = 17°$

对平面 T'' $m_b''\boldsymbol{r}_b'' + m_1''\boldsymbol{r}_1 + m_2''\boldsymbol{r}_2 + m_3''\boldsymbol{r}_3 + m_4''\boldsymbol{r}_4 = 0$

同样取 $\mu_W = 1\text{kg}\cdot\text{mm/mm}$，作图 11-2c 可得

$$m_b''\boldsymbol{r}_b'' = \boldsymbol{W}''\mu_W = 45\text{kg}\cdot\text{mm}$$

方向为 $\alpha'' = 18°$

4）确定平衡质量的大小。先确定 r_b'、r_b''，便可计算出平衡质量 m_b'、m_b''。

设定 $\boldsymbol{r}_b' = \boldsymbol{r}_b'' = 100\text{mm}$

可得 $m_b' = 0.67\text{kg}$，$m_b'' = 0.45\text{kg}$

由上述平衡方程式算出平衡质量的方位均为增加质量时的方位，如需去除质量应在所求方位角上加上 180°。

5）根据计算结果，在设计图的相应位置添加（或减少）相应平衡质量，即可完成平衡设计。

例 11-3 在图 11-3 所示的曲柄滑块机构中，已知各构件的尺寸为 $l_{AB} = 100\text{mm}$，$l_{BC} = 400\text{mm}$，连杆 2 的质量 $m_2 = 12\text{kg}$，质心 C_2 在 $l_{BC2} = l_{BC}/3$ 处；滑块 3 的质量 $m_3 = 20\text{kg}$，质心在点 C 处；曲柄 1 的质心与点 A 重合。今欲利用平衡质量法对该机构进行平衡。试问若对机构进行完全平衡和只平衡滑块 3 处往复惯性力的 50% 时，需加多大的平衡质量（取 $l_{BC'} = l_{AC''} = 50\text{mm}$）及平衡质量应加在什么地方？

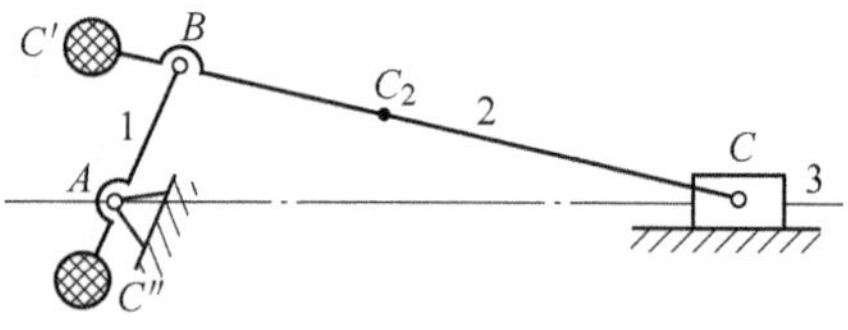

图 11-3

解 1）完全平衡。需两个平衡质量，各加在连杆点 C' 和曲柄点 C'' 处的平衡质量大小为

$$m_b' = \frac{m_2 l_{BC2} + m_3 l_{BC}}{l_{BC'}} = (12\times40/3 + 20\times40)/5\text{kg} = 192\text{kg}$$

$$m_b'' = \frac{(m_b' + m_2 + m_3)\ l_{AB}}{l_{AC''}} = (192 + 12 + 20)\ \times10/5\text{kg} = 448\text{kg}$$

2）部分平衡。需一个平衡质量，应加在曲柄延长线上点 C'' 处。平衡质量的大小用 B、C 为代换点将连杆质量作静代换得

$$m_{2B} = m_2 l_{CC2}/l_{BC} = 12\times2/3\text{kg} = 8\text{kg}$$

$$m_{2C} = m_2 l_{BC2}/l_{BC} = 12/3\text{kg} = 4\text{kg}$$

$$m_B = m_{2B} = 8\text{kg}$$

$$m_C = m_{2C} + m_3 = 24\text{kg}$$

故平衡质量为

$$m = (m_B + \frac{1}{2}m_C)\,l_{AB}/l_{AC''} = \frac{(8 + 24/2)\times10}{5}\text{kg} = 40\text{kg}$$

3）两种平衡方法各需加的总平衡质量（表 11-1）

表 11-1

平衡方法	完全平衡	部分平衡
总平衡质量/kg	640	40

11.4　习题

11-1　在图11-4所示的盘形转子中，有四个偏心质量位于同一回转平面内，其大小及回转半径分别为 $m_1=5\text{kg}$，$m_2=7\text{kg}$，$m_3=8\text{kg}$，$m_4=10\text{kg}$，$r_1=r_4=10\text{cm}$，$r_2=20\text{cm}$，$r_3=15\text{cm}$，方位如图11-4所示。又设平衡质量 m_b 的回转半径 $r_b=15\text{cm}$。试求平衡质量 m_b 的大小及方位。

11-2　图11-5所示为一用于航空燃气轮机的转子，其质量为100kg，其质心至两平衡平面Ⅰ及Ⅱ的距离分别为 $l_1=200\text{mm}$，$l_2=800\text{mm}$，转子的转速为 $n=9000\text{r/min}$。试确定：

1）此刚性转子的平衡品质等级。

2）在平衡平面Ⅰ、Ⅱ内许用不平衡质径积。

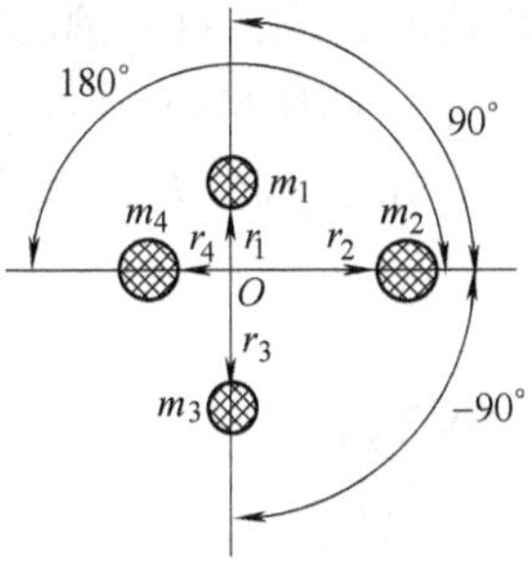

图　11-4

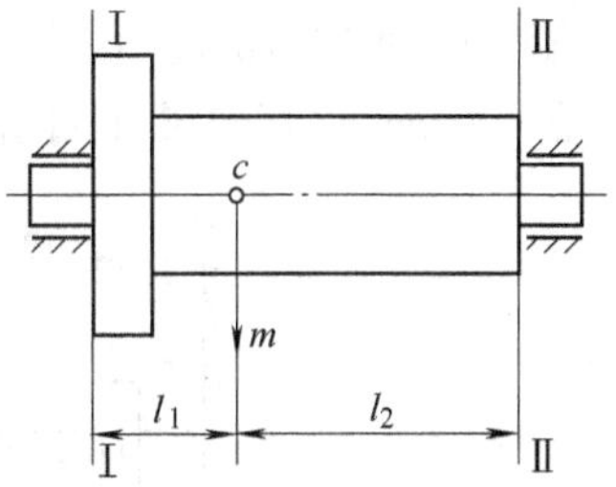

图　11-5

11-3　图11-6所示有四个偏心质量：$m_1=m_2=m_3=2\text{kg}$，$m_4=1\text{kg}$（均与 y 轴平行），绕 z 轴等角速度旋转，$r_1=40\text{mm}$，$r_2=20\text{mm}$，$r_3=30\text{mm}$，$r_4=20\text{mm}$，$a=b=c=100\text{mm}$，$d=e=50\text{mm}$。应在平面Ⅰ和Ⅱ上加多大平衡质量，才能得到动平衡（$r_{\text{Ⅰb}}=r_{\text{Ⅱb}}=100\text{mm}$）。

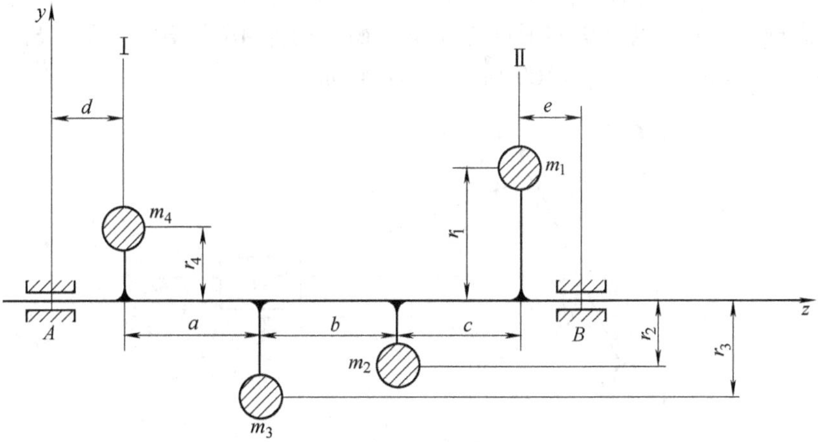

图　11-6

11-4　图11-7a所示的转子中，已知各偏心质量 $m_1=10\text{kg}$，$m_2=15\text{kg}$，$m_3=20\text{kg}$，$m_4=10\text{kg}$，它们的回转半径分别为 $r_1=40\text{cm}$，$r_2=r_4=30\text{cm}$，$r_3=20\text{cm}$，又知各偏心质量所在回转平面间的距离为 $l_{12}=l_{23}=l_{34}=30\text{cm}$，各偏心质量的方位角如图11-7b所示。若置于平衡基

面Ⅰ及Ⅱ中的平衡质量 $m_{b\,\mathrm{I}}$ 及 $m_{b\,\mathrm{II}}$ 的回转半径均为50cm，试求 $m_{b\,\mathrm{I}}$ 及 $m_{b\,\mathrm{II}}$ 的大小及方位。

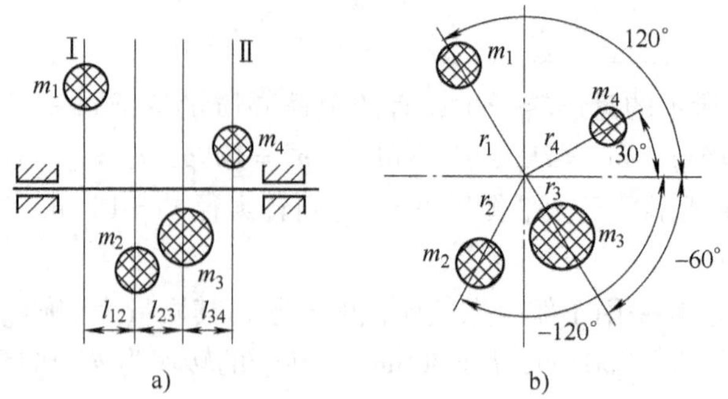

图 11-7

11-5 高速水泵的凸轮轴系由三个互相错开120°的偏心轮所组成，每一偏心轮的质量为0.4kg，其偏心距为12.7mm。设在平衡平面 A 和 B 中各装一个平衡质量 m_A 和 m_B 使之平衡，其回转半径为10mm，其他尺寸如图11-8所示（单位：mm）。求 m_A 和 m_B 的大小和位置。

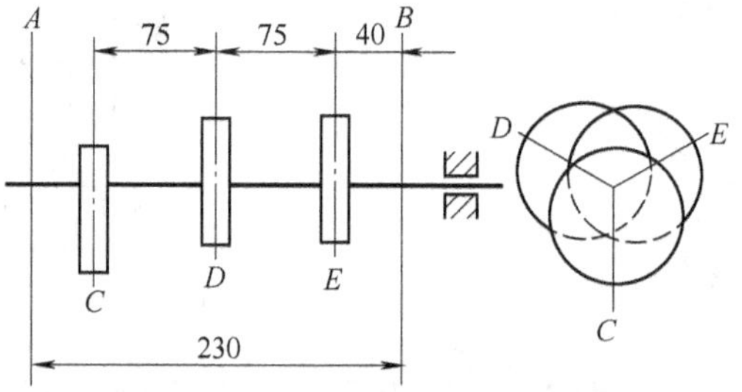

图 11-8

11-6 如图11-9所示曲柄滑块机构中，滑块 C 的质量 $m_3=0.4\text{kg}$，试确定连杆 BC 与曲柄 AB 的质量 m_2 与 m_1，以使机构惯性力完全平衡。构件 AB 与 BC 的重心 S_1 与 S_2 的坐标 $l_{AS_1}=100\text{mm}$，$l_{BS_2}=100\text{mm}$，$l_{AB}=100\text{mm}$，$l_{BC}=400\text{mm}$。

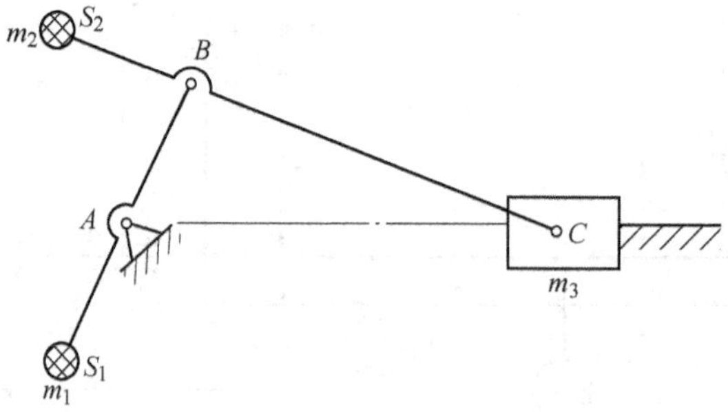

图 11-9

11-7 如图11-10所示两根曲轴，曲拐在同一平面中。如果质径积 $m_1r_1=m_2r_2=m_3r_3=m_4r_4=mr$，又 $l_1=l_2=l_3=l$，试分析其平衡状态（不平衡、静平衡、动平衡）；如果 $l_1=l_3\neq l_2$，则它们的平衡状态有何变化？具体说明理由。

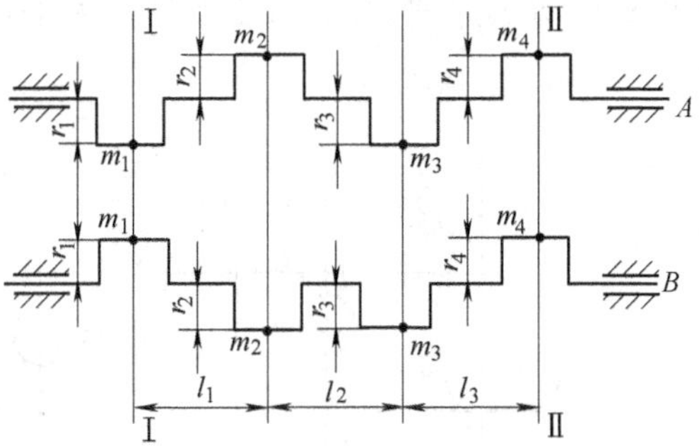

图 11-10

11.5 综合测试题

11-1 填空题

（1）平面机构的平衡问题，主要是讨论机构惯性力和惯性力矩对________的平衡。

A）曲柄　B）连杆　C）机座　D）从动件

（2）机械平衡研究的内容是________。

A）驱动力与阻力间的平衡　B）各构件作用力间的平衡

C）惯性力系间的平衡　D）输入功率与输出功率间的平衡

（3）研究机械平衡的目的是部分或完全消除构件在运动时所产生的________力，减少或消除在机构各运动副中所引起的______________力，减轻有害的机械振动，改善机械工作性能和延长使用寿命。

（4）对于绕固定轴回转的构件，可以采用________的方法，使构件上所有质量的惯性力形成平衡力系，达到回转构件的平衡。若机构中存在作往复运动或平面复合运动的构件，应采用________方法，方能使作用在机架上的总惯性力得到平衡。

（5）动平衡了的刚性回转构件，________静平衡。

11-2 判断题（对的填“√”，错的填“×”）

（1）不论刚性转子上有多少个不平衡质量，也不论它们经过如何分布，只需在任意选定的两个平衡平面内，分别适当地加一平衡质量，即可达到动平衡。（　）

（2）经过平衡设计后的刚性转子，可以不进行平衡试验。（　）

（3）对于机构惯性力的合力和合力偶，通常只能做到部分平衡。（　）

11-3 在图11-11所示的盘形转子中，存在4个不平衡质量。它们的大小及其质心到回转轴的距离分别为 $m_1 = 10\text{kg}$，$r_1 = 100\text{mm}$；$m_2 = 8\text{kg}$，$r_2 = 150\text{mm}$，$m_3 = 7\text{kg}$，$r_3 = 20\text{mm}$；$m_4 = 5\text{kg}$，$r_4 = 100\text{mm}$。试对该转子进行平衡设计。

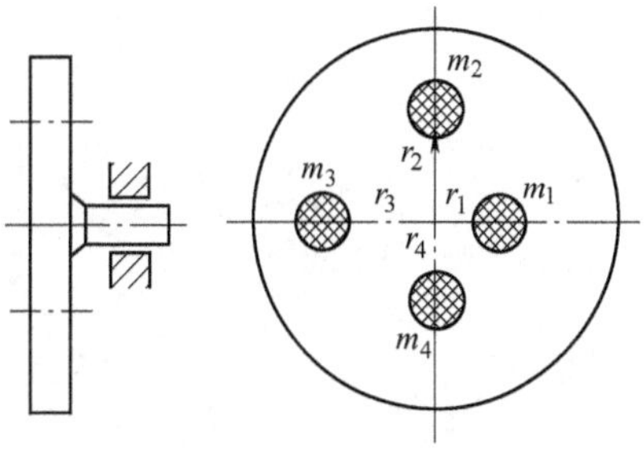

图 11-11

11-4 如图11-12所示的4个不平衡质量：$m_1 = m_2 = m_3 = m_4 = 1\text{kg}$，绕 z 轴等角速度旋转，$r_1 = r_2 = r_3 = r_4 = 100\text{mm}$，$a = 80\text{mm}$，$b = 50\text{mm}$，$c = 110\text{mm}$，$d =$

50mm，$e=40$mm，$f=g=30$mm。求应在平面Ⅰ和Ⅱ上加多大平衡质量（半径 $r_{bⅠ}=r_{bⅡ}=100$mm），才能得到动平衡。

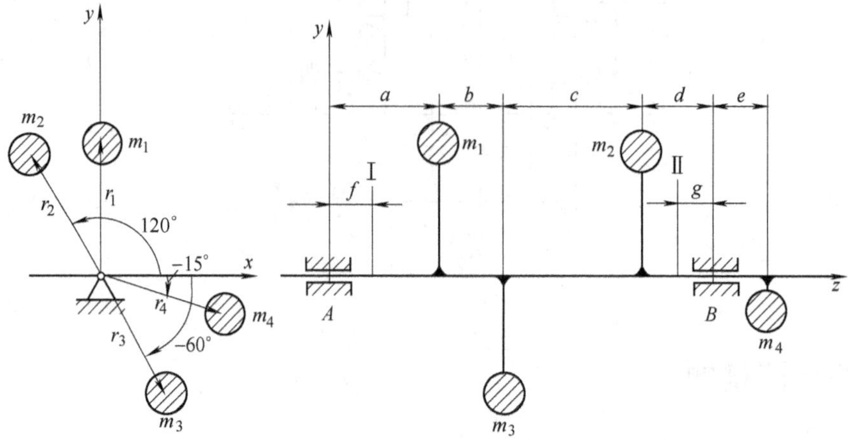

图 11-12

11-5　如图 11-13 所示的回转轴上刚性固定 4 个部件 A、B、C、D，它们的质心至回转轴线的平均距离分别为 125mm、150mm、162.5mm 和 137.5mm。A、C 和 D 的质量分别为 15kg、10kg 和 8kg。A 与 B、B 与 C 所在回转面间的距离分别为 1600mm 和 2000mm。A 与 C 偏心方向线间夹角为 90°。试求当达到动平衡时：

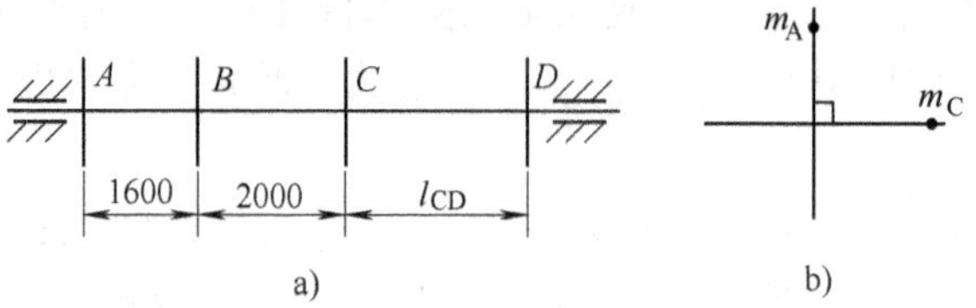

图 11-13

1）C 与 D 回转面间的轴向距离 l_{CD}。

2）B 的质量 m_B。

3）B、D 偏心方向线的位置（只需说明在图 11-3b 中所处的象限）。

第12章　机械执行系统运动方案及其创新设计

12.1　教学基本要求

1）了解熟悉机械执行系统运动方案及其创新设计的基本概念，基本要求和步骤。

2）了解功能原理设计、工艺动作和运动规律设计。

3）学会根据执行机构选择的原则，选择合适的机构类型。

4）了解执行机构的运动类型和各执行机构间的运动协调设计，掌握绘制执行机构的协调和运动循环图的方法。

5）了解常见组合机构的类型和设计的基本思路，掌握各类组合机构的特点。

6）了解机构的创新设计应用和新机构的构思，学会对机械运动方案进行评价。

12.2　本章重点和难点内容

1. 机械执行系统运动方案设计的基本要求

机械执行系统运动方案设计是决定机器质量、使用功能、经济性、水平及竞争能力的重要因素。运动方案设计是一个比较复杂的问题，除需满足基本要求外，还应考虑机器的成本、重量、几何尺寸、机械效率等因素。在考虑运动方案时，要注意以下几个方面：

（1）注意系统功能要求的分解及执行机构的协调性　从系统的功能要求出发，通过工艺动作过程的分析，选择能实现预定设计目标的最佳原理方案。

当机械系统方程有多个执行构件，且保证各执行构件间有运动配合要求时，传动方案设计中应制定系统循环图，以保证各执行构件间运动关系的协调。

（2）简化传动环节　在保证实现机器预期功能的条件下，传动环节应尽量简短，这样使用的机构和零件的数目较少，制造和装配费用也较低。同时，传动的环节减少后，降低了能量的消耗，因此也提高了机械效率，有利于提高机器的传动精度。

（3）提高传动效率　机械传动系统的总效率与各个运动链的效率有关，而各个运动链的效率又取决于各个传动方式的效率，当系统中任何一个传动方式具有较低的传动效率时，都将导致总效率的下降，因此，要适当地选择各机构的基本参数，以保证较高的机械效率。

（4）合理安排传动机构的顺序　转变运动方式的机构通常总是安置在运动链的末端，与执行机构靠近，这样使传动环节更简单。带传动及其他摩擦传动在传递同样转矩的条件下，与其他传动相比，其外廓尺寸要大得多。但带传动具有过载保护，不影响主轴和各执行构件之间的运动协调关系，且具有传动中心距大等优点，因此一般设计安排在离原动机近的地方。

（5）合理分配传动比　大传动比可分多级传动。在同类的几级传动装置中，通常把传动比最大的一级装在转速最低的位置，这样其他各级可在较高的转速下工作，使各级中间轴上的转矩较小，这样轴及轴上零件尺寸也较小，可获得较为紧凑的机构。

（6）安全性　有安全过载保护的装置，保证机器的安全运转。

2. 机械执行系统的功能原理设计

功能原理设计，就是根据机械预期要实现的功能，构思和选择机械工作原理来实现这一功能要求。实现某种预期的功能要求，可以采用多种不同的工作原理，不同的工作原理需要不同的工艺动作，机械执行系统的运动方案也必然不同。

功能原理设计的任务，就是根据机械预期实现的功能要求，充分发挥自己的想象力和创造性思维，构思出所有可能的功能原理，并加以认真地分析比较，从中选择出既能很好地满足功能要求，工艺动作又简单的工作原理。

3. 执行系统的运动规律设计

运动规律设计，就是根据工作原理所提出的工艺要求构思出能够实现该工艺要求的各种运动规律，然后从中选取最为简单、适用、可靠的运动规律，作为机械的运动方案。运动方案选择得是否适当，直接关系到机械运动实现的可能性、机械的工作性能、适用性、生产率及整机的复杂程度。

4. 执行机构型式设计

根据执行构件所要求完成的运动，确定执行机构的型式，称为机构选型。执行构件是指在执行机构中实现输出运动的构件。执行构件可以是连架杆，也可以不是连架杆。

（1）执行构件的运动形式

1）旋转运动。包括连续旋转、间歇旋转和往复摆动等。

2）直线运动。包括往复移动、间歇往复移动、单项间歇直线移动等。

3）曲线运动。指执行构件上某点作特定曲线运动。

4）刚体导引运动。指非连架杆的执行构件的刚体导引运动。

5）特殊功能运动。如微动、补偿、换向等。

（2）机构类型选择的原则

1）满足工艺动作及其运动规律的要求。高副机构较易满足所要求的运动规律或轨迹，但它的制造较困难，且高副元素易磨损而造成运动失真。而低副机构只能近似实现所要求的运动规律或轨迹，尤其当构件数目较多时，累积误差大，设计也比较困难，但低副机构易加工，承载能力较强，因此优选低副机构，高副机构往往只用于运动控制与补偿。

2）机构运动链尽可能短。

3）机构的传力性能要好。对于高速机械或载荷变化大的机构要求有较好的传力性能。

4）具有较高的生产效率和机械效率。选用机构时，应尽量减少中间环节，并尽量少采用移动副。

5. 执行机构的协调和运动循环图

机构系统的方案初步确定后，经过运动协调设计，应将机构的各个执行机构（构件）在一个运动循环中各动作的协调配合关系用一个简明的图来表示，此图就称为机械运动循环图。

（1）机械运动循环图表示方法

1）直线式循环图。这种循环图是将运动循环的各运动区段的时间和顺序按比例绘制在直角坐标轴上得到的。

2）圆形循环图。这种循环图是以极坐标原点 O 为圆心作若干个同心圆环。每个圆环代表一个执行构件，由各相应圆环分别引径向直线表示各执行构件不同运动状态的起始和终止位置。

3）直角坐标式循环图。这种循环图是用横坐标轴表示机械主轴转角，纵坐标轴表示各执行构件的角位移或者线位移，各区段之间均用直线连接。

（2）执行机构的设计要点

1）按机构系统各执行机构的运动协调要求，完成系统的协调设计，并作必要分析。

2）以工艺过程开始点作为系统循环的起始点，并确定由此起始点开始动作的某一主要机构（构件）作为参照机构（构件）。

3）设计出各单一执行机构的运动循环图，并明确各单一执行机构与参照机构的运动协调关系。

4）根据具体情况（如布局和结构），修改各执行机构的选型和尺寸等。

6. 机械执行系统运动方案评价

机械执行系统运动方案设计是机械设计全过程中的关键阶段，其创新效果和性能指标将直接影响机械产品的制造成本、功能质量和使用效果。

（1）机械执行系统运动方案的评价指标及其评价体系

1）机构及机械执行系统运动方案的评价指标。根据机械系统设计的主要性能要求和机械设计专家的咨询意见，现已初步确定的机构及机械执行系统运动方案的评价指标体系一般应包括五大类、十七项具体评价指标。对于具体的机械系统，这些评价指标和具体内容还需要依实际情况加以增减和完善。

2）机构选型的评价体系。根据上述评价指标，通过一定范围内的专家咨询（也可在一个班级内选择若干学习成绩好的学生作为“专家”，也可请设计小组内的成员作为“专家”），征集专家对各项评价指标分配值的意见，逐项评定分配分数值，即可构建机构选型的评价体系。

3）机构选型评价指标的评价量化。一个执行机构可能有若干个机构型式供选择。利用机构选型评价体系对各待选用机构型式进行评价、选优的重要步骤就是将各项评价指标进行评价量化。由于实际评价较难量化，因此通常按五级评分法进行相对量化。

（2）机械系统运动方案的评价方法

机械系统运动方案常用的评价方法有：

1）经验性的排队评价法。

2）系统工程评价法。

3）模糊综合评价法。

要进行方案评价，首先需要建立科学的评价指标和评价体系。设计方案的优劣，通常应从技术、经济、安全、可靠性等方面予以评价。但是，由于在方案设计阶段还没有具体涉及机械的结构和强度等细节，因此评价指标应主要集中在技术方面，即功能和工作性能方面。在对一个具体的机械系统进行方案评价时，这些指标和内容还需要根据实际情况加以增减和完善，以形成科学的评价体系。在目前的学习阶段，评分法不失为一个好方法。若在总分计分时能根据实际情况对各个评价指标给出权重，则可使评价更为科学。

7. 机构的创新

机构的创新设计方法很多，常用的方法有：

（1）巧妙利用简单机构的运动特点构思新机构

（2）巧妙利用两构件相对运动关系构思新机构

（3）基于机构组成原理的机构创新

（4）基于机构组合原理的机构创新　将几种基本机构用适当方式组合起来，使各基本机构既能发挥其良好特长，又能避免其本身的局限性，从而形成性能优良、实用性强的机构系统，来实现基本机构不易实现的复杂多样的运动或动力特性。

常用的组合方式有串联、并联、反馈、复合和叠联式组合等。

1）串联式组合。串联式机构组合是将若干个单自由度的基本机构顺序联接，以每一个前置机构的输出构件作为每一个后置机构的输入构件，其运动传递框图如图 12-1 所示。若联接点设在前置机构中作简单运动的连架杆上，则称其为Ⅰ型串联；若联接点设在前置机构中作平面复杂运动的浮动构件上，则称其为Ⅱ型串联。

图　12-1

Ⅰ型串联式组合主要是为了使输出构件减速或增速、增程或增力或改善输出构件的运动和动力特性。用于改善输出构件的运动和动力性能，常见于后置机构输出的运动性能不很令人满意的情况，如速度与加速度有较大波动，从而造成运转不稳定，并且产生振动等。为改善这种状况，可串联一个输出非匀速运动的前置机构，用以中和后置机构的速度变化，从而改善输出构件的运动和动力性能。

Ⅱ型串联式组合主要是利用前置机构与后置机构联接点处的特殊运动轨迹——直线、圆弧曲线、“8”字自交形曲线等，使机构的输出构件获得某些特殊的运动规律，如停歇、行程两次重复等。

在串联式机构的组合中，输入构件的运动是通过各基本机构，依次传递给输出构件的，因此其分析和综合的方法均较简单。在进行运动分析时，从已知运动规律的第一个基本机构开始，按照运动的传递路线顺序进行，直至求得最后一个基本机构的输出运动。在进行设计时则正好相反，从最后一个基本机构从动件的工作要求开始，逐个向前找出每个基本机构主、从动件间的运动关系，协调各基本机构间的传动比、相位及运动幅值的关系，设计出每一个基本机构。

2）并联式组合。两个或两个以上基本机构并列布置，称为并联式机构组合。若各个基本机构具有各自的输入构件，而有共同的输出构件，则为Ⅰ型并联式组合，如图 12-2a 所示；若各个基本机构有共同的输入与输出构件则为Ⅱ型并联式组合，如图 12-2b 所示；若各个基本机构有共同的输入构件，但却有各自的输出构件则为Ⅲ型并联式组合，如图 12-2c 所示。并联式机构组合的特点是运动并行传递。

按输出运动的性质划分，可分为简单型和复杂型。

简单型并联式机构组合，要求并联的两个子机构类型、形状和尺寸完全相同，且对称布

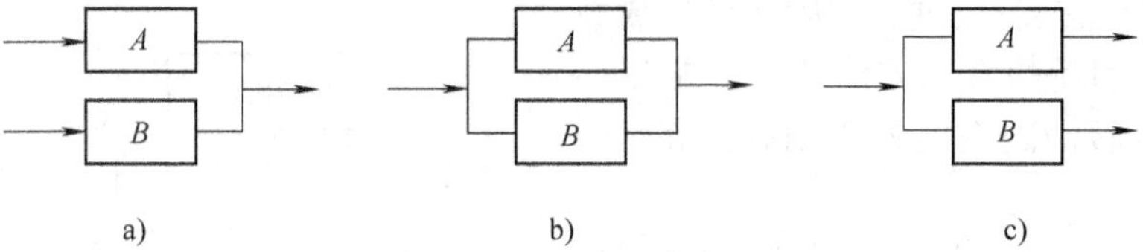

图　12-2

置。它主要用于改善机构的受力状态、动力特性、自身的动平衡，以解决机构运动中的死点问题及输出运动的可靠性等问题。并联的两子机构常采用连杆机构或齿轮机构，它们共同的输入或输出构件，一般是两子机构共有的同一构件。输入或输出运动的性质，是简单的移动、转动或摆动。

复杂型并联式机构组合的两并联子机构，可以是不同类型的基本机构，也可以是同一类型但具有不同结构尺寸的基本机构，还可以是经过串联组合的机构。它主要用于实现复杂的运动或动作要求，它的输出形式一般按功能要求而设定。

3）复合式组合。复合式组合是指一个具有两个自由度的基本机构 A（基础机构）和一个单自由度基本机构 B（附加机构）组合在一起，基础机构的两个输入运动，一个直接来自机构的主动构件，另一个则来自附加机构，最后将这两个输入运动合成为一个输出运动。按来自附加机构的输入方式不同有两种情况，一种是通过与附加机构的构件并接，另一种是通过附加机构的回接。其运动传递框图如图 12-3 所示。

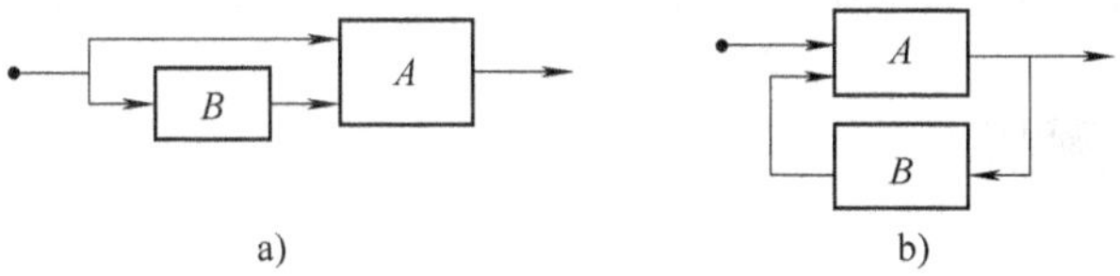

图　12-3

复合式机构组合一般是不同类型的基本机构的组合。其基础机构一般为二自由度机构，如五连杆机构、差动齿轮机构、差动凸轮机构等；附加机构为各种单自由度基本机构，如单自由度的连杆机构、凸轮机构、齿轮机构等。各种基本机构通过复合式组合有机地融合为一体，成为一种新机构，如齿轮连杆机构、凸轮连杆机构、齿轮凸轮机构等。其主要功能是可以实现任意运动规律的输出，如一定规律的停歇、逆转、加速、减速等，或实现特殊的运动轨迹。但设计比较复杂，缺乏共同的规律，需要根据具体的机构进行分析和综合。

4）叠联式组合。叠联式组合的特点是各基本机构没有共同的机架，而是互相叠联在一起。每一个基本机构各有一个动力源，后一个基本机构的相对机架就是前一个基本机构的输出件，各机构各自进行运动，系统输出则为各机构运动叠加而成。叠联式组合机构的主要功能是实现特定的输出，完成复杂的工艺动作。

（5）通过机构类型变异进行机构创新　通过改变构件和运动副形状、尺寸和位置以及增加辅助构件、机构倒置对基本机构进行变异，从而构思出能实现预期动作要求的新机构，是机构创新的另一重要途径。主要形式有：

1）改变构件形状。

2）运动副变换。通过运动副变换生成新的机构是机构创新的常用方法之一。常用的运动副变换有转动副变换为移动副，高、低副互代。

3）机构倒置。根据低副机构的运动可逆性，四杆机构经过倒置可生成不同型式的机构。

4）改变运动副的尺寸。改变运动副尺寸主要是指增大转动副或移动副尺寸。

5）增加辅助结构。某些机构在运动时，往往会产生一些机构组成元素本身无法解决的问题，如运动不确定问题、运动规律可调性问题等，一般可采用增加辅助结构解决。

（6）应用现代交叉学科进行机构创新设计摆　脱纯机械模式的束缚，巧妙利用光、电、液（气）等技术发明创造新机构，是机构创新的又一重要途径。

（7）机构类型创新设计的过程　机构类型创新设计的过程如图 12-4 所示。

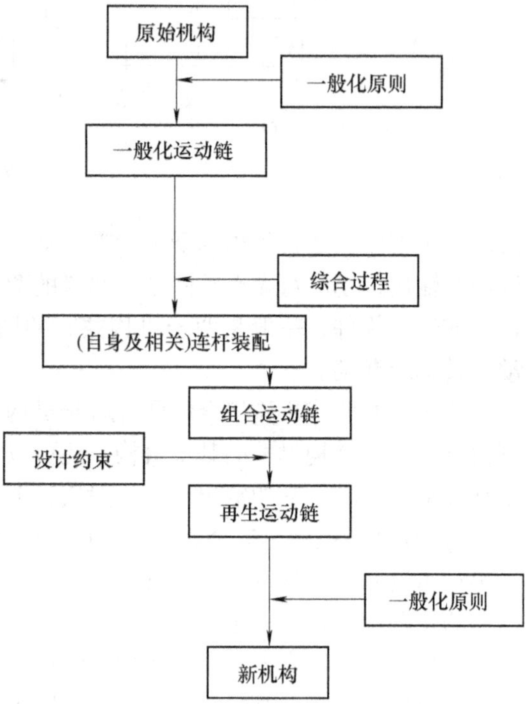

图　12-4

12.3　典型例题解析

例 12-1　普通窗启闭操纵机构的方案设计。

1. 设计要求（使用要求）

1）当窗关闭时，窗启闭机构的所有构件应收缩到窗框之内，且不应与纱窗干涉。

2）当窗开启时，必须开启到 90°位置，此时距一侧窗框 10cm 以上，以便在室内就可清洗窗外侧；同时距另一侧窗框 50cm 以上，以作为紧急状态时的出口（图 12-5）。

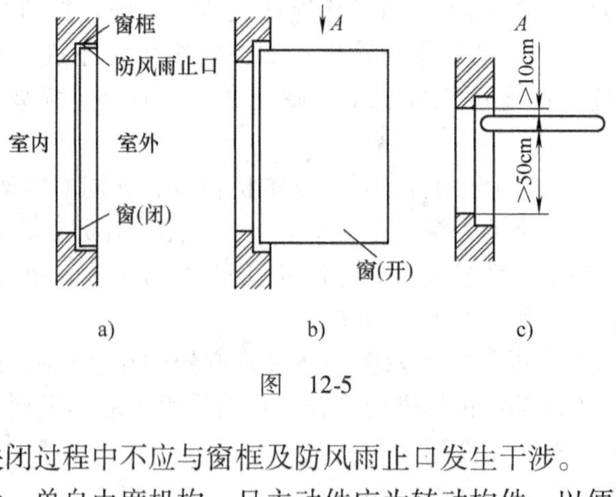

图　12-5

3）窗在开启与关闭过程中不应与窗框及防风雨止口发生干涉。

4）启闭机构应为一单自由度机构，且主动件应为转动构件，以便用齿轮机构来操纵。

5）启闭机构必须能支持窗的自重，使窗在开启时下垂度最小。

6）启闭机构应有良好的传力性能（最大传动角尽可能大），在各个位置操纵均能省力。

7）启闭机构应尽可能简单，启闭方便。

8）从经济性考虑，无论窗户向左开还是向右开，相应的操纵机构应有尽可能多的零件可以互换。

2. 运动规律设计

根据以上要求，可拟定出机构的运动规律，如图12-6所示。图中给出了窗开启和关闭时的两个位置以及窗的运动范围，限定了操纵机构在开启和关闭时的应有位置，规定了窗的一端为滑块，以支持窗的重量使之不下垂。

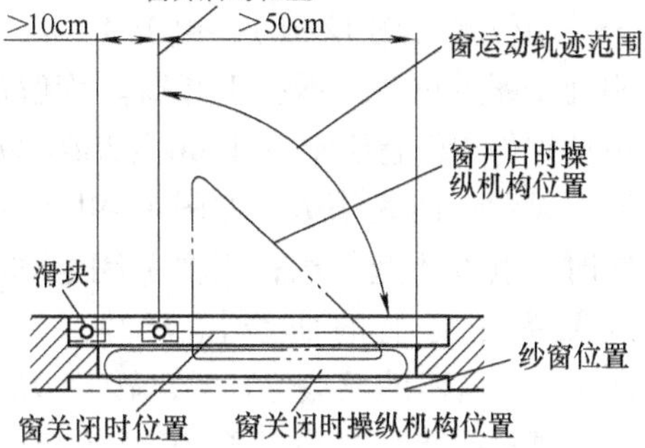

图　12-6

3. 启闭操纵机构的方案拟定

（1）机构的选型　要求启闭操纵机构实现使窗能到达开启和关闭两个位置，即要求设计一个刚体导引机构，引导刚体（窗）到达两个预定位置。最简单的刚体导引机构的方案是铰链四杆机构和摆杆滑块机构。

1）铰链四杆机构。如图12-7所示，该机构虽能实现窗户的启闭，但存在以下明显缺陷：第一，窗（连杆）处在全开启位置时，点B进入窗框之内，造成窗与窗柜干涉；第二，若以构件2为主动件，则需要转过很大角度才能开启，若以构件4为主动件，则窗从关闭位置到全开启位置需经过一死点，在该位置，需附加一转矩使其通过死点，否则不能开启；第三，窗的重量全部承载在构件2和构件4上，会产生较大的下垂度。

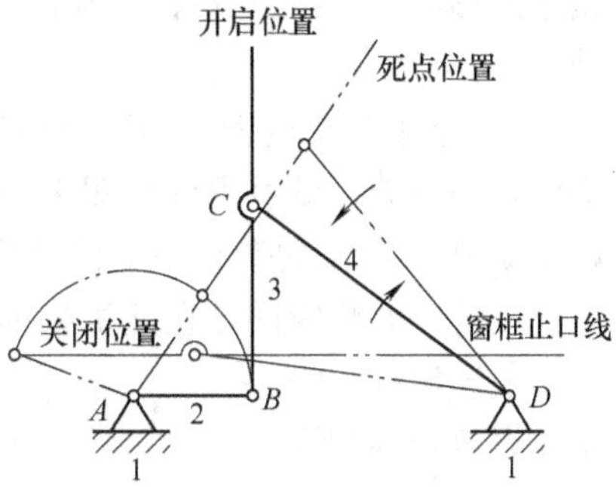

图　12-7

2）摆杆滑块机构。如图12-8所示，该机构除能实现窗的启闭功能外，由于滑块可沿窗框移动，因而可支持窗的重量，不会产生较大的下垂度。其缺点是连架杆2和滑块4均不宜作为主动件。因为当以构件2作为主动件时，窗在全开启位置时处于死点位置，难以使窗从全开启位置运动至关闭位置。当以构件4为主动件时，窗在全关闭位置时处于接近死点位置，难以使窗从全关闭位置运动至开启位置。

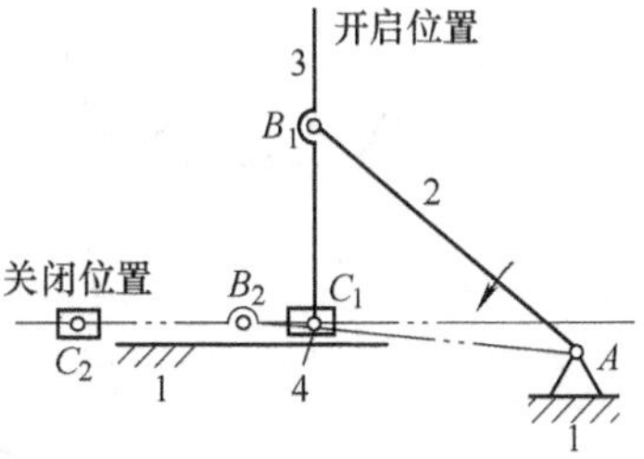

图　12-8

由于通过选型所得的两个运动方案均不能完全满足设计要求，故需转向构型，创造新机构。

（2）机构的构型　构型通常有两种途径：其一，以选型所得机构为基本机构，尝试通过扩展、组合和变异，得到新机构；其二，以一般化的基本运动链为基础，尝试突破，通过演化等方法构筑新机构。

1）以选型所得机构为基本机构进行构型设计。以选型所得的摆杆滑块机构（图 12-8）为基本机构，尝试通过扩展法来改善机构的传力性能。为使机构具有良好的传力性能，可在机构中增加一双杆组（Ⅱ级组）*DEF*，使点 *F* 与窗导引机构中的连杆（即窗）相铰接，如图 12-9a 所示。当以 *DE* 杆作为操纵杆关窗时，作用力与载荷运动方向间的夹角（即压力角）很小，故有较好的传力性能。但在窗的全关闭位置（图 12-9b），由于 *A*、*B*、*C* 三点共线，故机构处于死点位置，不利于开窗。为解决这一问题，可在主动构件 *DE* 上延伸一杆 *EG*（*DEG* 为同一构件），并在窗上设置一曲线槽 *H*，如图 12-9b 所示。当窗在开启位置时，点 *G* 不起作用；当窗关闭至 30°位置时，点 *G* 进入设置在窗上的曲线槽 *H* 中，协助关窗；当位于图 12-9b 所示的死点位置时，转动 *DE*，则点 *G* 可协助开窗，越过死点；当窗开至 30°位置时，点 *G* 脱离 *H* 槽，此后开窗动作全由双杆组 *DEF* 承担。

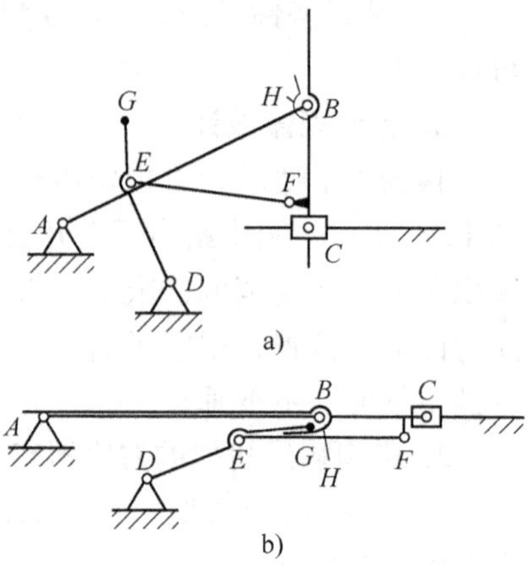

图 12-9

需指出在设计该机构尺度时，应保证 *H* 槽的曲线形状与点 *G* 进入 *H* 槽后与窗的相对运动轨迹的形状相一致，这样 *G* 与 *H* 形成一虚约束。否则，*G* 与 *H* 将会产生干涉，使窗不能运动。

2）以基本运动链为基础进行构型设计。图 12-10a 所示的六杆运动链称为瓦特链。若选取构件 6 为机架，则可得到如图 12-10b 所示的六杆机构，再通过将构件 5 演化为滑块，可得如图 12-10c 所示的带有一个移动副的六杆机构。若将该机构滑块上的两个转动副合并为一复合铰链，并将窗固结在该机构的连杆 3 上，则可得到如图 12-10d 所示的窗启闭操纵机构。由于当窗在 90°位置时，连杆 3 并不在 90°位置，故不存在前述摆杆滑块机构在开窗时处于死点位置的问题。

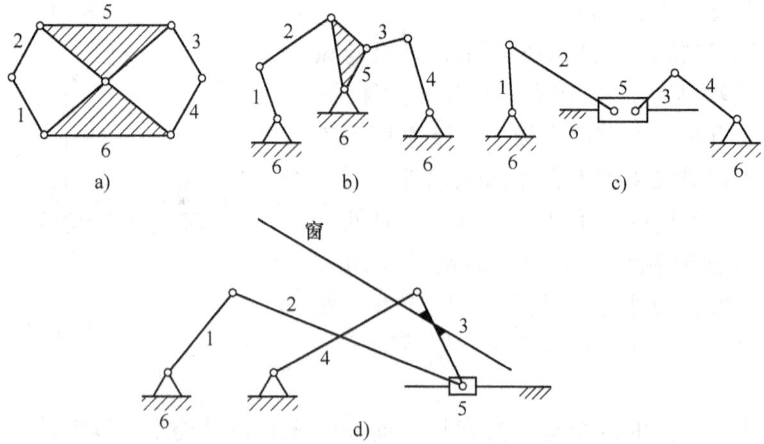

图 12-10

图12-11a所示的六杆运动链称为斯蒂芬逊链。若选取构件3为机架，则可得到如图12-11b所示的六杆机构；再通过将构件1演化为滑块，可得如图12-11c所示的带有一个移动副的六杆机构；以此机构为基础，将构件6缩短，用构件5作窗，则可得到如图12-11d所示的窗启闭机构。该机构不能使窗开启成本题设计要求的90°，但可作为船舱窗的启闭操纵机构。若将该机构滑块上的两个转动副合并为复合铰链，则可得到如图12-11e所示的窗启闭操纵机构。若在图12-11d所示的机构中加一虚约束构件7，则可得到如图12-11f所示的机构方案，它可以减小机构的下垂度；若将图12-11d所示机构中的构件4和构件6之间用一对齿轮相互啮合，则可得到如图12-11g所示的机构方案，它可减小机构的下垂度，它具有协助机构把窗拉入船舱的功能。该机构设计的关键是使构件4和构件6的转角在其运动范围内正好等值反向，以使齿轮不致咬死（即要使引入的齿轮传动成为虚约束）。因此，本启闭操纵机构的最佳方案如图12-11g所示。

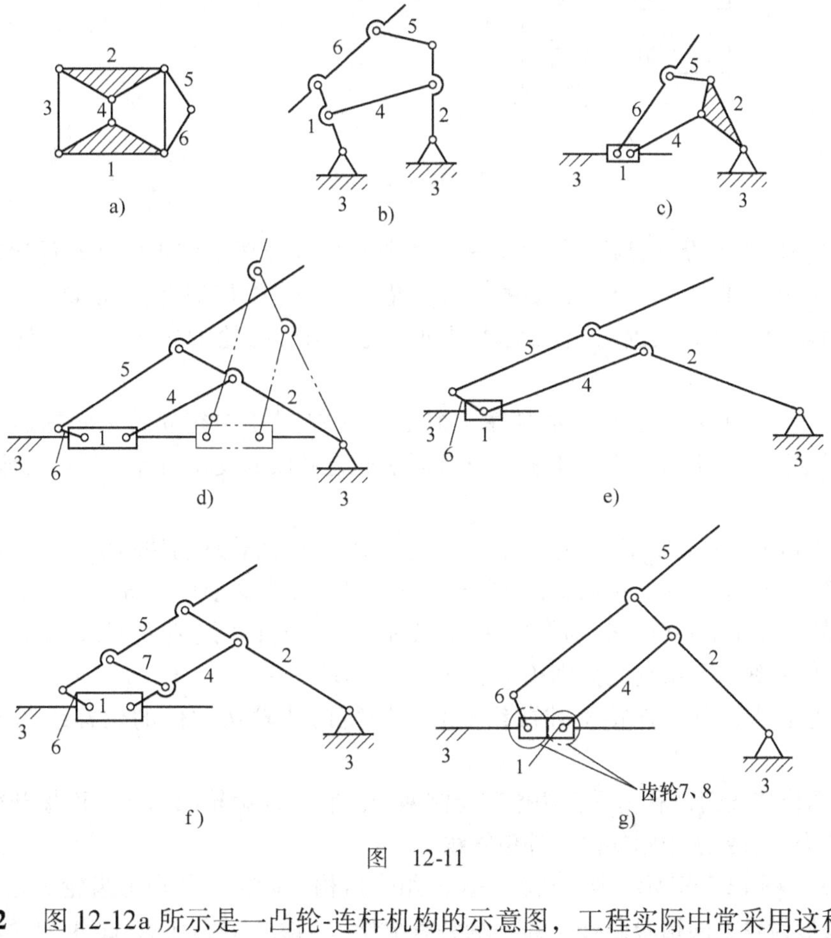

图　12-11

例12-2　图12-12a所示是一凸轮-连杆机构的示意图，工程实际中常采用这种机构来实现从动件复杂的运动轨迹。试分析该组合机构的组合方式，并指出其基础机构和附加机构。若工作要求从动件上点M实现如图12-12b所示的运动轨迹mm，试设计该组合机构。

解　该组合机构是由自由度为2的四杆四移动副机构和两个移动滚子从动件盘状凸轮机构组合而成的。其中，四杆四移动副机构为基础机构，两个自由度为1的凸轮机构为附加机构。机构的组合方式为并联式组合，其框图如图12-12c所示。

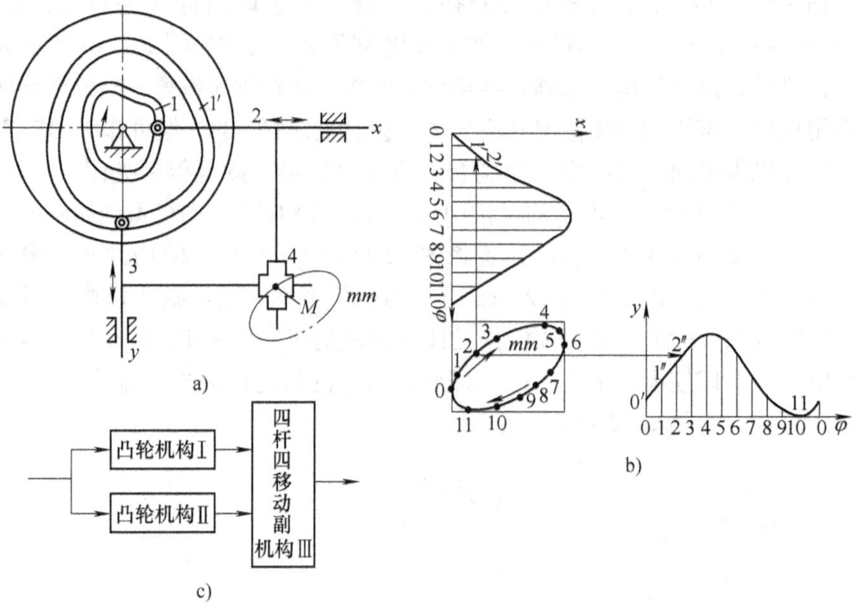

图 12-12

这类组合机构的设计思路如下：首先根据结构空间及要求实现的从动件运动轨迹的范围，确定基础机构的尺寸及凸轮转动中心的位置；然后根据从动件的运动轨迹，求出杆 2 及杆 3 的运动规律；最后根据求出的运动规律，设计两个凸轮的轮廓曲线。具体设计步骤如下。

1）根据生产工艺要求和运动规律，拟定出点 M 描绘给定轨迹 mm 的运行路线，如图 12-12b 中箭头方向所示。然后根据工作要求和轨迹各段的变化情况，不均匀地标出 0、1、2、…各分点。

2）作直角坐标系 $x0\varphi$ 和 $y0\varphi$。坐标 x、y 分别代表两凸轮从动件的位移，坐标 φ 代表凸轮转角。将凸轮转动一周的转角 2π 分为 n 等分，等分数应等于轨迹 mm 上的分点数。

3）由轨迹 mm 上各分点分别作 $0x$ 和 $0y$ 轴的垂线，再由两个坐标轴线 0φ 的相应分点分别作其本身的垂线，两组垂线分别相交于点 0、1′、2′、…和 0′、1″、2″、…

4）用光滑曲线分别连接上述两组交点，即得两凸轮从动件的位移线图 $x=x(\varphi)$ 和 $y=y(\varphi)$。

5）根据位移线图，利用反转法原理绘制两个凸轮的理论轮廓曲线，而槽凸轮的实际轮廓曲线，即为一系列滚子圆的内、外包络线。

例 12-3 图 12-13a 所示为一凸轮—齿轮组合机构。齿轮 1 与扇形齿轮 2 相啮合，H 为系杆；在扇形齿轮上固结着摆杆，其一端装有滚子 3，滚子中心在点 A；4 为固定凸轮，其中心在点 O_1。当系杆 H 为主动件以等角速度 ω_H 转动时，齿轮 1 的转轴将输出一复杂的运动。试分析该机构的组合方式，并指出其基础机构和附加机构。若摆杆的初始位置为水平，系杆的初始位置为铅直，如图 12-13a 所示，工作要求当主动件 H 从图示位置转过 90°时，输出轴的角速度大小和方向与 ω_H 相同；当系杆 H 继续转过 90°时，输出轴静止不动。试设计该组合机构。

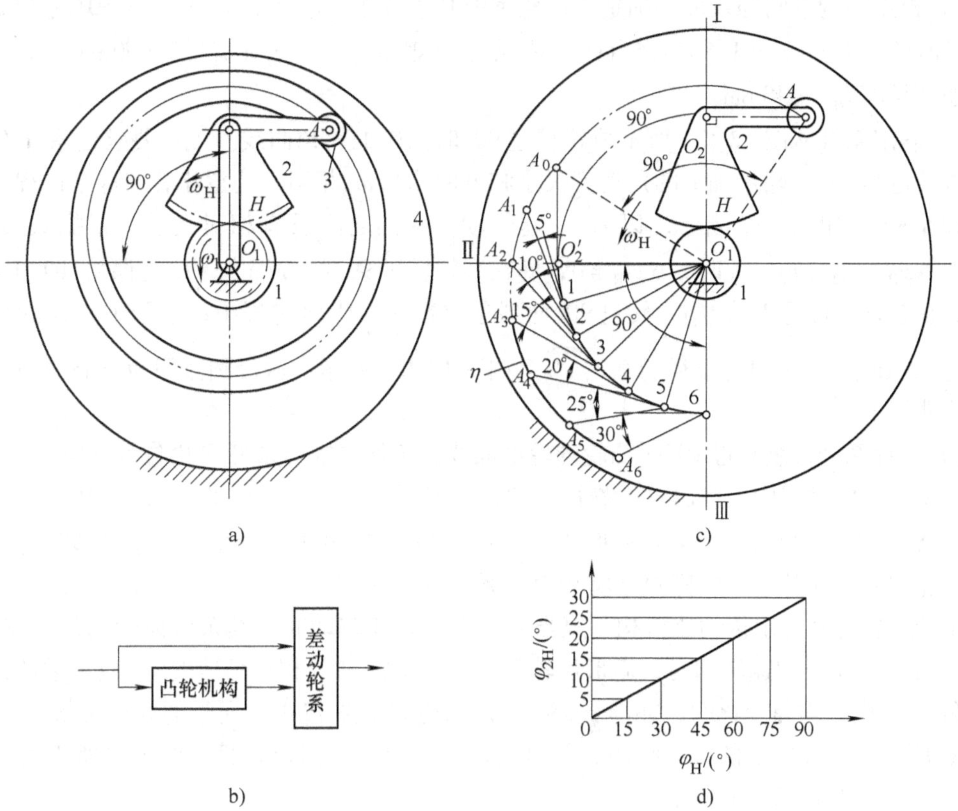

图　12-13

解　该组合机构是由自由度为 2 的差动轮系和自由度为 1 的凸轮机构组合而成的。其中，差动轮系为基础机构，凸轮机构为附加机构。机构的组合方式为复合式组合，其框图如图 12-13b 所示。

齿轮 1、齿轮 2 和系杆 H 组成一个自由度为 2 的差动轮系，它们之间的角速度有如下关系

$$i_{12}^{H}=\frac{\omega_1-\omega_H}{\omega_2-\omega_H}=-\frac{z_2}{z_1}$$

即
$$\omega_1=\omega_H+i_{12}^{H}\ (\omega_2-\omega_H)$$

$$\int_0^t \omega_1 \mathrm{d}t = \int_0^t \omega_H \mathrm{d}t + i_{12}^{H}\int_0^t (\omega_2-\omega_H)\mathrm{d}t$$

即
$$\Delta\varphi_1=\Delta\varphi_H+i_{12}^{H}\Delta\varphi_{2H}$$

由此可得
$$\Delta\varphi_{2H}=\frac{\Delta\varphi_1-\Delta\varphi_H}{i_{12}^{H}}$$

由上式可以看出，在主动件 H 的运动规律 φ_H 和输出轴 1 的运动规律 φ_1 已知的情况下，首先确定差动轮系的几何参数（即确定了 $i_{12}^{H}=-z_2/z_1$），就可以求出摆杆相对于系杆 H 的运动规律 φ_{2H}。根据这一运动规律，即可设计出凸轮的轮廓曲线，完成该组合机构的设计。

根据以上分析，可得该组合机构的设计步骤如下。

1）根据结构空间等条件，确定差动轮系的基本参数。选择 $z_1=20$，$z_2=60$（齿轮 2 为完整齿轮时的齿数），$m=1.5\text{mm}$，由此可得系杆长度 $l_{O_1O_2}=m(z_1+z_2)/2=60\text{mm}$，$i_{12}^{H}=-3$。选择摆杆长度 $l_{O_2A}=40\text{mm}$。

2）确定系杆从图 12-13a 所示位置转过 90°时凸轮的轮廓曲线。工作要求当系杆 H 从初始位置转过 90°时，输出轴 1 的角速度大小和方向均与 ω_H 相同，这意味着在这个过程中，齿轮 1 和系杆 H 如同一个刚体，以 ω_H 一起转动，它们之间没有相对运动。根据式 $\Delta\varphi_{2H}=(\Delta\varphi_1-\Delta\varphi_H)/i_{12}^{H}$ 可知，此时，$\Delta\varphi_{2H}=0$，即在系杆转过 90°的过程中，始终保持 $AO_2\perp O_1O_2$。因此，在系杆由位置Ⅰ的 O_1O_2 转过 90°而到达位置Ⅱ的 O_1O_2' 过程中，滚子中心 A 的轨迹应为以 O_1 为圆心，以 O_1A 为半径的圆弧 $\overset{\frown}{AA_0}$，如图 12-13c 所示。这段圆弧即为所需的凸轮及理论轮廓曲线 η。

3）设计系杆继续转过 90°时凸轮的轮廓曲线。工作要求当系杆 H 由位置Ⅱ继续转动 90°而到达位置Ⅲ的过程中，输出轴 1 静止不动，此即要求当 $\Delta\varphi_H=90°$ 时，$\Delta\varphi_1=0$。由 $\Delta\varphi_{2H}=(\Delta\varphi_1-\Delta\varphi_H)/i_{12}^{H}$，得 $\Delta\varphi_{2H}=(0°-90°)/(-3)=30°$。这表明，当系杆 H 转过 90°时，扇形齿轮 2 连同固结在其上的摆杆 O_2A 将相对于系杆 H 转过 30°。

由于周转轮系为定传动比机构，故当主动件作匀速转动时，其余各齿轮均作匀速转动。因此，当系杆 H 作匀速转动时，扇形齿轮 2 相对于系杆 H 的相对角速度 ω_{2H} 应为常数，故相对转角 $\Delta\varphi_{2H}$ 应是均匀变化的，亦即 φ_{2H} 和 φ_H 之间应有如图 12-13d 所示的线性关系。

根据图 12-13d 所示的位移线图，即可设计出由位置Ⅱ到位置Ⅲ间的一段所需的凸轮理论轮廓曲线，如图 12-13c 所示。

12.4　习题

12-1　为了实现打印功能，可以采取哪些工作原理？试观察各类打印设备，具体说明工作原理方案的多样性。

12-2　人们因骑自行车爬坡费力而想到将普通自行车传动装置的功能从单速扩展为多速。试仔细观察普通单速自行车和变速自行车传动装置的结构，并分别画出两者的机构简图。

12-3　试分析图 12-14 中各组机构是否具有相同的运动特性，并说明理由。

12-4　试用转动副扩大、高副低副互代、加局部自由度或加虚约束等方法，在保持图 12-15 所示机构运动特性不变的前提下，使其发生变异，各产生 1～2 个新型机构。

12-5　“门”是启闭某种通道的机构。试举出 5 种以上不同形式的门，并分析其功能、结构和设计思想。

12-6　如图 12-16 所示两种机构系统均能实现棘轮的间歇运动。试分析此两种机构系统的组合方式，并画出方框图。若要求棘轮的输出运动有较长的停歇时间，试问采用哪一种机构系统方案较好？

12-7　坐躺两用摇动椅的机构构型设计。设计要求如下：

1）坐躺角度为 90°～150°。

2）摇动角度为 25°。

附　　录

附录 1　习题参考答案

第 2 章

2-4　$F=0$，机构不能运动。

2-5　$F=1$，$F=1$，$F=2$，$F=1$，$F=1$，$F=1$。

2-6　$F=1$，Ⅱ级机构；

$F=1$，Ⅲ级机构，一个Ⅱ级杆组，一个Ⅲ级杆组；

$F=1$，Ⅱ级机构。

第 3 章

3-1　1）存在双整转副构件；2）固定 *AB* 杆或 *CD* 杆；3）固定 *AD* 杆；4）固定 *BC* 杆。

3-2　$\theta=18.56°$，$\psi=70.56°$，$\gamma_{\min}=22.73°$。

3-4　$l_{AB}=21.75\text{mm}$，$l_{BC}=46.75\text{mm}$。

3-8　$l_{AB}=20\text{mm}$，$e=18.66\text{mm}$，$l_{BC}=30.03\text{mm}$。

第 4 章

4-2　$\omega_2=2.63\text{rad/s}$，逆时针方向。

4-3　$\omega_5=25\text{rad/s}$，逆时针方向；$v_{E_4}=0$，$\varepsilon_5=0$，$a_{E_4}=1436.4\text{m/s}^2$，向左上。

4-4　$\omega_3=6.05\text{rad/s}$，顺时针方向；$\varepsilon_3=215\text{rad/s}^2$，顺时针方向。

4-5　$v_D=0.2278\text{m/s}$，$v_E=0.1742\text{m/s}$，$a_D=2.6\text{m/s}^2$，$a_E=2.8\text{m/s}^2$；$\omega_3=2\text{rad/s}$，逆时针方向；$\varepsilon_3=8\text{rad/s}^2$，顺时针方向。

4-6　$\omega_2=0$；$v_3=-119.54\text{m/s}$，向左。

4-7　$\omega_4=5.8\text{rad/s}$，顺时针方向；$\omega_6=5.8\text{rad/s}$，顺时针方向。

第 5 章

5-3　$F=1430\text{N}$。

5-5　$M_d=R_{31}h\mu_l$，方向同 ω_1。

5-7　$\eta=0.95$。

第 6 章

6-1　*AB* 段和 *CD* 段均选用摆线运动规律：

$$s_{AB}=\frac{3}{\pi}\left(\varphi-\frac{\pi}{2}\right)-\frac{3}{4\pi}\sin(4\varphi-2\pi);$$

$$s_{CD}=6-\frac{3}{\pi}\varphi+\frac{3}{4\pi}\sin(4\varphi-6\pi)。$$

6-2　凸轮机构在 *D* 处和 *E* 处有刚性冲击，在 A''、B''、C''、D''处有柔性冲击，在 *F* 处无冲击。

6-3　等速运动规律：$\varphi_0=0\sim\pi/2$ 时，$v=318.310\text{mm/s}$；

当 $\varphi_0=0$ 和 $\pi/2$ 时，加速度分别为正、负无穷大。

等加速等减速运动规律：当 $\varphi_0=\pi/4$ 时，$v_{max}=636.62\text{mm/s}$；

当 $\varphi_0=0\sim\pi/2$ 时，$a_{max}=8105.695\text{mm/s}^2$。

余弦加速度运动规律：当 $\varphi_0=\pi/4$ 时，$v_{max}=500\text{mm/s}$；

当 $\varphi_0=0$ 和 $\pi/2$ 时，$a_{max}=10000\text{mm/s}^2$。

正弦加速度运动规律：当 $\varphi_0=\pi/4$ 时，$v_{max}=636.62\text{mm/s}$；

当 $\varphi_0=\pi/8$ 和 $3\pi/8$ 时，$a_{max}=12732.395\text{mm/s}^2$。

6-4　$\varphi_2=70.686°$。

6-7　2）$h=29.03\text{mm}$，$\varphi_0=48.29°$，$\varphi_0'=131.71°$。

第7章

7-1　$d_1=57\text{mm}$，$d_2=123\text{mm}$，$h_a=3\text{mm}$，$h_f=3.75\text{mm}$，$c=0.75\text{mm}$，$d_{a2}=129\text{mm}$，$a=90\text{mm}$，$d_{a1}=63\text{mm}$，$d_{f1}=49.5\text{mm}$，$d_{f2}=115.5\text{mm}$，$d_{b1}=53.563\text{mm}$，$d_{b2}=115.583\text{mm}$，$p=9.425\text{mm}$，$s=e=4.7125\text{mm}$。

7-2　$\rho=34.20\text{mm}$，$\alpha=20°$，$\rho_b=0$，$\alpha_b=0$，$\rho_a=46.85\text{mm}$，$\alpha_a=26.5°$。

7-3　齿轮1和齿轮4是符合使用要求的一对齿轮。

7-4　1）$m=8\text{mm}$，$\alpha=15°$，$h_a^*=1$，$c^*=0.25$。

2）$p_b=24.28\text{mm}$，$s_b=13.28\text{mm}$。

7-5　1）$\alpha'=23.388°$，$r_1'=30.714\text{mm}$，$r_2'=55.286\text{mm}$。

2）$\alpha'=24.867°$，$r_1'=31.071\text{mm}$，$r_2'=55.929\text{mm}$。

7-6　1）$r_1=36\text{mm}$，$r_2=82\text{mm}$，$r_{a1}=40\text{mm}$，$r_{a2}=86\text{mm}$，$r_{f1}=31\text{mm}$，$r_{f2}=77\text{mm}$，$r_{b1}=33.829\text{mm}$，$r_{b2}=77.055\text{mm}$，$a=118\text{mm}$，$\varepsilon=1.63$。

7-7　1）$\alpha'=16°2'28''$，$a'=65.999\text{mm}$。

2）$\gamma_1'=36.83\text{mm}$，$\gamma_2'=83.891\text{mm}$。

3）$\rho_1'=14.562\text{mm}$，$\rho_2=33.169\text{mm}$。

4）$c'=3.721\text{mm}$，$\delta'=0$。

7-8　$x_3=-0.1387$。

7-9　$r_1=42.5\text{mm}$，$r_2=295\text{mm}$，$r_{b1}=39.937\text{mm}$，$r_{b2}=277.209\text{mm}$，$r_{f1}=37.5\text{mm}$，$r_{f2}=287.5\text{mm}$，$r_{a1}=48.75\text{mm}$，$r_{a2}=298.75\text{mm}$，$\varepsilon=1.62$，$s_{a1}=2.8\text{mm}$。

7-10　1）齿轮1、2为正变位传动，齿轮2′、3为标准齿轮传动。

2）$\beta=19.95°$。

3）不会发生根切。

4）$z_{v1}=18.06$，$z_{v2}=38.53$。

7-11　$\beta=14.53°$，$m_t=4.1322\text{mm}$，$\alpha_t=20.6°$，$z_{v1}=25.36$，$z_{v2}=108.05$，$d_1=95.041\text{mm}$，$d_2=404.959\text{mm}$，$d_{a1}=103.041\text{mm}$，$d_{a2}=412.959\text{mm}$，$d_{f1}=85.041\text{mm}$，$d_{f2}=394.959\text{mm}$。

7-12　$\delta_1=21.57°$，$\delta_2=68.43°$，$d_1=51\text{mm}$，$d_2=129\text{mm}$，$d_{a1}=56.580\text{mm}$，$d_{a2}=131.206\text{mm}$，$d_{f1}=44.304\text{mm}$，$d_{f2}=126.353\text{mm}$，$R=69.358\text{mm}$，$\theta_a=2.48°$，$\theta_f=2.97°$，$\delta_{a1}=24.05°$，$\delta_{a2}=70.91°$，$\delta_{f1}=18.6°$，$\delta_{f2}=65.46°$，$z_{v1}=18.28$，$z_{v2}=116.96$。

7-13　$d_1=80\text{mm}$，$d_2=350\text{mm}$，$d_{a1}=100\text{mm}$，$d_{a2}=370\text{mm}$，$\gamma=7.125°$，$\beta=\gamma=7.125°$，

$a=215\text{mm}$。

第 8 章

8-1　$z_3=60$，$i_{15}=-5.35$。

8-2　$v=10.5\text{mm/s}$，方向向右。

8-3　$i_{SM}=60$，$i_{MH}=12$。

8-4　$i_{H1}=10000$。

8-5　$n_H=14.7\text{r/min}$，方向与齿轮 1 的转向相同。

8-6　$n_6=-240\text{r/min}$，方向与齿轮 5 的转向相反。

8-7　$i_{1A}=\left(-\frac{z_2}{z_1}\right)\left(1+\frac{z_4}{z_2}\right)\left(1-\frac{z_6 z_7}{z_5 z_6}\right)$。

8-8　$n_6=6\text{r/min}$，方向与齿轮 1 相同。

8-9　$n_c=1350\text{r/min}$，转向与 B 轴相同。

8-10　$i_{16}=0.475$。

8-11　$i_{18}=\frac{57}{280}$。

8-12　1）$z_3=40$，$z_5=20$。

2）$n_2=2800\text{r/min}$，转向与齿轮 1 相同；$n_3=800\text{r/min}$，转向与齿轮 1 相反；$n_4=80\text{r/min}$，转向与齿轮 1 相反；$n_5=400\text{r/min}$，转向与齿轮 1 相同；$n_6=200\text{r/min}$，转向与齿轮 1 相反。

第 9 章

9-1　1）$\tau=\frac{1}{3}$；2）$n=3$。

9-2　1）$z=40$；2）$s_{min}=0.15\text{mm}$。

9-3　$\omega_{min}=136.11\text{rad/s}$，$\beta=90°$。

9-4　$h_B=5\text{mm}$，1、2 螺旋副为右旋。

第 10 章

10-1　$M_r=32.4\text{N}\cdot\text{m}$，$J=0.21\text{kg}\cdot\text{m}^2$。

10-2　$J=76\text{kg}\cdot\text{m}^2$。

10-3　$J_F=23.87\text{kg}\cdot\text{m}^2$，$P=23.6\text{kW}$。

10-4　$\omega=-108.8\text{rad/s}$。

10-5　1）$J_F=11.1\text{kg}\cdot\text{m}^2$；2）$m=177.6\text{kg}$；3）$a_{max}=39.7\text{rad/s}^2$。

10-6　1）$\Delta W_{max}=104.7\text{N}\cdot\text{m}$，当 $\varphi=0°$时，出现最大角速度 ω_{max}；

当 $\varphi=120°$和 $240°$时，出现最小角速度 ω_{min}。

2）加装飞轮。

3）$\delta=0.02$。

10-7　$M=-20\text{N}\cdot\text{m}$，$J=0.14\text{kg}\cdot\text{m}^2$。

10-8　1）$M_d=185\text{N}\cdot\text{m}$；2）$J_F=0.1302\text{kg}\cdot\text{m}^2$。

第 11 章

11-1　$m_b=5.37\text{kg}$，$\theta_b=119.7°$。

11-2 1）平衡品质等级 G6.3；2）$[mr]_{\mathrm{I}}=0.535\mathrm{kg}\cdot\mathrm{mm}$，$[mr]_{\mathrm{II}}=0.135\mathrm{kg}\cdot\mathrm{mm}$。

11-3 $m_{b\mathrm{I}}=0.33\mathrm{kg}$，与 y 轴同向；$m_{b\mathrm{II}}=0.33\mathrm{kg}$，与 y 轴反向。

11-4 $m_{b\mathrm{I}}=5.6\mathrm{kg}$，$\theta_{b\mathrm{I}}=6°$；$m_{b\mathrm{II}}=7.4\ \mathrm{kg}$，$\theta_{b\mathrm{II}}=145°$。

11-5 $m_A=0.285\mathrm{kg}$，顺时针方向，$\theta_{CA}=210°2'$；$m_B=0.285\mathrm{kg}$，顺时针方向，$\theta_{CB}=30°2'$。

11-6 $m_1=2\mathrm{kg}$，$m_2=1.6\mathrm{kg}$。

11-7 A 轴静平衡而动不平衡，B 轴动平衡；如果 $l_1=l_3\neq l_2$，则 A、B 两轴平衡状态无变化。

第 12 章

12-1 可采用多种工作原理，如机械打击、喷墨、电子成像、热敏等。

12-6 b）方案好。

附录 2 综合测试题参考答案

第 2 章

2-2 $F=1$。

2-3 $F=0$，不能成为机构；$F=1$，能成为机构，$F(G)$为虚约束。

2-5 E 为虚约束，B 为局部自由度。

2-6 $F=1$，一个Ⅲ级杆组，一个Ⅰ级杆组，Ⅲ级机构。

第 3 章

3-2 $l_{AB}=75\mathrm{mm}$，$l_{BC}=225\mathrm{mm}$。

3-3 $l_{AB}=38\mathrm{mm}$，$l_{BC}=24\mathrm{mm}$。

3-4 若 ABC 为回转导杆机构，则 $l_{AB}=20\mathrm{mm}$，$l_{AD}=25\mathrm{mm}$，$l_{DE}=50\mathrm{mm}$；
若 ABC 为摆动导杆机构，则 $l_{AB}=80\mathrm{mm}$，$l_{AD}=50\mathrm{mm}$，$l_{DE}=100\mathrm{mm}$。

3-5 $l_{CD}=88\mathrm{mm}$，$l_{BC}=84\mathrm{mm}$。

第 6 章

6-1 （1）C；（2）D；（3）B；（4）A；（5）等速运动规律，等加速等减速运动规律、余弦加速度运动规律，正弦加速度运动规律、五项多项式运动规律；（6）凸轮回转中心，凸轮理论廓线；（7）零；（8）满足工作需要，考虑工作平稳性，考虑凸轮实际轮廓曲线便于加工；（9）增大基圆半径。

6-5 1）$r_0=10\mathrm{mm}$，$h=2AO=40\mathrm{mm}$。

2）$\varphi_0=180°$，$\varphi_0'=180°$，$\varphi_s=0°$，$\varphi_s'=0°$。

3）$\alpha_{max}=\alpha_{min}=0°$。

4）$s=20(1+\sin\varphi)$，$v=20\omega\cos\varphi$，$a=-20\omega^2\sin\varphi$。

第 7 章

7-1 （1）对；（2）对；（3）错；（4）错；（5）错；（6）错；（7）错；（8）错。

7-3 1）$m=4\mathrm{mm}$，$d_1=80\mathrm{mm}$，$d_2=240\mathrm{mm}$。

2）$d_{a1}=88\mathrm{mm}$，$d_{a2}=248\mathrm{mm}$，$p=12.56\mathrm{mm}$，$d_{b1}=75.175\mathrm{mm}$，$d_{b2}=225.526\mathrm{mm}$。

3）$\varepsilon_\alpha=1.67$。

4）啮合角 α'将加大；传动比 i_{12}将保持不变。

7-4　1）可用。

2）$\varepsilon=1.37$，$d_{a1}=72\text{mm}$，$d_{a2}=240\text{mm}$，$d_{b1}=58.5\text{mm}$，$d_{b2}=226.526\text{mm}$。

7-5　z_1、z_2 负传动；z_1、z_3 零传动，为了改善传动质量，采用高度变位齿轮传动；z_1、z_4 正传动。

第 8 章

8-1　（1）固定。

（2）传动比大小，转向。

（3）传动比，同心，邻接，安装。

（4）转化机构的传动比，周转轮系的传动比。

8-2　$v_6=127.6\text{mm/s}$，方向向下。

8-3　$i_{14}=-588$。

8-5　$i_{1H}=37$。

8-6　$i_{34}=3.5$。

8-7　1）$z_4=70$；2）$i_{17}=41$；3）轮 7 的转向为顺时针方向。

8-8　$i_{H4}=0.07$。

第 9 章

9-1　（1）槽轮机构、凸轮式间歇运动机构、不完全齿轮机构、不完全齿轮机构；（2）摩擦式棘轮机构；（3）$\beta>\alpha$；（4）防止棘轮反向转动：（5）凸轮式间歇运动；（6）空间槽轮、凸轮式间歇运动；（7）常量，变量；（8）4 个。

9-2　螺杆 1 转 1.83 转时能使螺母 2 相对于构件 3 移动 10.6mm。

9-3　$\omega_3=\omega_1/(\cos\alpha_A\cos\alpha_B)$。

9-4　$\tau=2/3$，$n=2$。

9-5　2r/min。

9-6　$\tau=1/3$，$z=6$。

第 10 章

10-1　（1）该等效构件所具有的动能等于该瞬时原机械系统的总动能，其上作用的力或（力矩）的瞬时功率等于作用在原机械系统上所有外力（力矩）在同一瞬时功率的代数和；一致。

（2）该等效构件所具有的动能等于该瞬时原机械系统的总动能；等效力矩的瞬时功率等于作用在原机械系统上所有外力（力矩）的瞬时功率之和。

（3）作用在机械上的驱动力（力矩）和阻力（力矩）通常是变化的，其所做的功是不相等的，是机械的速度增加或减小；周期性，非周期性。

（4）高速轴。

（5）飞轮，调速器。

10-2　$M=2.5\text{N}\cdot\text{m}$，$J=0.001\text{kg}\cdot\text{m}^2$。

10-3　$t=0.034\text{s}$。

10-4　1）$M_d=426.5\text{N}\cdot\text{m}$；2）$J_F=211.32\text{kg}\cdot\text{m}^2$。

10-5　2）$\varphi=0$ 或 2π 时，$\omega_{max}=100\text{rad/s}$；$\varphi=\pi$ 时，$\omega_{min}=63.24\text{rad/s}$。

3）$\delta=0.45$。

第11章

11-1 (1) C; (2) C; (3) 惯性力，动压力; (4) 静平衡或动平衡，完全平衡或部分平衡; (5) 一定是。

11-2 (1) 对; (2) 错; (3) 对。

11-3 当取 $r_b = 150\text{mm}$ 时，$m = 5.33\text{kg}$，$\theta = 61°$。

11-4 $m_{\text{I}b} = 0.45\text{kg}$，与 y 轴的夹角为 $-83°$；$m_{\text{II}b} = 1.06\text{kg}$，与 x 轴的夹角为 $195°$。

11-5 1) $l_{CD} = 2020\text{mm}$；2) $m_B = 18.29\text{kg}$；3) m_D 偏心于第二象限，m_B 偏心于第三象限。

第12章

12-3 $\omega_5 = \left[1 - \frac{z_5}{z_1}\left(1 + \frac{l_1\cos\varphi_1}{l_2\cos\varphi_2}\right)\right]\omega_1$，式中 $\varphi_2 = \sin^{-1}\left(-\frac{l_1\sin\varphi_1}{l_2}\right)$。

附录3　硕士生入学考试试题

×××××大学
2008年硕士研究生入学考试试题

考试科目：机械设计基础　　　适用专业：机械制造及其自动化　　机械电子工程
机械设计及理论　　航空宇航制造工程

一、填空题（每空1分，共20分）

1. 在齿轮传动设计中，一对齿轮的齿面接触应力是________；它们的齿根弯曲应力是________。（填“相同的”、“不同的”或“不确定”）

2. 带传动的最大应力σ_{max}发生在________，其值近似表达为________，在设计中，应满足的疲劳强度条件是________。

3. 用于连接的普通螺纹牙型是________，传动效率最高的螺纹牙型是________。

4. 从滚动轴承的代号3010/P4，可以判断其类型是________轴承，其内径为________mm，其精度等级为________级。

5. 粘度反映了润滑在外力作用下抵抗剪切变形的能力，也是液体________大小的标志。它通常与________和________有关。

6. 在进行转轴的疲劳强度计算时，弯曲应力应按________循环应力来考虑，而扭剪应力通常可按________循环应力处理。

7. 减小应力幅是提高螺纹连接疲劳强度的有效措施，通常是增大________的刚度，或减小________的刚度。

8. 有一单个紧螺栓连接，已知预紧$F'=1200$N，轴向工作拉力$F=1000$N，螺栓刚度$C_b=2000$N/μm，被连接件刚度$C_m=800$N/μm，则螺栓所受的总拉力$F_0=$________N，为使结合面不出现缝隙，该连接的轴向工作拉力的最大值$F_{max}=$________N。

二、简答题（共20分，每题4分）

1. 试图1是包角为180°液体动压径向滑动轴承的静止状态($n=0$)，试绘图表达该轴承形成液体动压润滑过程。当形成液体动压润滑时，画出液体动压油膜承载区的压力曲线，并标出最小油膜厚度和最大压力的位置。

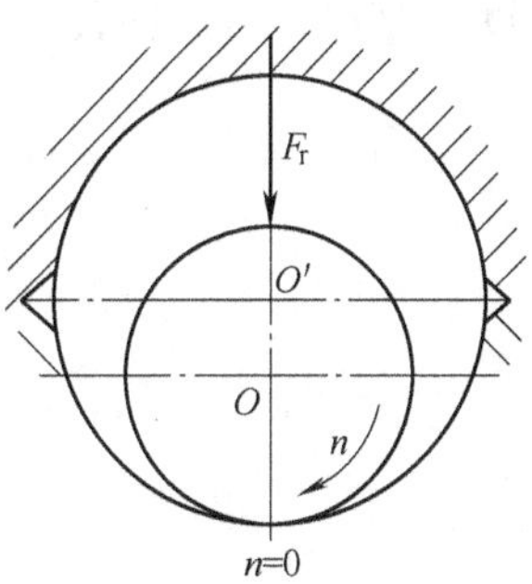

试图　1

2. 在确定齿轮传动计算载荷时，引入了载荷系数，试述载荷系数由几部分组成，它们主要都是为了考虑哪些因素？

3. 何谓滚动轴承的当量动载荷？如果某滚动轴承的其他条件不变，只将其当量动载荷减小1/2，则该滚动轴承的寿命增加几倍？

4. 点蚀和胶合是齿轮传动的两种常见的失效形式，试述它们的主要区别。润滑良好的闭式软齿面齿轮传动的失效形式和设计准则是什么？

5. 在非液体摩擦滑动轴承设计计算中，不仅要验算 p 和 pv 值，有时还必须验算 v 值，试述验算 v 值的目的？

三、分析计算题（共90分）

1. 计算试图2所示机构的自由度，机构中 $CD=DE=DF$，$CE\perp CF$，若机构中有复合铰链、局部自由度、虚约束，请在图中标出。（5分）

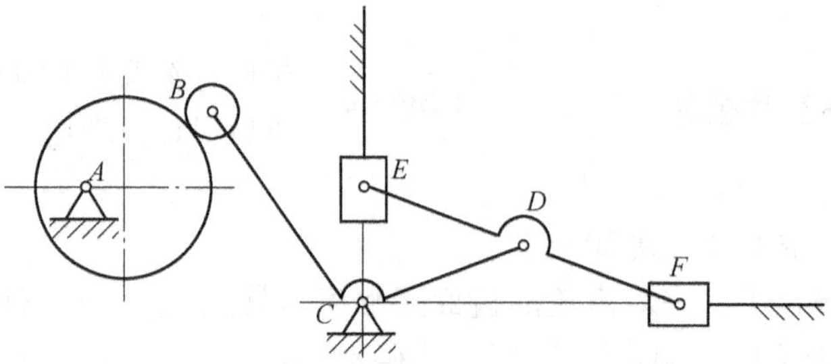

试图 2

2. 试图3所示铰链四杆机构 $ABCD$，M 为驱动力矩，F 为作用在构件 BC 上的已知外力，转动副 A、B、C、D 和虚线圆为摩擦圆，试画出求解驱动力矩 M 的机构受力分析图。（10分）

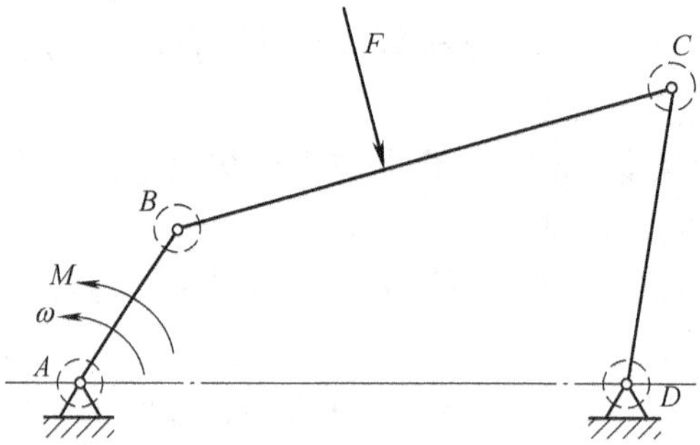

试图 3

3. 试图4所示为摆动从动件盘形凸轮机构，凸轮轮廓为以 C 为圆心的圆，凸轮以角速度 w 逆时针方向回转。求：

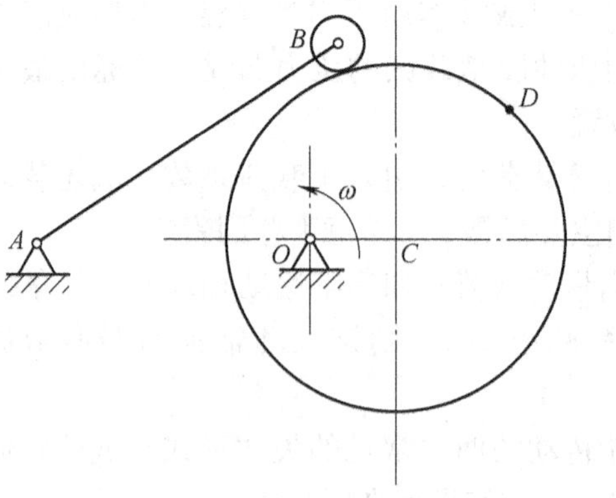

试图 4

1）凸轮的理论廓线。

2）凸轮基圆半径 r_0。

3）凸轮由试图 4 所示位置转到从动件滚子与轮廓在点 D 接触时从动件的位移 Ω，凸轮的转角 φ 和凸轮的压力角 α。（15 分）

4. 已知标准齿条型刀具，齿形角 $\alpha = 20°$，模数 $m = 5\text{mm}$，齿顶高系数 $h_a^* = 1$，被加工齿轮的齿数为 $z = 23$。当刀具中线距轮坯中心 55mm 时，试问：

1）此时加工出的齿轮是正变位还是负变位？

2）此时加工出的齿轮是否会发生根切？

3）若要保证被加工齿轮不发生根切，刀具中线距轮坯中心的距离至少为多少？（15 分）

5. 试图 5 所示轮系中，已知各齿轮齿数为：$z_1 = 16$，$z_2 = 24$，$z_2' = 18$，$z_3 = 36$，$z_3' = 18$，$z_4 = 25$，$z_5 = 18$，$z_6 = 42$，$z_6' = 24$，$z_7 = 36$，轴 A 以 450r/min 按图示方向回转，轴 B 以 600r/min 按图示方向回转，求轴 C 转速的大小和转向。（15 分）

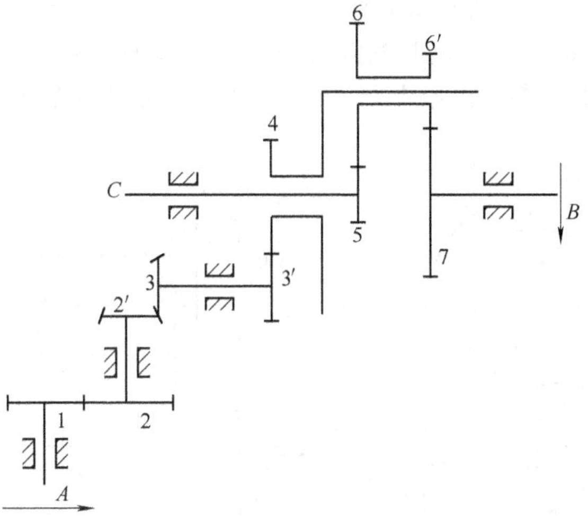

试图　5

6. 某机械在稳定运转的一个周期中，作用在等效构件上的等效阻力矩 M_r 的变化规律如试图 6 所示，等效驱动力矩 M_d 为常数，平均角速度 $w_m = 20\text{rad/s}$，要求运转速度不均匀系数 $\delta = 0.05$，忽略除飞轮以外构件的等效转动惯量。试求：

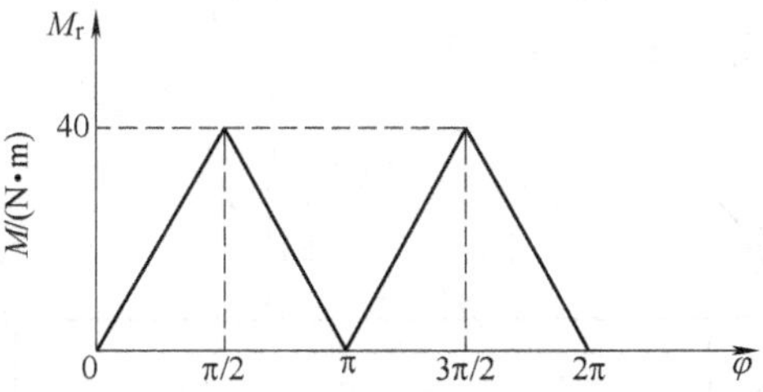

试图　6

1）等效驱动动力矩 M_d。

2）最大盈亏功 ΔW_{max}。

3）应在等效构件上安装的飞轮转动惯量 J_F。

4）w_{max}与 w_{min}的大小及发生位置。（10 分）

7. 试图 7 为某传动装置所用锥齿轮—斜齿轮—蜗杆传动机构，已知主动轮 1 的回转方向 n_1，试回答下列问题：

1）合理确定斜齿轮 4、蜗杆 5 和蜗轮 6 的螺旋线方向。（3 分）

2）在啮合点处画出斜齿轮 4 和蜗杆 5 所受轴向力和圆周力的方向。（2 分）

3）在答题纸上标出蜗轮 6 的转动方向。（1 分）

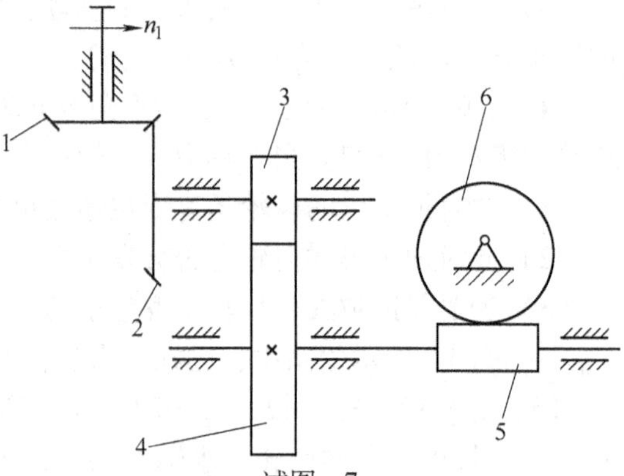

试图 7

8. 试图 8 所示起重卷筒与大齿轮 2 用 6 个普通螺栓连接在一起，已知卷筒直径 $D=314$mm，螺栓分布直径 $D_0=400$mm，结合面摩擦因数 $f=0.13$，可靠性系数 $K_s=1.3$，螺栓的螺纹小径 $d_1=13.835$mm，螺栓材料的许用应力 $[\sigma]=80$MPa。试求该螺栓组连接允许提升的最大负荷 Q_{max}。（10 分）

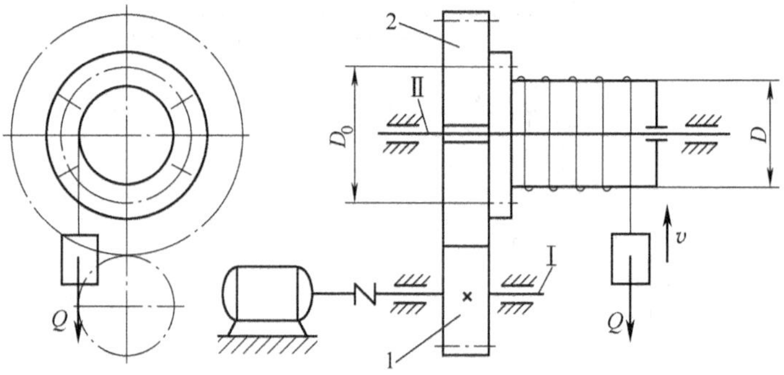

试图 8

9. 如果试图 8 所示装置轴Ⅰ采用一对 7000C 型轴承支承，如图 9 所示，已知轴承Ⅰ上径向载荷 $R_Ⅰ=1000$N，轴承Ⅱ上径向载荷 $R_Ⅱ=1500$N。轴上的轴向载荷 $F_a=400$N，方向如图 9，轴承上的派生（内部）的轴向力 S 与径向载荷 R 的关系为 $S=0.4R$。试求作用于轴承Ⅰ和轴承Ⅱ上的轴向载荷 $A_Ⅰ$和 $A_Ⅱ$。（4 分）

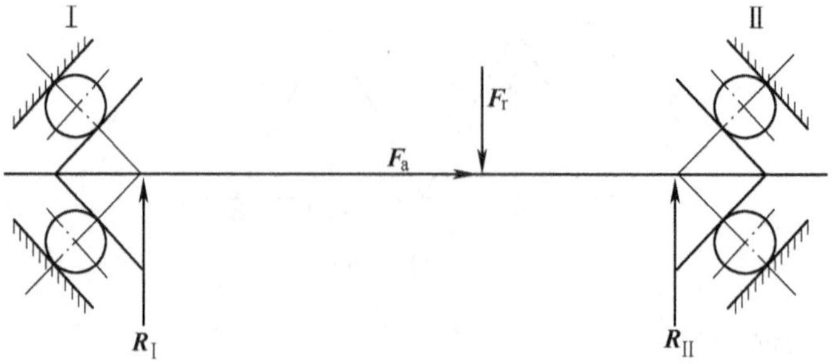

试图 9

四、结构设计题（共 20 分）

1. 指出试图 10 所示双头螺柱连接结构的错误，并画出正确的连接结构。（6 分）

2. 试图 11 所示为普通 V 带与带轮的装配结构，指出图中错误，再画出正确结构，已知 V 带的两工作面夹角为 40°，说明带轮轮槽工作面夹角 φ_0 应满足的条件。（4 分）

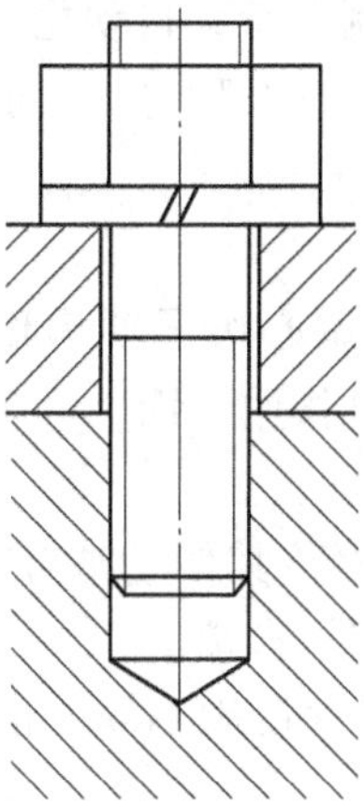

试图　10

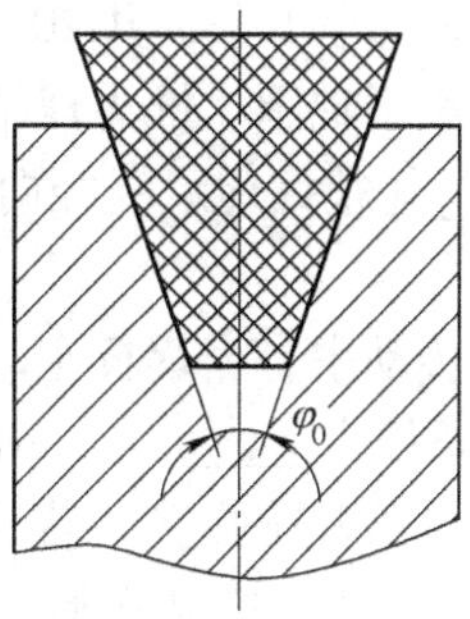

试图　11

3. 试图 12 所示的轴承组合部件设计，使用场合为斜齿轮传动高速级。因转速高、轴向力较大，要求采用角接触球轴承，并且轴承和齿轮都采用油润滑。指出图中结构设计不合理和错误之处，并画出相应的正确结构。（注意：同类错误算一处，指出 5 处即可。需要把包含错误结构的部分局部图画在答题纸上，标出有错之处，再用文字说明原因，并画出正确的局部结构图即可）。（10 分）

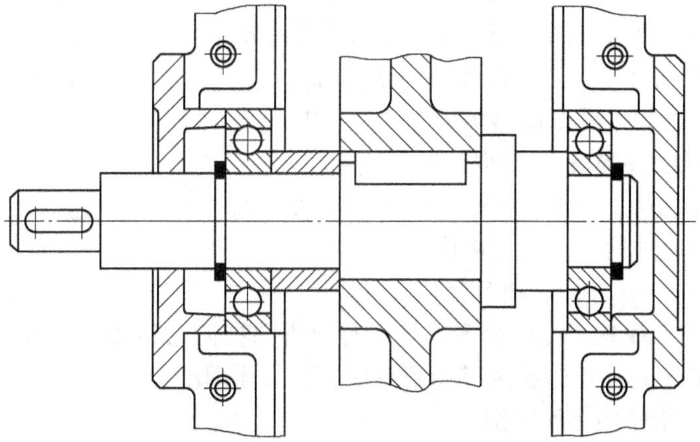

试图　12

×××××大学
2009年硕士研究生入学考试试题

考试科目：机械设计基础　　适用专业：机械制造及其自动化　机械电子工程　机械设计及理论　航空宇航制造工程

一、填空题（每空1分，共20分）

1. 在短圆柱滚子轴承、推力球轴承、圆锥滚子轴承、调心滚子轴承和深沟球轴承5类轴承中，________能很好地承受径向载荷与轴向载荷的联合作用，而________则具有良好的调心作用。

2. 圆柱蜗杆传动中，当蜗杆主动时，蜗杆的头数 z 越多，其传动啮合效率 η ________；蜗杆传动的自锁条件为________，蜗杆的头数 z 越小，越容易自锁。

3. 圆柱形拉—压螺旋弹簧，若载荷 F、中径 D_2 和弹簧材料均不变，把簧丝直径 d 和工作圈数 n 都增大到2倍，则其变形 λ 约为________。

4. 多级齿轮传动减速器中传递的功率是一定的，但由于低速级轴的转速________而使得该轴传递的扭矩________，所以低速级轴的直径要比高速级轴的直径粗得多。

5. 带传动采用张紧轮的目的是________。

6. 双头螺柱连接和螺钉连接常常用于被连接件较厚而不宜钻通孔的场合，其中双头螺柱连接则用于________的场合，而螺钉连接则用于________的场合。

7. 轮系运转时，如果各齿轮的轴线的位置都固定不动，则称之为________；轮系运转时，至少有一个齿轮轴线的位置不固定，而是绕某一固定轴线回转，则称该轮系为________；按照自由度数目的不同，又可将周转轮系分为________与________两类。

8. 在同样材料条件下，三角形螺纹的摩擦力矩________矩形螺纹的摩擦力矩，因此它多用于________中，而矩形螺纹则多用于________中。

9. 凸轮机构从动件的最大位移称为________。

10. 一对心曲柄滑块机构，若演化成以滑块为机架，则其成为________机构，若演化成以曲柄为机架，则其成为________机构。

二、简答题（共20分，每题5分）

1. 一个普通的三级减速传动装置，其中有斜齿圆柱齿轮传动、直齿圆柱齿轮传动和普通V带传动，试按高速→低速排列其布置顺序，并简述理由。

2. 边界摩擦与干摩擦有何区别？

3. 何为机器的“平均速度”和运转“不均匀系数”？

4. 何谓复合铰链、局部自由度和虚约束？在计算机构自由度时应如何处理？

三、分析计算题（共90分）

1. 试图13所示插床的转动导杆机构中，已知 $l_{AC}=50\text{mm}$，$l_{CD}=40\text{mm}$，行程速比系数 $k=1.4$，求曲柄 AB 的长度和插刀 E 的行程。又若需行程速比系数 $k=2$，则曲柄 AB 的长度应为多少？此时插刀的行程是否改变？（15分）

2. 已知试图14所示的直动平底推杆盘形凸轮机构，凸轮为 $r=30\text{mm}$ 的偏心圆盘，

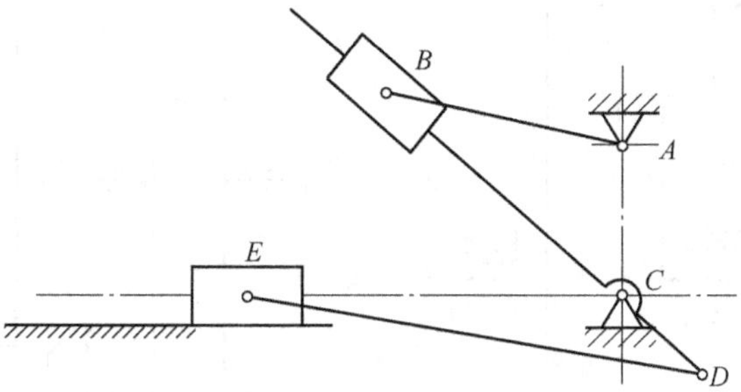

试图　13

$AO=20\text{mm}$。试求：

1）基圆半径 r_0 和升程 h。

2）推程运动角 Φ_0、回程运动角 Φ_0'、远休止角 Φ_s 和近休止角 Φ_s'。

3）凸轮机构的最大压力角 α_{max} 和最小压力角 α_{min}。

4）推杆的位移 s、速度 v 和加速度 a 的方程式。

5）若凸轮以 $\omega_1=10\text{rad/s}$ 匀速转动，当 AO 成水平位置时推杆的速度。（共 10 分，每问 2 分）

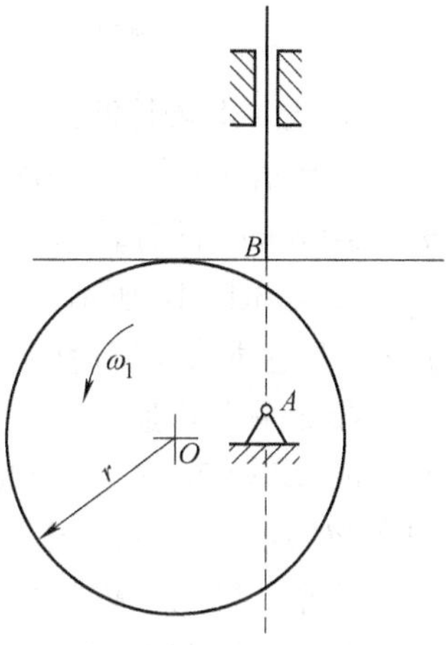

试图　14

3. 如试图 15 所示行星轮系中，各轮质心均在其中心轴线上，已知 $J_1=0.01\text{kg}\cdot\text{m}^2$，$J_2=0.04\text{kg}\cdot\text{m}^2$，$J_2'=0.01\text{kg}\cdot\text{m}^2$，系杆对转动轴线的转动惯量 $J_H=0.18\text{kg}\cdot\text{m}^2$，行星轮质量 $m_2=2\text{kg}$，$m_2=4\text{kg}$，$l_H=0.3\text{m}$，$i_{1H}=-3$，$i_{12}=-1$。在系杆 H 上作用有驱动力矩 $M_H=60\text{N}\cdot\text{m}$，作用在轮 1 上的阻力矩 $M_1=10\text{N}\cdot\text{m}$。试求：

1）等效到轮 1 上的等效转动惯量。（5 分）

2）等效到轮 1 上的等效力矩。（5 分）

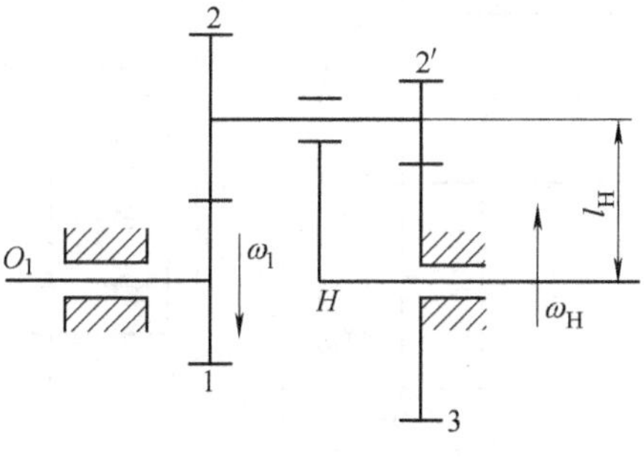

试图　15

4. 试图 16 所示轮系中，已知各轮齿数，求 i_{18}。（10 分）

5. 试图 17 所示为斜齿轮、锥齿轮、蜗杆传动机构，试回答问题：

1）合理确定斜齿轮 1、2 和蜗杆 5、蜗轮 5 的螺旋方向（8 分）。

2）画出斜齿轮 2、蜗杆 6 的受力情况（7 分）。

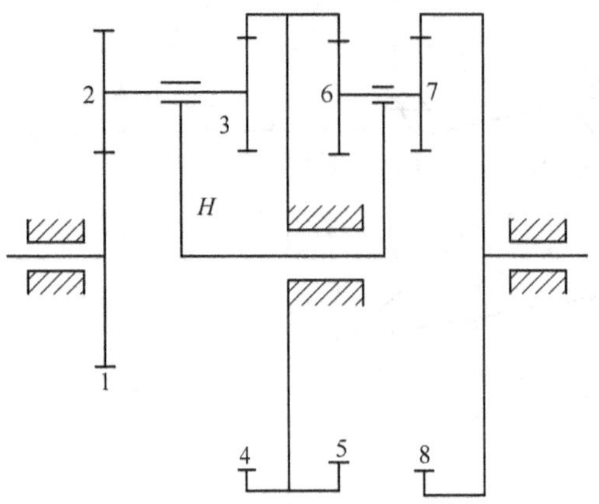

试图 16

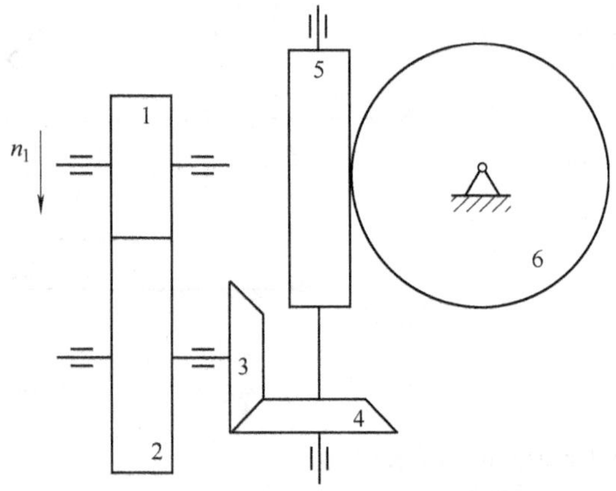

试图 17

6. 有一非液体润滑的向心滑动轴承，宽径比 $B/d=1$，轴径直径 $d=80$mm，已知轴承材料的许用值为 $[p]=5$MPa，$[v]=5$m/s，$[pv]=10$MPa m/s，要求轴承在 $n_1=320$r/min 和 $n_2=640$r/min 两种转速下均能正常工作，试求轴承的许用载荷大小？（15 分）

7. 如试图 18 所示，支架 2 有水平和垂直两个工作位置 A、B，即支架 2 可由水平位置转过 90°到达垂直位置后固定，反之亦然。末端负载 $R=500$N、方向始终垂直向下。承载板 1 与支架 2 采用普通螺栓连接在一起，各螺栓位置 L_1、L_2 及负载作用位置 L 均已知：$L_1=80$mm，$L_2=60$mm，$L=320$mm。结合面间摩擦因数 $f=0.15$，可靠性系数 $K_f=1.2$。承载板 1 自重忽略不计。（15 分）

要求：1）计算图中所示工作位置 A 下各螺栓所需预紧力 F'。（2 分）

2）计算工作位置 B 下受载最大螺栓的工作载荷 F。（3 分）

3）B 工作位置承载下，为保证接合面间不出现间隙，螺栓最小预紧力为 3000N，螺栓的相对刚度为 0.25，试计算此螺栓组连接满足 A、B 两个工作位置承载下，受载最大螺栓的总拉力 F_0。（10 分）

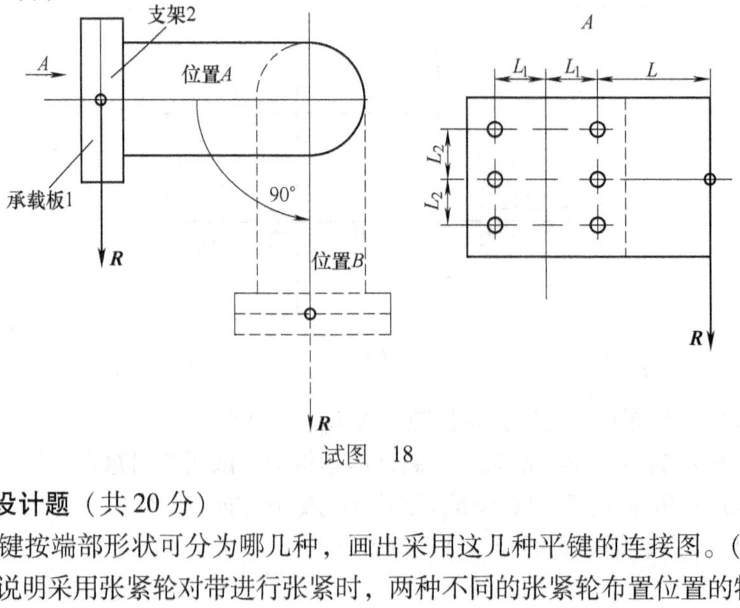

试图 18

四、结构设计题（共 20 分）

1. 普通平键按端部形状可分为哪几种，画出采用这几种平键的连接图。（10 分）

2. 画图并说明采用张紧轮对带进行张紧时，两种不同的张紧轮布置位置的特点。（10 分）

××××××大学
2009年硕士研究生入学考试试题

科目代码：971

机械工程专业综合　（共6页）

考生注意：所有答题务必书写在考场提供的答题纸上，写在本试题单上的答题一律无效（本题单不参与阅卷）。

第二部分　机械原理部分（共五大题，50分）

一、（本题10分）在试图19所示的凸轮—连杆组合机构中，设计者设想：凸轮1作为原动件驱动机构运动，通过摆杆2，带动构件3按一定的运动规律输出直线运动。请问，设计者的意图能否实现？如果能实现，给出理由；如果不能实现，也请说明理由，并给出改进的设计方案。

二、（本题10分）试图20所示为一曲柄滑块机构，曲柄1长度为a，连杆2长度为b，偏心距为e。已知从动件滑块3的行程为$H=100\text{mm}$，行程速比系数$k=1$，机构的最大压力角$\alpha_{max}=30°$。试求：

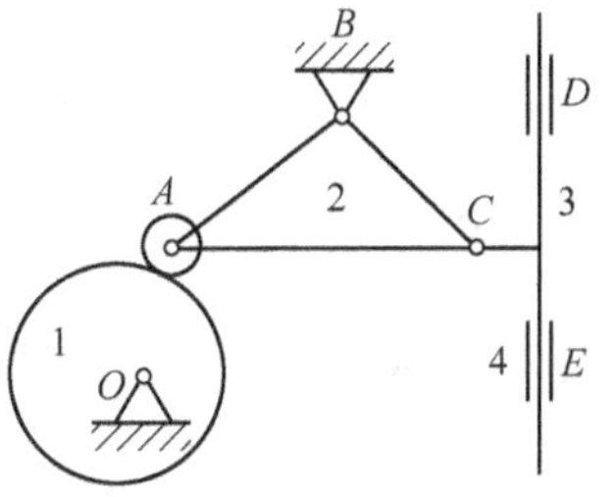

试图　19

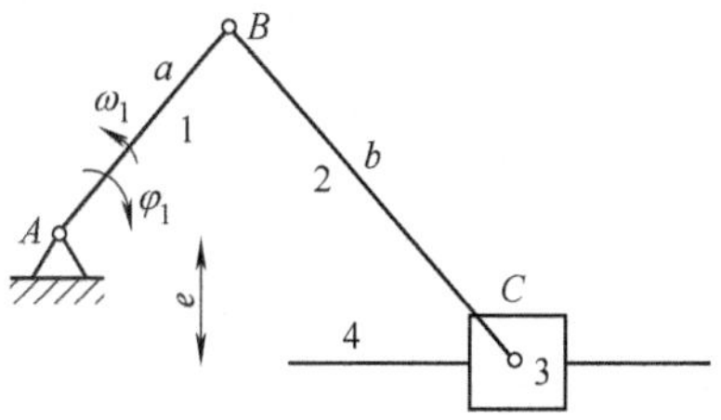

试图　20

1）试设计该曲柄滑块机构。求取a、b和e值。

2）原动件曲柄在$\varphi_1=30°$位置时的角速度为$\omega_1=10\text{rad/s}$. 试用瞬心法求出此时滑块速度v_3的大小和方向。

三、（本题10分）在试图21所示的凸轮机构中，凸轮为一偏心圆盘，平底与导路间的夹角为$\beta=45°$，凸轮以等角速度逆时针方向旋转。请在答题纸上作图，试：

1）标出凸轮的基圆（半径用r_b表示）。

2）标出凸轮机构在此位置时的压力角。

3）采用反转法，标出凸轮由图示位置转动90°后，从动件下降的距离。

4）求出机构的最大压力角α_{max}和最小压力角α_{min}值。

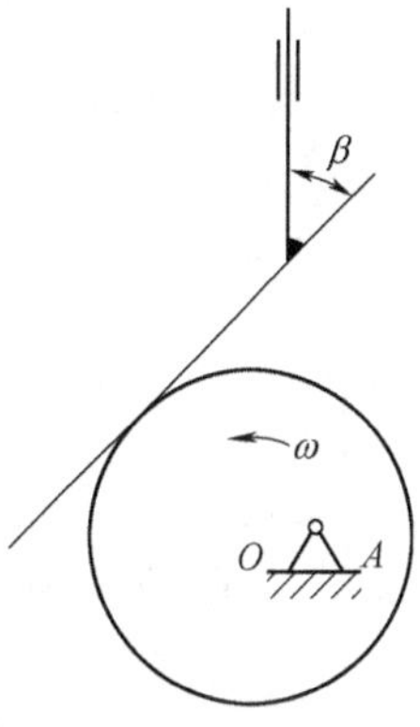

试图　21

四、（本题 10 分）一对外啮合渐开线标准直齿圆柱齿轮传动，其有关参数为：$z_1=21$，$z_2=40$，$m=5\text{mm}$，$\alpha=20°$，$h_a^*=1$，$c^*=0.25$。试求：

1）标准安装时的中心距 a、啮合角 α'和顶隙 c。

2）若该对齿轮传动的重合度 $\varepsilon=1.64$，实际啮合线段$\overline{B_1B_2}$的长度为多少？

3）中心距加大 2mm 后的啮合角 α'及顶隙 c。

五、（本题 10 分）某机械系统主轴的角速度在一个运转周期（对应主轴转角为 360°）内的变化规律如试图 22a 中的实线所示，等效到主轴上的等效阻力矩 M_R 如试图 22b 所示，已知作用在主轴上的驱动力矩 M_D 为常值，机械系统等效到主轴上的等效转动惯量 $J_0=0.096\text{kg}\cdot\text{m}^2$，且假设为常值。现要通过在主轴上加装一个飞轮的办法，将主轴的角速度调节为如试图 22a 虚线所示的大小，试计算飞轮的转动惯量 J_F 的大小。

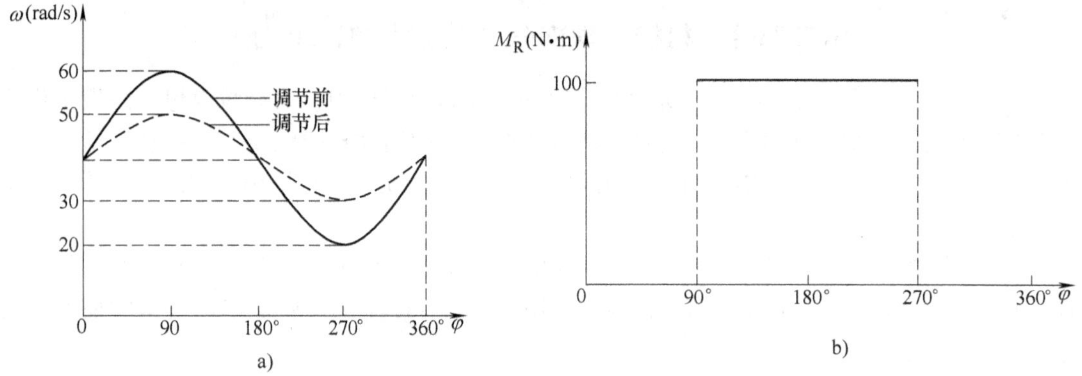

试图 22

××××××大学
2010 年硕士研究生入学考试试题

科目代码：971

机械工程专业综合 （共 7 页）

考生注意：(1) 所有答题务必书写在考场提供的答题纸上，写在本试题单上的答题一律无效（本题单不参与阅卷）。(2) 本试卷共分四部分：第一和第二部分为必答部分；第三和第四部分为选答部分，考生二选一作答，多答不计成绩。

第二部分 机械原理部分（共五大题，50 分）

一、(本题 10 分)

试图 23 所示为简易冲床的设计方案，它是由一个滚子摆动从动件盘形凸轮机构 1—2—3—5 和一个连杆运动链 3—4—5 串联而成。动力由凸轮 1 输入，通过小滚子 2，带动摆杆 3 摆动，从而使推杆 4（冲头）上下移动以达到冲压工件的目的。要求：

1）通过自由度计算并从运动链具有确定运动的条件出发，判断设计者的意图能否实现。

2）如果设计者的意图不能实现，请提出修改意见并画出修改后的机构运动简图（修改时应使原结构改动尽量小）。

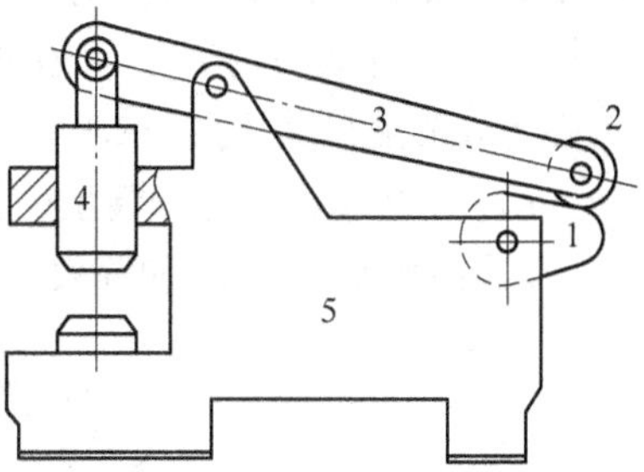

试图 23

二、(本题 10 分)

试设计如试图 24 所示的偏置曲柄滑块机构。已知偏距 $e=50\text{mm}$，滑块 C 的行程 $H=100\text{mm}$，滑块 C 由 C_1 运动到 C_2 所用的时间为由 C_2 运动到 C_1 所用时间的 1.5 倍。试用图解法设计此曲柄滑块机构，给出曲柄 AB 和连杆 BC 的长度 l_{AB} 和 l_{BC}。

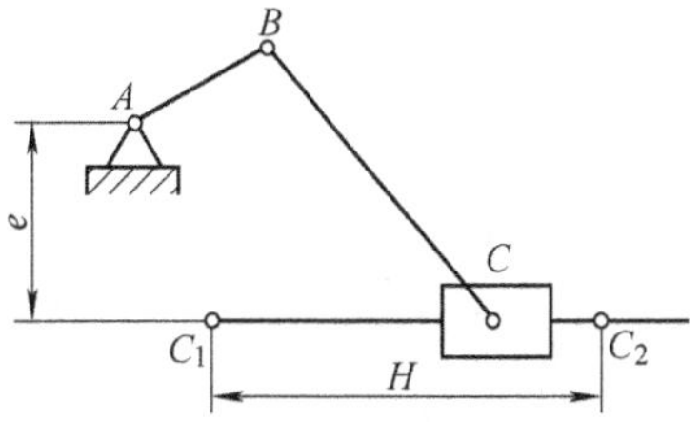

试图 24

三、(本题 10 分)

试图 25 所示为偏置尖端移动从动件盘形凸轮机构示意图。已知凸轮的基圆半 $r_b=50\text{mm}$，偏距 $e=20\text{mm}$，从动件升程阶段按匀速运动规律运动，其行程为 $h=100\text{mm}$，对应的凸轮升程运动角为 $\Phi=180°$。试应用反转图解法（凸轮相对固定不动）给出对应凸轮转动 45°时的从动件尖端的位置。

四、(本题 10 分)

试图 26 所示为一行星轮系。已知齿轮 1，2 和 3 都为正常齿制（$h_a^*=1$，$c^*=0.25$）的标准直齿圆柱齿轮，齿轮的压力角 $\alpha=20°$；相互啮合的齿轮都是按照标准中心距安装。传动比 $i_{1H}=3$，行星轮 2 的齿数 $z_2=17$，齿轮 1 和 2 的中心距 $a_{o_1o_2}=51\text{mm}$。试计算机构中三个齿轮的几何尺寸（分度圆半径 r，基圆半径 r_b，齿顶圆半径 r_a 和齿根圆半径 r_f）。

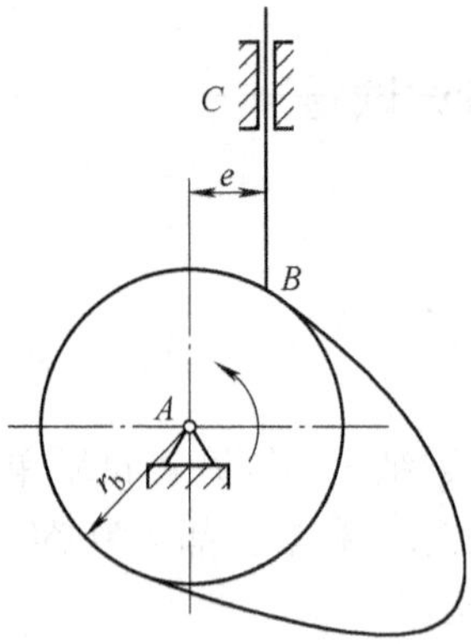

试图 25

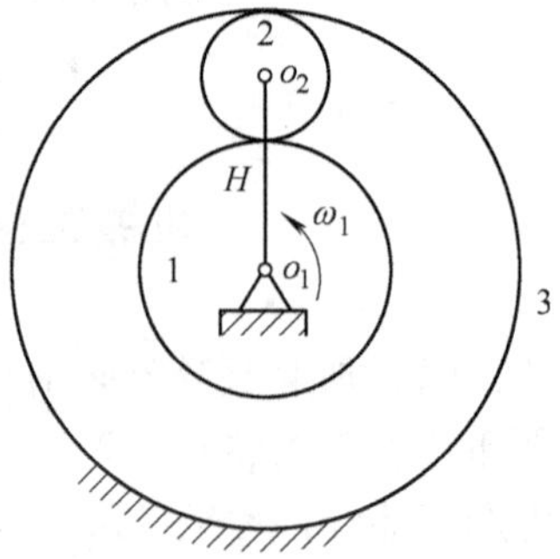

试图 26

五、（本题 10 分）

在如试图 27a 所示的对心曲柄滑块机构中，原动件滑块 3 上的驱动力为 F_3，从动件曲柄 1 上的工作阻力矩为 M_1，曲柄相对 A 点的转动惯量为 J_1，连杆 2 的质量为 m_2，相对其质心 s_2的转动惯量为 Js_{12}，滑块的质量为 m_3。现在将该曲柄滑块机构等效为试图 27b 所示的动力学模型，其等效力为 F_e，等效质量为 m_e。设曲柄的角速度为 ω_1，连杆的角速度为 ω_2，连杆质心 s_2处的速度为 V_{s_2}。试求：

1）写出等效动力学模型的数学表达式。

2）给出等效力 F_e和等效质量 m_e的数学表达式。

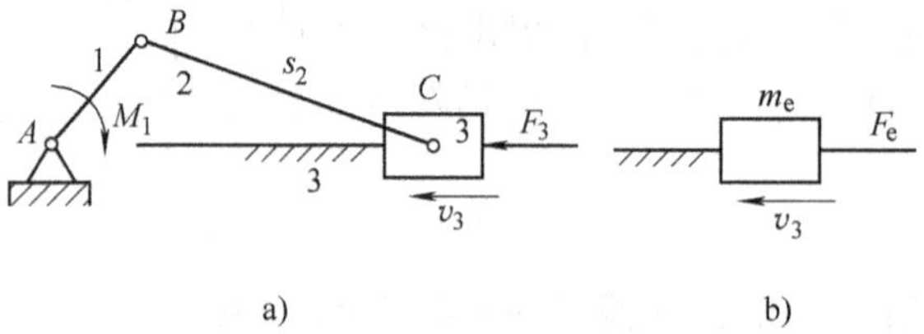

试图 27

××××大学

2010 年硕士学位研究生入学考试试题

一、计算下列机构自由度；指出机构中何处有复合铰链、局部自由度、虚约束；列出机构具有确定运动的条件。（试图 28）（18 分）

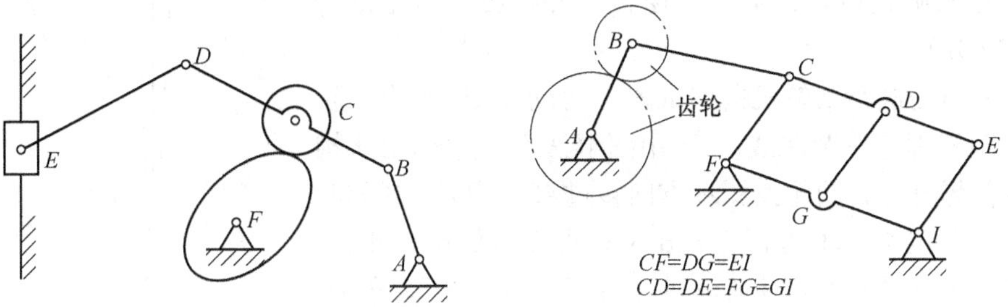

a)　　　　b)

试图　28

二、图示曲柄滑块机构：① 列出曲柄存在的条件；② 用作图法作出机构的极位夹角 θ，标出 C 点的压力角 α。（构件尺寸从试图 29 中直接量取）（12 分）

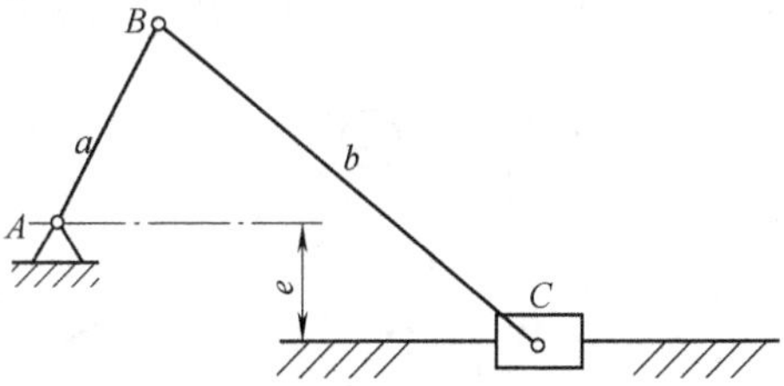

试图　29

三、1）找出下列两机构中的所有速度瞬心。（试图 30）

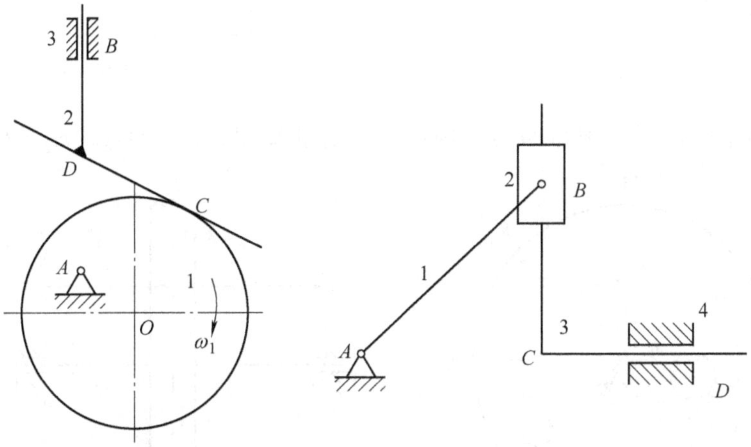

a)　　　　b)

试图　30

2）应用瞬心法作图求解试图 30a 机构中构件 2 的速度 v_2。（10 分）

四、1）试图 31 所示的渐开线标准齿轮的模数 $m=6\text{mm}$，压力角 $\alpha=20°$，齿数 $z=26$。求当测量销柱正好在分度圆处与齿廓接触时销柱的半径 r_p 和两个对称布置的销柱之间的距离 L。

2）有一标准斜齿轮，$m_n=5\text{mm}$，$z_1=14$，$\alpha_n=20°$，$h_{an}^*=1$，$c_n^*=0.25$，$\beta=15°$，求齿轮分度圆直径 d，齿顶圆直径 d_a，齿根圆直径 d_f，基圆直径 d_b，并指出该齿轮是否根切？（20 分）

五、一偏心圆盘凸轮机构如试图 32 所示，① 画出凸轮机构的基圆和理论轮廓曲线；② 用图解法在图中标出从构件 2 最低位置开始，凸轮按图示方向转过 45°、90°、180°时从动件 2 的角位移；③ 在图中标出从构件 2 最低位置开始，凸轮按图示方向转过 90°时从动件 2 在 C 点处的压力角 α。（解题时，尺寸从图中直接量取，作图过程及图线应保留完整。）（10 分）

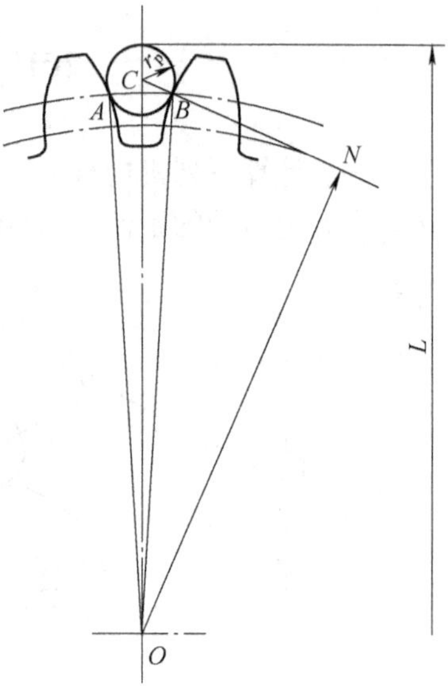

试图 31

六、试图 33 所示轮系，已知齿轮 4、5 的齿数分别为 z_4，z_5，且 $z_3=z_1$，$z_2=z_{2'}$，试求传动比 i_{4H}，并判断齿轮 4 与轴 H 的转向关系。（10 分）

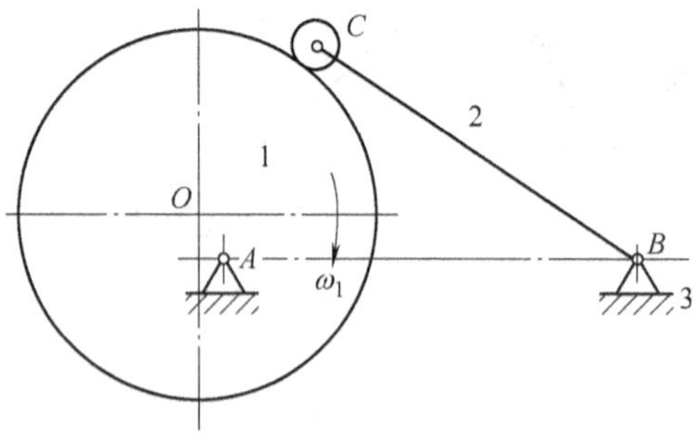

试图 32

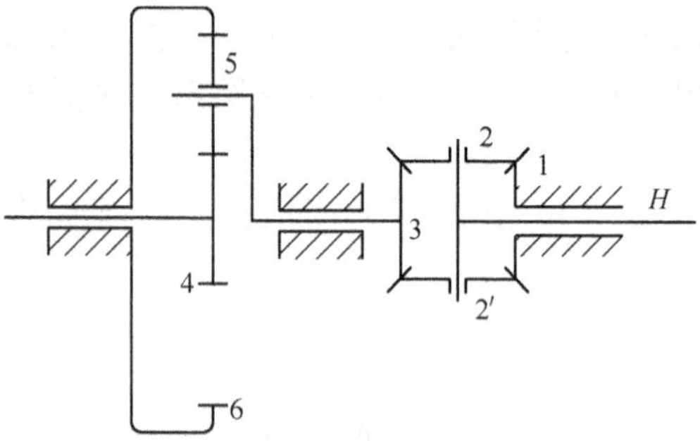

试图 33

七、如试图 34 所示，圆盘回转件内有三个分布质量，$m_1=4\text{kg}$，$m_2=5\text{kg}$，$m_3=2\text{kg}$，

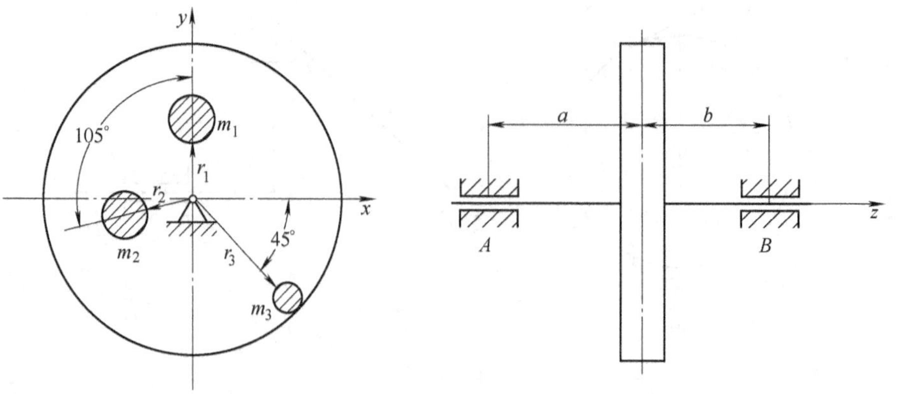

试图 34

回转件绕 z 轴等角速度旋转，转速 $n=300\text{r/min}$，$r_1=120\text{mm}$，$r_2=100\text{mm}$，$r_3=200\text{mm}$，$a=200\text{mm}$，$b=120\text{mm}$。① 由于不平衡惯性力而在轴承 A 和 B 处产生的动压力 R_A 和 R_B，试求 R_A 和 R_B 的大小、方向；② 应在回转件上什么方位加多大的平衡质量 m_b（$r_b=200\text{mm}$）才能平衡掉轴承 A 和 B 上的动压力。(用矢量作图求解)（20 分）

八、如试图 35 所示减速器，各齿轮轮齿数分别为 z_1，z_2，$z_{2'}$，z_3，每对齿轮传动效率 $\eta_1=0.95$，每个支承的效率 $\eta_2=0.98$。① 计算传动比 i_{AB}；② 计算减速器总效率 η；③ 若要求轴 B 输出功率为 2kW，则输入轴 A 的功率为多少?（10 分）

九、如试图 36 所示四杆机构，$l_{AB}=150\text{mm}$，$l_{BC}=l_{CD}=300\text{mm}$，$l_{AD}=400\text{mm}$，各构件质量分别为：$m_1=10\text{kg}$（质心 S_1 在 A 点），$m_2=20\text{kg}$（质心 S_2 在 BC 的中点），$m_3=20\text{kg}$（质心 S_3 在 D 点）。驱动矩 $M_3=300\text{N}\cdot\text{m}$，$\theta=60°$。求：① M_3 换算到曲柄 1 的等效力矩 M（提示：用速度多边形杠杆法）；② 当各构件转动惯量 $J_{S_1}=0.1\text{kg}\cdot\text{m}^2$，$J_{S_2}=J_{S_3}=0.2\text{kg}\cdot\text{m}^2$，求：整个机构折算到主轴 A 上的等效转动惯量。(20 分)

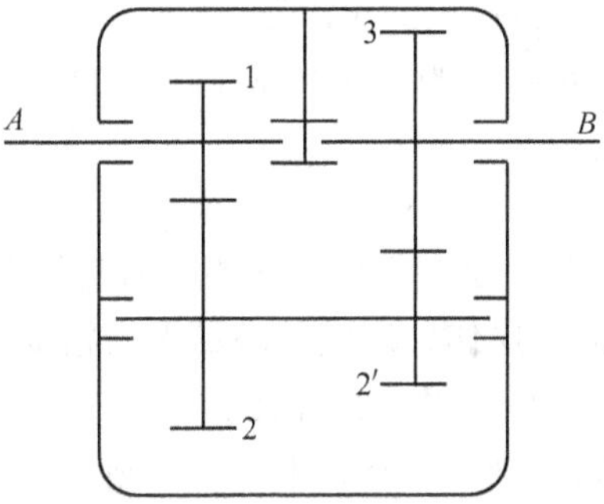

试图　35

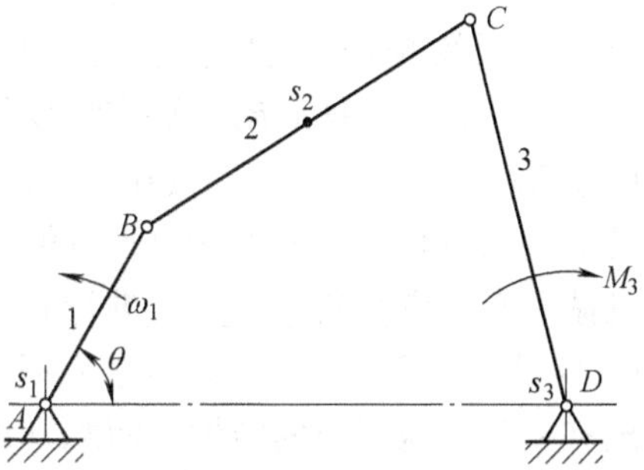

试图　36

十、如试图 37 所示机构中构件长度 $l_{OA}=20\text{mm}$，$l_{OB}=40\text{mm}$，其余尺寸如图，构件 1 等角速度顺时针转动 $\omega_1=50\text{rad/s}$，试用相对运动图解法求从动件 2 的角速度 ω_2 和角加速度 ε_2（其余方法求解不给分）。(20 分)

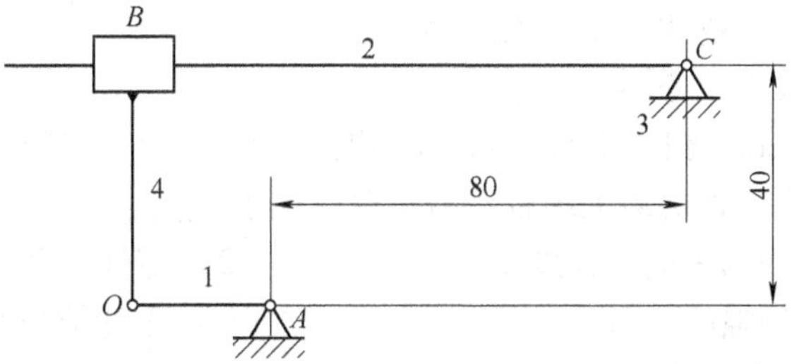

试图　37

××大学招收2010年硕士学位研究生入学考试试题

考试科目名称：机械原理与机械设计　　　　　　　　　　　考试科目代码：803

所有答案必须写在答题纸上，并写清楚题号，答案写在试题上无效。

一、单项选择题（15小题，每小题2分，共30分）

1. 对于槽数 $z=6$ 的外槽轮机构，若要求从动槽轮的运动时间与机构运动周期之比大于0.5，则应在主动拨盘上均布________圆销。
(A) 1个　　(B) 2个　　(C) 3个

2. 一渐开线直齿圆柱齿轮，已知其齿数 $z=25$，模数 $m=5\text{mm}$。若测得其分度圆齿厚为8.2mm，则该齿轮是________。
(A) 标准齿轮　　(B) 正变位齿轮　　(C) 负变位齿轮

3. 由矩形螺纹构成的螺旋副，已知摩擦因数 $\mu=0.06$，当中径圆柱面螺纹升角为________时，该螺旋副能够实现反行程自锁。
(A) 2.8°　　(B) 3.8°　　(C) 4.8°

4. 已知一长200mm、直径100mm的刚性转子运转时处于不平衡状态，若对该转子进行机械平衡，应在其________进行质量增添或减少操作，以使其满足平衡精度要求。
(A) 外圆表面上　　(B) 一个端面上　　(C) 两个端面上

5. 现有一碳素钢制成的转轴，两端支承，为提高其刚度，不宜采用的措施为________。
(A) 换用合金钢　　(B) 增大剖面尺寸　　(C) 缩短两端支点跨距

6. 影响零件疲劳强度的综合影响因子 $K_{\sigma D}$ 主要与________等因素有关。
(A) 零件应力集中、过载、温度
(B) 零件应力比、应力集中、加载状态
(C) 零件表面状态、绝对尺寸、应力集中
(D) 零件材料、热处理方法、绝对尺寸

7. 影响润滑油粘度的主要因素有________。
(A) 压力和摩擦副材料　(B) 压力和温度　　(C) 温度和摩擦副材料

8. 过盈连接结合面容许的最大结合压力主要取决于________。
(A) 零件结合面的表面粗糙度　　(B) 零件结合面的硬度
(C) 零件材料的强度　　(D) 零件结合面的加工精度

9. 联轴器和离合器的根本区别是________。
(A) 联轴器只能用来传递转矩；离合器除传递转矩外，还可以用作安全或定向装置。
(B) 联轴器只能用来连接两个轴；离合器还可以用来连接轴上的其他回转零件。
(C) 联轴器可采用弹性元件来缓冲吸振；离合器没有这种特性。
(D) 联轴器连接的两轴只有用拆卸方法才能分离；离合器连接的两轴能够随时分离。

10. 如试图38所示4种普通V带传动的张紧装置中，主动带轮转向如图所示，则方案

________的张紧轮布置方式最为合理。

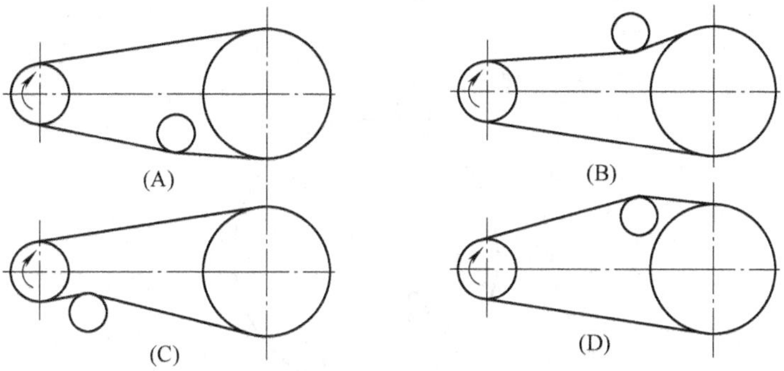

试图　38

11. 某螺栓的性能等级为4.6级，则该螺栓的________。
（A）屈服强度σ_{smin}为600MPa　（B）屈服强度σ_{smin}为240MPa
（C）抗拉强度σ_{bmin}为600MPa　（D）抗拉强度σ_{bmin}为240MPa

12. 滚子链传动中，链节数取________可避免采用过渡链节。
（A）奇数　（B）偶数　（C）奇数或偶数均

13. 圆柱螺旋弹簧设计计算中，弹簧丝直径是根据其________要求计算得到的。
（A）刚度　（B）稳定性　（C）强度　（D）旋绕比

14. 下述类型的滚动轴承中，________所允许的内、外圈轴线偏转角最大。
（A）深沟球轴承　（B）调心球轴承
（C）圆锥滚子轴承　（D）圆柱滚子轴承

15. 试图39所示为一普通V带传动，已知小带轮为主动轮，且其转向如图所示。则________点所在截面处带所受的应力最大。
（A）a　（B）b　（C）c　（D）d

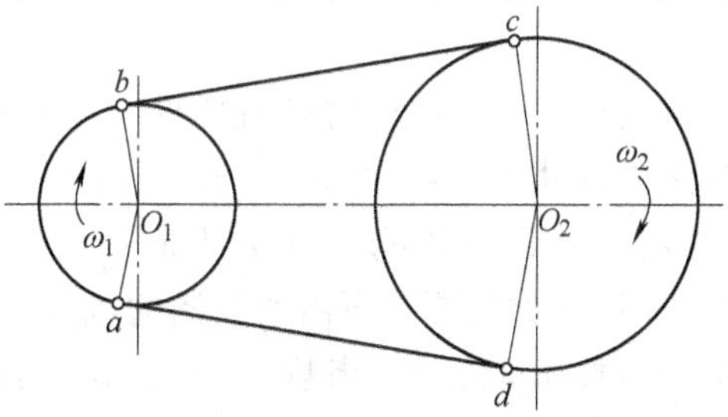

试图　39

二、试图40所示为一对心直动滚子从动件盘形凸轮机构。已知凸轮为一偏心圆盘，其转向如图所示，且从动件推程运动规律为$s=s(\varphi)$。试在答题纸上完成下列工作：（16分）

1）标明从动件由最低位置运动至图示位置时，从动件的位移s与凸轮的转角φ。

2）标明该机构在图示位置处的压力角α。

3）推导该机构推程压力角的解析表达式。

4）欲减小该机构的推程压力角，可采取什么措施？

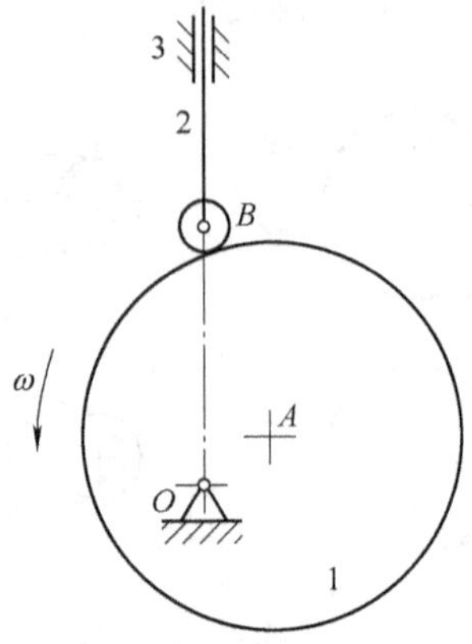

试图 40

三、试图 41 所示轮系中，已知各轮均为渐开线标准直齿圆柱齿轮，齿数 $z_1=z_5=40$，$z_3=80$，$z_4=60$：轮 1 模数 $m_1=5\text{mm}$；各构件相对其转轴的转动惯量 $J_3=J_H=0.04\text{kg}\cdot\text{m}^2$（构件 H 与轮 4 固结，转动惯量以 J_H 表示），$J_2=J_2'=0.01\text{kg}\cdot\text{m}^2$，$J_5=0.02\text{kg}\cdot\text{m}^2$；轮 2 与轮 2′质量相同，均为2kg；主动轮 5 的转向如图所示。试完成下列工作：（17 分）

1）判定轮 3 的转向。

2）若以 H 为等效构件，计算该系统的等效转动惯量 J_e。

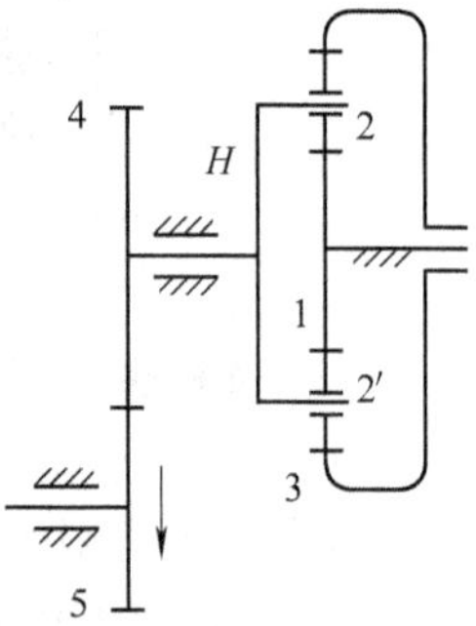

试图 41

四、试图 42 所示为一铰链四杆机构中连杆 ab 的两个位置。已知：ab 杆长为 20mm；a_1b_1 位置呈铅垂方向，a_2b_2 位置与水平方向夹角 5°；铰链中心点 a_1、b_2 的水平间距、铅垂间距均为 15mm。试完成下列工作：（12 分）

1）采用图解法设计该机构，确定连架杆 a_0a、b_0b 的固定铰链中心点 a_0 与 b_0 的位置。

要求：当取连架杆 a_0a 为主动件时，a_1b_1 为该机构处于一极限位置时的连杆方位，且 a_2b_2 为该机构处于死点位置时的连杆方位。

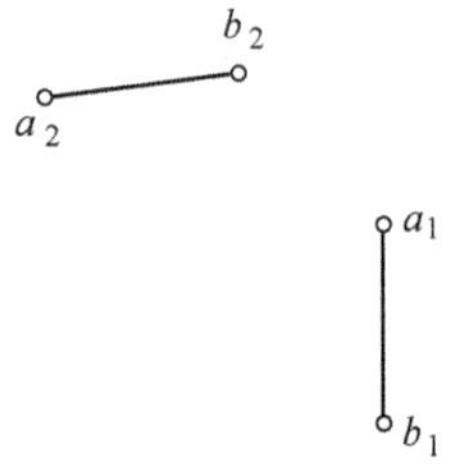

试图 42

2）上述机构为何种类型的铰链四杆机构？欲使其成为一双曲柄机构，应如何确定各构件的作用？（如需要，可由所绘制的机构运动简图中获得数据。）

五、拟采用展成法加工一模数 $m=5\text{mm}$、齿数 $z=25$ 的渐开线标准直齿圆柱齿轮。但因操作人员一时疏忽，当刀具的径向进给量与完成切齿加工所需的正常值相比还差 0.1mm 时，该齿轮即被作为成品从加工机床上卸下入库了。试问：（10 分）

1）若将该齿轮与一齿数 $z=35$ 的标准直齿圆柱齿轮啮合，则该传动与相应的标准直齿圆柱齿轮传动（$m=5\text{mm}$、$z_1=25$、$z_2=35$）相比，其传动比、中心距、啮合角及重合度是否发生变化？该对齿轮传动实际上属于何种传动类型？

2）由上述已知条件，该齿轮传动的啮合角可利用哪个计算公式求解？

六、试图 43 所示为一齿轮连杆组合机构的初步设计方案，其中连架杆 AB、CD 分别与圆柱齿轮 1、2 固结。试完成下列工作：（12 分）

1）计算图示机构的自由度。

2）采用改变杆长、增加构件及运动副数目的方法，对图示方案进行改进设计。

要求：给出3种不同的改进设计方案；改进设计方案仍然是齿轮机构与连杆机构的组合，且保持 A、D 两轴分别同时连接有齿轮和连架杆的机构形态；改进设计方案均为单自由度机构，且各方案中构件总数均不超过6。

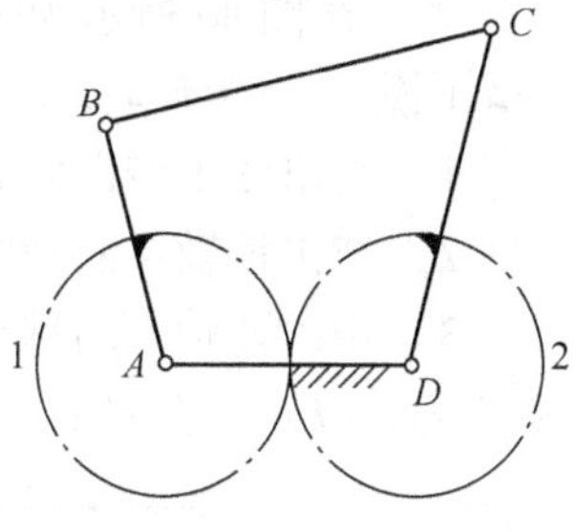

试图　43

七、试图44所示为斜齿圆柱齿轮和蜗杆、蜗轮所组成的二级传动。已知动力自Ⅰ轴输入，蜗轮4的转向及螺旋线方向如图所示。为使Ⅱ轴上两传动零件所受的轴向力方向相反，试在答题纸上完成下列工作：（共14分）

1）标明斜齿轮1、2及蜗杆3的螺旋线方向。

2）标明Ⅰ、Ⅱ轴的转向。

3）标明斜齿轮2和蜗杆3所受各分力的方向（不允许利用⊙或⊗表示）。

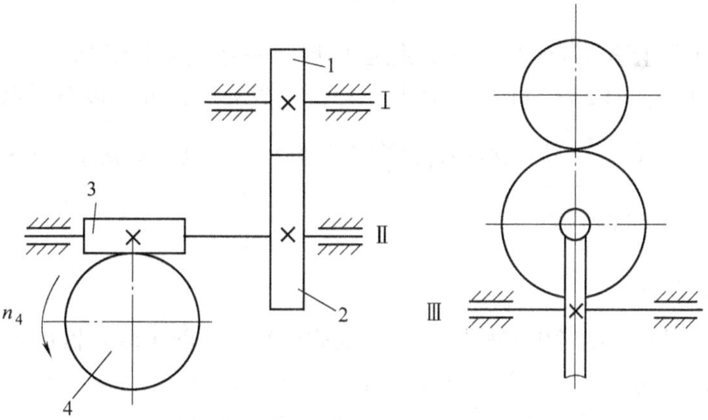

试图　44

八、试图45所示转轴由一对7207AC型滚动轴承支承，其上安装有一斜齿圆柱齿轮，且该齿轮相对于轴承对称布置。已知该轴转速 $n=200\text{r/min}$，输入功率 $P=4\text{kW}$；齿轮分度圆直径 $d=188\text{mm}$，齿轮所受各分力的方向如图所示（切向力 F_t 垂直纸面向外），且径向力 $F_r=753\text{N}$、轴向力 $F_x=387\text{N}$；两轴承载荷作用中心距离 $l=200\text{mm}$，载荷因数 $f_p=1$。试计算：（15分）

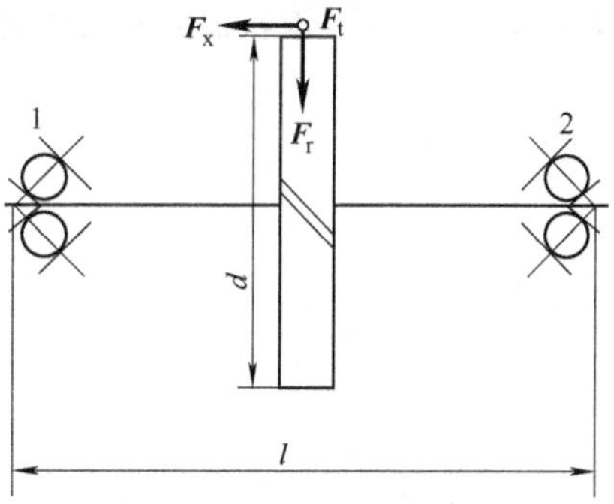

试图45

1）两轴承所受的径向载荷 F_{r1}、F_{r2}。

2）两轴承所受的轴向载荷 F_{A1}、F_{A2}。

3）两轴承的当量动载荷 P_1、P_2。

附：轴承内部轴向力 $F_S=eF_R$，且

e	$F_A/F_r \leq e$	$F_A/F_r > e$
0.68	$X=1$	$X=0.41$
	$Y=0$	$Y=0.87$

九、试图 46 所示为一蜗杆减速器的高速轴。该轴采用滚动轴承支承，轴承固定方式为一端固定、一端游动，动力自右端半联轴器输入。请在答题纸上完成下列工作： （14 分）

1）指出图中错误之处，标明序号（如①、②……），并按序号依次说明错误原因。

2）指出该轴系的轴向固定结构中，哪一端是固定端，哪一端是游动端。

3）指出该轴系的哪个轴承需要进行游隙调整，并说明可用来调整该轴承游隙的机械零件名称，以及其在图中的正确安装位置。

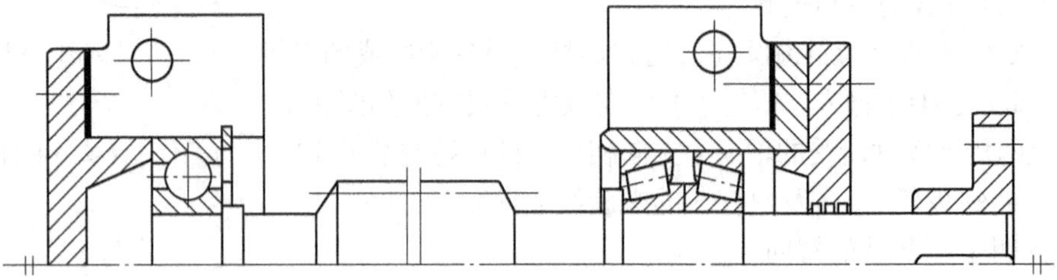

试图 46

十、（全日制专业学位硕士生考生答此题）现有一开式渐开线标准直齿圆柱齿轮传动。已知主动轮 1 转速 $n_1=120\text{r/mim}$，传动比 $i=3$，模数 $m=5\text{mm}$，齿宽系数 $\psi_d=0.8$，齿宽 $b_1=90\text{mm}$、$b_2=80\text{mm}$，$\dfrac{[\sigma]_{F1}}{Y_{FS1}}=46\text{MPa}$，$\dfrac{[\sigma]_{F2}}{Y_{FS2}}=51\text{MPa}$，载荷系数 $K=1.5$。试计算该齿轮传动所能传递的功率。（10 分）

附：$\sigma_F=\dfrac{2KT_1}{bd_1m}Y_{FS}$

十一、（学术型硕士生考生答此题）某凸缘式联轴器，两半联轴器由 6 个 M12 的普通螺栓相联接。已知螺栓小径 $d_1=10.106\text{mm}$，且各螺栓均匀分布于直径 $D=130\text{mm}$ 的圆周上。若螺栓许用拉应力 $[\sigma]=200\text{MPa}$，两半联轴器结合面间的摩擦因数 $\mu=0.16$，可靠性系数 $K=1.2$，试计算该联轴器所能传递的转矩 T。（10 分）

××××大学2010年硕士研究生招生入学考试试卷

考生请注意：

1. 本试题共七题，共4页，满分150分，请认真检查；
2. 答题时，直接将答题内容写在考场提供的答题纸上，答在试卷上的内容无效；
3. 请在答题纸上按要求填写试题代码和试题名称；
4. 试卷不得拆开，否则遗失后果自负。

一、(18分) 计算试图47a、b所示机构的自由度。如果有复合铰链、局部自由度和虚约束请予以指出。

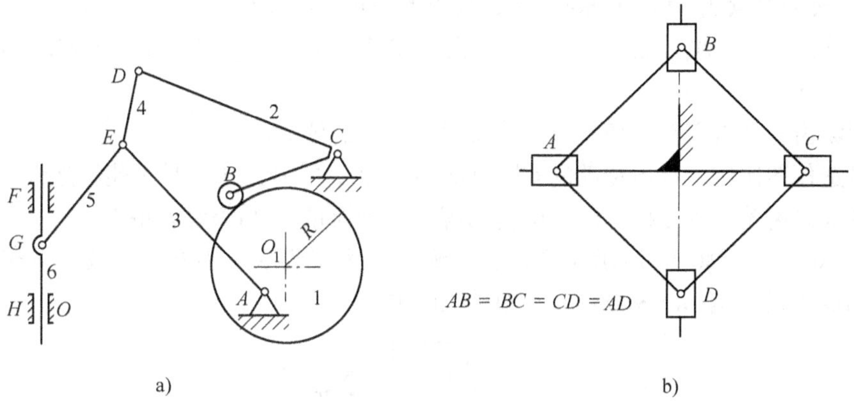

试图 47

二、(22分) 在试图48中所示凸轮机构中，已知滚子半径 $r_r = 8\text{mm}$，凸轮是以点 B 为中心，半径 $R = 20\text{mm}$ 的圆盘，铰链点 A 到点 B 之间的距离 $l_{AB} = 10\text{mm}$，摆杆 CD 的长度 $l_{CD} = 35\text{mm}$，固定铰链点 A 和 D 之间的距离 $l_{AD} = 50\text{mm}$，凸轮以角速度 $\omega = 70\text{rad/s}$ 匀速转动。

1）画出机构在图示位置时构件1与构件2之间的速度瞬心，并确定在图示位置时构件2的角速度 ω_2。

2）对机构进行高副低代，画出机构的低副运动等效机构。

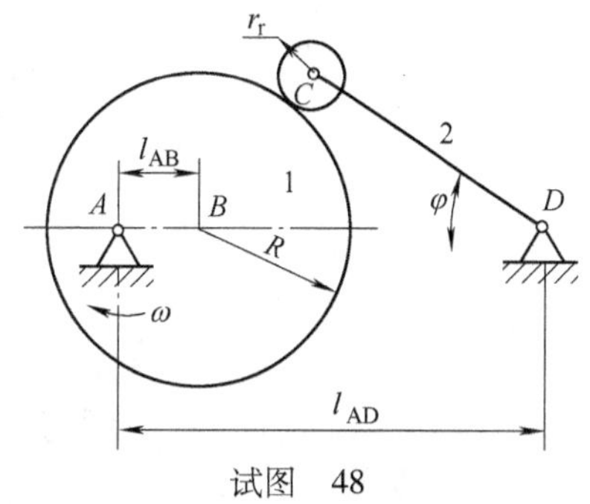

试图 48

3）确定在机构运动过程中，摆杆摆角 φ 的最大值 φ_{max} 和最小值 φ_{min}。

三、(30分) 试图49所示连杆机构，已知 $l_{AB} = 50\text{mm}$，$l_{BC} = 120\text{mm}$，偏距 $e = 20\text{mm}$，构件 AB 为主动件，并以角速度 ω 匀速转动。

1）构件 AB 是否为曲柄？简要说明判断的依据。

2）确定在机构运动过程中的最小传动角 γ_{min}。

3）画出滑块 C 的极限位置，并根据作图确定机构的极位夹角 θ 和行程速比系数 k。

4）在保持滑块 C 的极限位置和偏距 e 不变的情况下，如果要将行程速比系数 k 改为

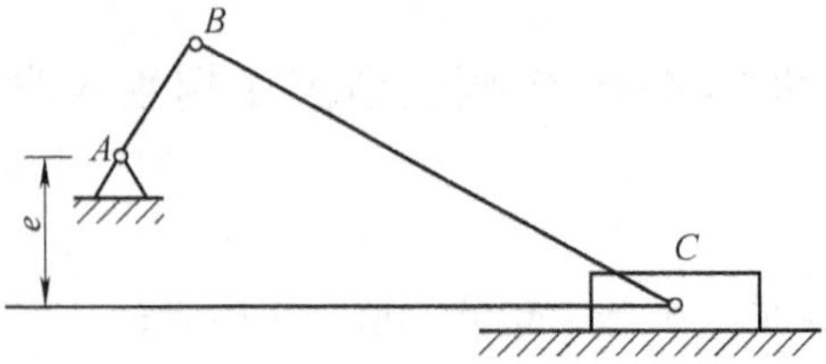

试图 49

1.25，问构件杆长 l_{AB}、l_{BC}应改为多少？

四、（25 分）渐开线正常直齿齿轮齿条传动。已知正确安装时齿轮的转动中心到齿条分度线之间的距离 $a=34\text{mm}$，齿条的齿距 $p=5\pi\text{mm}$，齿形角 $\alpha=20°$，齿轮的齿数 $z=13$，齿轮上的驱动力矩 $M_1=10\text{N}\cdot\text{m}$，方向为顺时针方向，齿条上的工作阻力 $F_Q=30\text{N}$，齿轮对其传动中心的转动惯量 $J_1=0.0039\text{kg}\cdot\text{m}^2$，齿条的质量 $m_2=10\text{kg}$。

1）试确定齿轮的模数 m，压力角 α，齿顶高系数 h_a^*，顶隙系数 c^* 和变位系数 x，并简要说明确定的依据。

2）判断齿轮是否存在根切现象，简要说明判断的依据。

3）自选作图比例，画出传动的实际啮合线 B_1B_2，并判定传动是否能够连续。

4）试求以齿轮为等效构件时，机构的等效转动惯量 J_e 和等效力矩 M_e。

五、（20 分）试图 50 所示轮系，已知蜗杆 5 为右旋双头蜗杆，齿数 $z_4=80$，$z_1=20$，$z_3=80$，齿轮 1 的转速 $\omega_1=900\text{r/min}$，转向如图中所示。

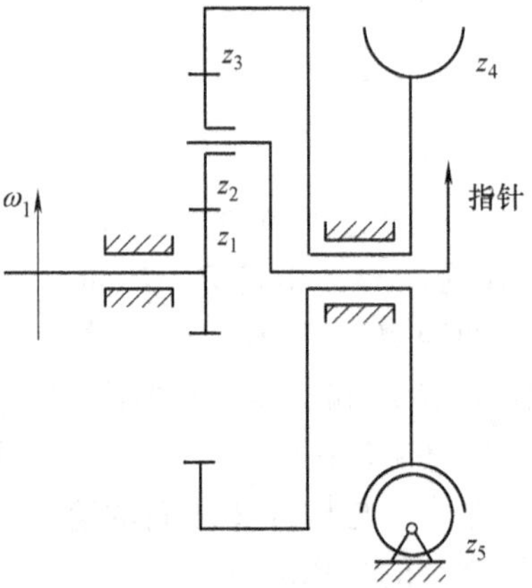

试图 50

1）如果指针静止不动，试确定蜗杆 5 的转速 ω_5 及其转向。

2）如果指针的转速 ω_H 与齿轮 1 的转速 ω_1 不仅大小相同，而且方向也相同，试确定蜗杆 5 的转速 ω_5 及其转向。

六、（20 分）在试图 51 所示的机构中，构件 1 与构件 2 之间的右旋螺旋副 B 的导程为 l_B，构件 3 的长度为 l_{BC}，构件 1 为原动件，其角速度为 ω_1，方向如图中所示，构件 4 上受有外力 F_Q。

1）试确定机构处于死点位置时角度 θ 的大小。

2）如果在机构工作过程中，出现了自锁现象，分析产生自锁的可能原因，并写出相应

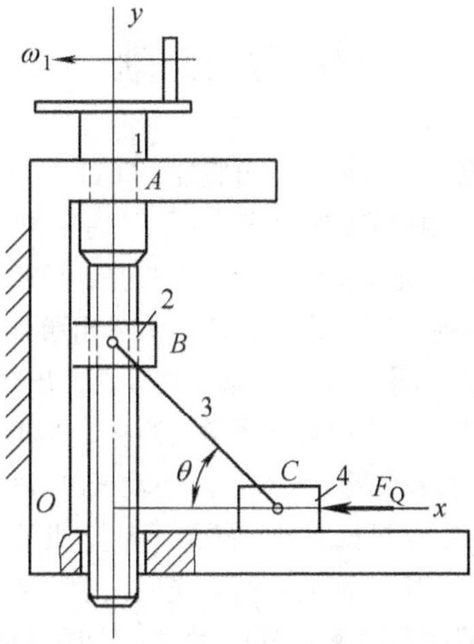

试图　51

的自锁条件。

3）确定在图示位置时，构件 4 的速度 v_4 的大小及其方向。

七、（15 分）在自动化生产线的设计中，要实现将工件从试图 52 中的第一位置搬动到第二位置。

1）至少提出可以实现设计要求的四个机构运动设计方案，说出机构的名称，并画出机构的示意图。

2）从所提出的四个机构运动设计方案中选择一个，说明机构的设计过程和方法（若采用图解法，则必须说明作图步骤，并确定出各个构件的杆长；若采用解析法，则必须说明如何得到机构的设计方程和如何得出各个构件的杆长）。

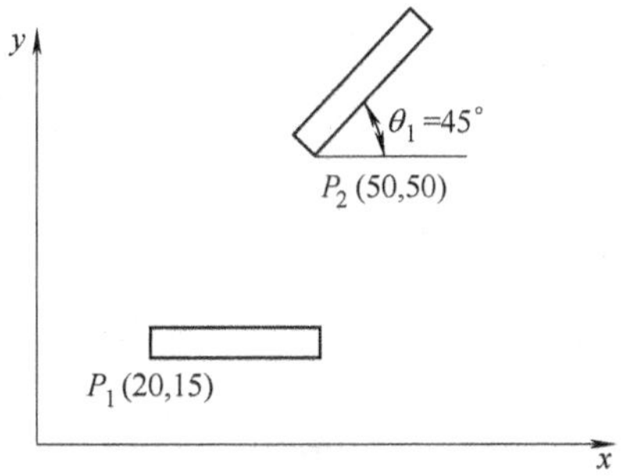

试图　52

参 考 文 献

[1] 师忠秀．机械原理［M］．北京：机械工业出版社，2011.

[2] 王军，何晓玲，杨巍，等．机械原理作业集［M］．北京：机械工业出版社，2008.

[3] 申永胜．机械原理教程［M］．北京：清华大学出版社，1999.

[4] 申永胜．机械原理辅导与习题［M］．北京：清华大学出版社，1999.

[5] 郑文伟，吴克坚．机械原理［M］．7版．北京：高等教育出版社，1997.

[6] 傅祥志．机械原理［M］．武汉：华中科技大学出版社，2000.

[7] 孙恒，陈作模．机械原理［M］．5版．北京：高等教育出版社，1996.

[8] 上海交通大学机械原理教研室．机械原理习题集［M］．北京：高等教育出版社，1989.

[9] 陈晓楠．机械原理学习指导［M］．西安：西安交通大学出版社，2001.

[10] 张世民，张永明．机械原理习题详解［M］．北京：中国铁道出版社，1991.

[11] 孙恒，张继庆．机械原理学习指南［M］．2版．北京：高等教育出版社，1992.

[12] 葛文杰．机械原理常见题型解析及模拟题［M］．西安：西北工业大学出版社，1998.

[13] 上海工业大学机械原理及零件教研室．机械原理教学辅导资料［M］．上海：上海工业大学印刷厂，1983.

[14] 杨家军．机械系统创新设计［M］．武汉：华中科技大学出版社，2000.

[15] 彭文生，杨家军，王军荣．机械设计与机械原理考研指南：上、下册［M］．武汉：华中科技大学出版社，2000.

[16] 董海军．机械原理典型题解析及自测题［M］．西安：西北工业大学出版社，2001.

[17] 张春林．机械原理［M］．北京：高等教育出版社，2006.

[18] 邹慧君，张春林，李杞仪．机械原理［M］．北京：高等教育出版社，2006.

《机械原理习题集及学习指导》

第2版

王继荣　师忠秀　主编

读者信息反馈表

尊敬的老师：

您好！感谢您多年来对机械工业出版社的支持和厚爱！为了进一步提高我社教材的出版质量，更好地为我国高等教育发展服务，欢迎您对我社的教材多提宝贵意见和建议。另外，如果您在教学中选用了本书，欢迎您对本书提出修改建议和意见。

机械工业出版社教材服务网网址：http：//www. cmpedu. com

一、基本信息

姓名：________性别：________职称：________职务：________________________

邮编：________地址：____

任教课程：_____________电话：________—___________（H）________（O）

电子邮件：______________________________________手机：_________________

二、您对本书的意见和建议

（欢迎您指出本书的疏误之处）

三、您对我们的其他意见和建议

请与我们联系：

100037　机械工业出版社·高等教育分社　刘小慧　收

Tel：010—88379712，88379715，68994030（Fax）

E-mail：lxh9592@126. com